高等农林教育"十三五"规划教材

全国高等农业院校计算机类与电子信息类"十三五"规划教材

# 大学信息技术基础

冯大春　主　编

闫大顺　黄洪波　副主编

中国农业大学出版社

·北京·

# 内 容 简 介

　　教材结合"中国高等院校计算机基础教育课程体系 2014"大学生计算机课程教学改革指导思想，以计算思维为切入点，旨在培养和提高学生信息素养和应用能力。全书共分 9 章。主要内容包括计算机求解与计算机基础、计算机信息数字化基础、计算机硬件体系结构、计算机操作系统、计算机网络、数据与数据库、多媒体技术、算法与程序设计基础、实用软件简介。

　　本书具有内容丰富、层次清晰、通俗易懂等特点。既注重计算思维，又突出应用。本书配套《大学信息技术基础实验指导与测试》实验教材及电子教案，可作为高校"大学信息技术基础"课程教材使用，也可作为计算机爱好者参考用书。

**图书在版编目(CIP)数据**

大学信息技术基础/冯大春主编. —北京:中国农业大学出版社,2017.1(2022.5 重印)
ISBN 978-7-5655-1757-0

Ⅰ.①大…　Ⅱ.①冯…　Ⅲ.①电子计算机-高等学校-教材　Ⅳ.①TP3

中国版本图书馆 CIP 数据核字(2016)第 302429 号

| | | | |
|---|---|---|---|
| **书　名** | 大学信息技术基础 | | |
| **作　者** | 冯大春　主编 | | |
| **策　划** | 司建新 | **责任编辑** | 韩元凤 |
| **封面设计** | 郑　川 | | |
| **出版发行** | 中国农业大学出版社 | | |
| **社　址** | 北京市海淀区圆明园西路 2 号 | **邮政编码** | 100193 |
| **电　话** | 发行部 010-62818525,8625 | **读者服务部** | 010-62732336 |
| | 编辑部 010-62732617,2618 | **出　版　部** | 010-62733440 |
| **网　址** | http://www.cau.edu.cn/caup | **E-mail** | cbsszs@cau.edu.cn |
| **经　销** | 新华书店 | | |
| **印　刷** | 北京时代华都印刷有限公司 | | |
| **版　次** | 2017 年 1 月第 1 版　2022 年 5 月第 5 次印刷 | | |
| **规　格** | 787×1 092　16 开本　17.25 印张　430 千字 | | |
| **定　价** | 45.00 元 | | |

**图书如有质量问题本社发行部负责调换**

# 计算机类与电子信息类"十三五"规划教材
# 编写委员会

# 编写人员

**主　编**　冯大春

**副主编**　闫大顺　黄洪波

**参　编**　（排名不分先后顺序）

鄢　琼　胡海艳　邹　莹　杜淑琴　张　垒　梁　瑜
吴家培　杨　灵　刘磊安　张　红　张世龙　邹　娟
赵爱芹　张晓云　姚学科　李　晟　郭世仁　孙永新
吉晓娟　廖玉珍

**主　审**　石玉强

# 前　　言

计算机学科近 10 年来发生了重大变化,大量新理念、新概念、新技术、新系统、新模式、新应用不断涌现。我们已经从原先主要使用 PC 平台的计算模式,演化和发展到了云计算、服务计算、并行计算、移动计算、嵌入式计算并存和融合的新型计算模式,各学科领域也越来越多地呈现了和"计算"相关的需求。面对着一个高速发展的信息时代,不论是大学计算机基础教育的老师,还是对渴求获取新知识的受教育者,都面临着知识快速更新、教育理念改革的挑战。

大学信息技术基础课程是面向非计算机专业的公共基础课,涉及计算机各领域概念和知识层面的内容以及大学生必不可少的应用技能,是学习其他计算机相关技术课程的基础课。随着社会对计算机人才培养要求越来越高,对于计算机应用人才的需求,不再停留在仅仅会用计算机,而是要通过计算机的学习,构建思维能力,人人要学会像计算机科学家一样的思考与解决问题。中国高等院校计算机基础教育课程体系 2014(CFC2014)提出"以计算思维为切入点,推进大学计算机课程教学内容改革;以应用能力培养为导向,完善复合型创新人才培养实践教学体系建设;以服务于专业教学为目标,在交叉融合中寻求更大的发展空间。"

本书力求适应信息技术新的变化,来重组大学信息技术基础课程的教学内容。既阐述了计算机科学的相关基础理论,又讲解了计算机科学与技术的多种应用。既加强计算机基础知识的介绍,又注重培养学生使用计算机解决问题的能力,逐步构建计算思维能力与学习能力。

本书第 1 章重点通过"计算的概念及计算机求解"介绍,让读者对于计算思维有初步的认识。在此基础上,介绍计算机相关的基础概念。第 2 章从计算机信息数字化的角度,来揭示计算机系统构建依据以及计算原理。第 3、4、5 章分别从计算机硬件平台、软件平台、网络平台来展现和认识计算机科学原理和方法。在上述原理基础上,第 6、7、8 章从数据与数据库、多媒体技术、算法与程序设计来介绍基于计算机平台的计算机理论、计算机应用和实现问题。第 9 章则简单介绍了常见的具体应用软件。

本书第 1 章由冯大春编写;第 2 章由黄洪波编写;第 3 章由张垒编写;第 4 章由杜淑琴编写;第 5 章由梁瑜编写;第 6 章由闫大顺编写;第 7 章由鄢琼编写;第 8 章由邹莹编写,第 9 章由胡海艳编写。

参与本书编写的人员还有吴家培、杨灵、刘磊安、张红、张世龙、邹娟、赵爱芹、张晓云、姚学科、李晟、郭世仁、孙永新、吉晓娟、廖玉珍,特向他们表示致谢。

本书承蒙石玉强教授审阅,提出了宝贵意见,特此表示衷心感谢!

由于编者水平有限,书中缺点和错误在所难免,欢迎读者批评指正。

编　者

2016.11.30

# 目　　录

# 第1章 计算机求解与计算机基础

**本章导读:**随着计算机的发展和普及,计算机应用在各个领域影响和改变着人们的工作、学习和生活方式,掌握以计算机为核心的信息技术基础知识和应用能力是现代大学生必备的基本素质。本章初步讨论计算机问题求解过程及方法,在此基础上引入了计算思维概念。最后介绍了现代计算机技术的产生与发展、分类、应用。

## 1.1 计算机问题求解

### 1.1.1 计算概述

从 1946 年诞生第一台电子数字计算机(Electronic Numerical Integrator and Calculator, ENIAC)占地 170 m²、重达 30 多 t 的庞然大物,到今天的可以放在口袋里的智能手机,计算机发展速度日新月异。除了外观与性能等方面的变化,计算机的应用也得到不断拓展,当前,计算机逐步成为大多数人日常无法离开的工具。从传统的军事、科学与工程计算,到财务管理、教务管理、企业资源计划(Enterprise Resource Planning,ERP)之类的面向事务数据的管理;从动画设计,到网络检索及网上购物;无论是自然的、人工的、经济的,还是社会的事务都可以数字化成为计算机处理的对象。对计算机而言,所有事务的解决,都离不开计算机的本质——计算。

在计算机技术领域内,计算的概念已经超出了数学的本意,它已经成为整个自然科学计算方法的表达实现工具。无论计算问题的大小,计算求解过程都涉及问题描述、问题抽象、建模与求解等几个步骤。

### 1.1.2 计算求解过程

#### 1.1.2.1 问题描述与抽象

通常,计算机求解计算的基础和前提是要对所解决的问题有清晰的、准确无歧义的描述和抽象,本章以几个例子来分析和讨论。

【例 1.1】 鸡兔同笼问题。

记载于《孙子算经》之中的鸡兔同笼问题是中国古代著名趣题之一。

其问题描述为:"今有雉兔同笼,上有三十五头,下有九十四足,问雉兔各几何?"对于该问题,从古至今,出现了很多种不同求解方法。但我们继续研究诸如龟鹤同游、人犬同行等类似问题时，发现很多类似问题都可以用相同思路来解决。因此数学上我们可以把鸡、兔数量分别抽象成变量 $x$ 和 $y$，最终将问题抽象成我们最容易理解的方法——二元一次方程组来求解。伴随着计算机的出现，该类问题可以由计算机来方便快速实现求解。

【例 1.2】　哥尼斯堡七桥问题。

哥尼斯堡七桥问题是 18 世纪著名古典数学问题之一。

其问题描述为：18 世纪在东普鲁士的哥尼斯堡城（今俄罗斯加里宁格勒）内，有七座桥将普雷格尔河中两个岛及岛与河两岸连接起来（图 1.1(a)）。有人提出一个问题：从这四块陆地中任一块出发，一个步行者怎样才能不重复、不遗漏地一次走完七座桥，最后回到出发点？

问题提出后，哥尼斯堡城很多居民将此当作一个有趣的消遣活动，纷纷试验"在散步时一次走过所有七座桥"；在相当长的时间里，本问题始终未能解决。利用普通数学知识，每座桥均走一次的排列数为 5 040；每种情况要一一试验而不遗漏，这将会是很大的工作量。但怎么才能找到成功走过每座桥而不重复的路线呢？因而形成了著名的"哥尼斯堡七桥问题"。

1735 年，当时正在俄罗斯彼得斯堡科学院任职的天才数学家欧拉，在得到这一问题后，亲自观察了哥尼斯堡七桥，认真思考走法，但始终没能成功，于是他怀疑七桥问题是不是原本就无解呢？在经过一年的研究之后，29 岁的欧拉提交了《哥尼斯堡七桥》的论文，在论文中，欧拉将七桥问题抽象出来，把每一块陆地考虑成一个点，连接两块陆地的桥以线表示，并由此得到了如图 1.1(b)一样的几何图形，分别用 A、B、C、D 四个点表示哥尼斯堡的 4 个区域。这样，复杂的实际问题得以抽象为合适的"数学模型"，最终七桥问题也就转化为一笔能否画出此图形的问题，欧拉在报告中阐述了他的解题方法，证明七桥问题无解。欧拉在解答问题的同时，开创了数学的一个新的分支——图论与几何拓扑，也由此展开了数学史上的新历程。

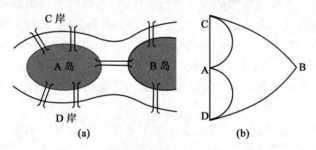

图 1.1　七桥问题

【例 1.3】　教务管理。

教务管理是高校学生最为熟悉的、面向事务的处理过程，虽然每个学生都基本能理解该事务，但要完整且清晰描述该事务，仍然是比较复杂的过程。在教务管理中"教师开课、学生选课"是重要的事务，存在学生、教师、课程等这些相互区别的个体，以及教师开课、学生选课这类个体之间的关系。如果仅仅用人工来处理这些问题，往往会显得"混乱"和"不高效"。通过教务系统我们都清楚地看到，用计算机来进行管理，不仅方便、高效，并且也很少会出现错误。

事实上，要从计算机世界的角度来解决这些问题，就需要对各类个体进行抽象。例如对学生个体的抽象，要提取出姓名、性别、年龄、籍贯、身高等本质属性；对于学生选课，抽象成学生和课程之间多对多的联系。

从上面几个例子中可以看出,在对现实问题清晰描述的基础上,抽象就是把事物的特点从具体实例里抽取出来,形成一套适合所有实例的框架。对于计算机科学,抽象完全超越物理的时空观,并完全用符号来表示,其中,数字抽象只是一类特例。

#### 1.1.2.2　建模与求解

抽象的最终目的是要产生出数学模型来求解。不同的分析和抽象方法,可以得到不同的解法。

【续例 1.1】　鸡兔同笼问题。

对于鸡兔同笼问题,众所周知,可以通过二元一次方程组求解。推导至一般情况,即令鸡和兔分别为 $x$ 只和 $y$ 只($x,y$ 为非负整数),假定动物头数总共为已知整数 $m$,足总数为已知整数 $n$,就可以建立方程组,即求解的数学模型:

$$\begin{cases} x+y=m \\ 2x+4y=n \end{cases}$$ ,解方程组,求得 $$\begin{cases} x=2m-n/2 \\ y=n/2-m \end{cases}$$ ,且需满足 $x,y$ 为非负整数。

除此方法,还可以用假设法:如果笼子里都是鸡,那么就有 $m\times2=2m$ 只足,这样就多出 $n-2m$ 只足,一只兔比一只鸡多$(4-2)$只足,可求得共有$(n-2m)/2$ 只兔。因此,同样可以归纳出模型:兔只数$=(n-2m)/2$,鸡只数$=(4m-2)/2$。

也可以用穷举法,列出所有情况,即鸡从 0 至 $m$,兔从 0 至 $m$,共计$(m+1)\times(m+1)$种组合,然后分别判断哪一种或哪一些情况,满足题目已知条件:头总数为 $m$,足总数为 $n$。

对于计算机而言,计算是这种抽象的自动执行,这种"自动化"隐含着需要某类计算机去解释抽象。

对于鸡兔同笼问题,不同的数学模型,用计算机来求解,也对应不同求解过程。例如,采用二元一次方程组求解和穷举法,计算机的求解过程分别如图 1.2(a)和图 1.2(b)所示。

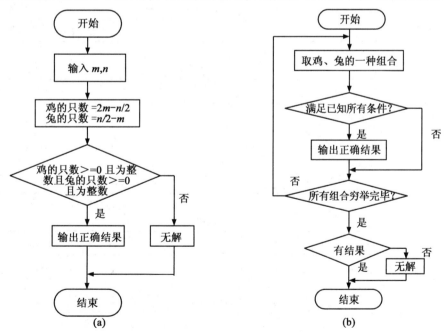

图 1.2　"鸡兔同笼"问题求解算法

根据上述不同求解过程,我们可以写出不同的计算机程序来完成最终结果。

【续例1.2】 七桥问题

对于七桥问题,根据抽象得到的数学模型,用计算机来求解,可以根据欧拉回路关系来进行判断。

【续例1.3】 教务管理

对于我们常见的现实应用——教务管理中"学生-教师-选课"这个典型事务,经过抽象,计算机来进行处理的典型数学模型就是关系模型。这种数据模型中,客观世界中的实体或一件事情被组织成若干张二维表结构。如表1.1至表1.4所示的学生、教师、课程、选课4张表,就描述了教务活动中最基本的信息。

表 1.1　学生表

| 学号 | 姓名 | 性别 | 专业 | 年级 |
|---|---|---|---|---|
| 14030111 | 王婕 | 女 | 数学 | 2014 |
| 14050220 | 张彦 | 男 | 物理 | 2014 |
| 15070115 | 陈艺 | 女 | 计算机 | 2015 |
| 15100322 | 赵铭 | 男 | 外语 | 2015 |

表 1.2　教师表

| 工号 | 姓名 | 性别 | 职称 |
|---|---|---|---|
| 03301 | 王 唯 | 女 | 教授 |
| 03521 | 徐 东 | 男 | 副教授 |
| 04832 | 张远生 | 男 | 讲师 |
| 05618 | 李 江 | 男 | 助教 |

表 1.3　课程表

| 课程号 | 课名 | 开课教师 | 学时 | 学分 |
|---|---|---|---|---|
| 12001 | 程序设计 | 03521 | 48 | 3 |
| 12002 | 大学英语 | 04832 | 64 | 4 |
| 12003 | 电工学 | 03301 | 64 | 4 |
| 12004 | 高等数学 | 05618 | 96 | 6 |

表 1.4　选课表

| 学号 | 课程号 | 成绩 |
|---|---|---|
| 14030111 | 12004 | 85 |
| 14030111 | 12002 | 83 |
| 15070115 | 12001 | 90 |
| 15100322 | 12002 | 95 |

关系模型中除了上述这种数据结构"表"之外,还需要涉及表之间的相关运算,如并、差、选择等,这称为关系的操作。同时,为保证关系基本语义特征,还需要有一定的约束,如表中主关键字(上述表第一列)不能相同也不能为空等。

这样,"学生-教师-选课"这类基本的教务活动,就最终形成了计算机能处理的数学模型——关系模型,它由数据结构(表)、关系操作和关系完整性构成。

### 1.1.2.3　利用计算机求解问题的方法

面向不同的可以求解问题,会有不同求解的观点和方法,最终也会得到不同求解过程和解决方案。无论求解的问题如何复杂,最终可以对问题进行抽象和分解,形成很多最基本的动作或这些基本动作的组合,这些最基本的动作,就是指令,而求解问题的这些基本动作组合,就是程序。系统按一定次序,完成这些基本动作,即程序的自动执行。我们熟悉的计算机或计算机系统,就是能够自动执行程序的机器或系统。从"鸡兔同笼"问题,我们可以看出,不同的求解序列,对应不同的"算法"。每一种算法,其可计算性与计算复杂的程度也不尽相同。

日常生活中,对于一些通用问题,如文档编辑处理、图像处理、视频制作等,其计算机求解程序已经被商家"包装"为产品,形成商业软件,因此,一般用户无须考虑如何来编制程序,只需要利用现成商业软件来完成自己的任务。

而在现实生活中,很多复杂和大型的问题,我们还无法仅仅停留在"算法"、"程序"以及现有"商业软件"的层面来求解。这类问题通常要以"系统"的概念来构建相关应用,往往需要集成计算机、微电子、通信、电气、数学、管理及其他专业学科知识。

例如,现代农业快速发展的农业物联网技术,就是一个复杂的系统工程。传统农业的耕作往往都是靠天吃饭,靠人力来查看农作物的生长过程,并且靠经验来进行农作物管理。而农业物联网以感知为前提,实现人与人、人与物、物与物全面网络互联,如图 1.3 所示。

农业物联网不仅能感知水、肥、热、气、光等外部环境变量,还能感知生物本体,如生物呼吸情况、叶绿素含量等。通过现代传感器,将所有信息实时采集并经过移动通信网络或互联网络传输到远程数据中心。应用支撑平台根据需要部署各种信息处理模块,并与数据库相连接,能够提供各种应用。例如,智能提取农作物的生长环境数据,结合数据智能分析,呈现作物各个环境因素走势;通过数据智能分析,还可以得到农业管理的各种管理或决策模型,比如,根据农作物叶绿素含量来诊断作物养分的缺失情况,根据农作物实时图像分析,可以判断农作物生长情况及病虫害情况,从而指导农业生产者进行施肥或者施药的决策;根据农作物生产情况等综合数据,可以预估农作物产量。客户端可以有各种设备来呈现上述信息,例如,通过智能手机进行信息的实时查询,接收系统决策建议。

可以看出,该系统中,核心问题仍然离不开计算机的计算、分析和处理。

### 1.1.3　计算思维概述

通过上文和计算相关的分析求解过程可以看出,无论是人工求解或者利用计算机求解,都体现了解决问题的一种思维过程。

通常,人们在认识和改造世界的活动中,总是力求遵循或运用符合科学一般原则的各种途径和手段,即科学的方法来解决问题。科学方法里包含了理论方法、实验方法和计算方法。与科学方法相对应的是科学思维。陈国良院士认为,如果从人类认识世界和改造世界的思维出发,科学思维又可以分为理论思维、实验思维和计算思维 3 种。美国卡内基·梅隆大学计算机

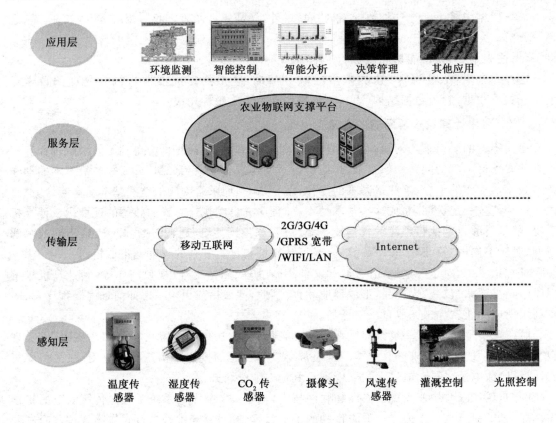

**图 1.3    农业物联网示意图**

系主任周以真指出:计算思维就是运用计算机科学的基本概念去求解问题、设计系统和理解人类的行为,它包括了涵盖计算机科学之广度的一系列思维活动。可以看出,计算思维所使用的方法是计算机科学的方法。

计算思维的本质是抽象和自动化。抽象关注对象的本质特征,而自动化就是机械地一步一步来按规则执行。计算思维虽然具有计算机科学的许多特征,但是计算思维本身并不是计算机科学的专属,它是人类科学思维固有的组成部分,它是人类求解问题的一种途径,是人的思维方式,而不是计算机的思维方式;计算思维的过程可以由人执行,也可以由计算机执行;计算思维体现了一种思想。由于计算机对于信息和符号的快速处理能力,使得许多原本只是理论可以实现的过程变成了实际可以实现的过程。因此,计算机的出现丰富了人类改造世界的手段,同时也强化了原本存在于人类思维中的计算思维的意义和作用。

## 1.2    计算机基础概述

### 1.2.1    现代计算机技术的产生与发展

随着人类文明的发展,人们对于计算效率的要求也越来越高,因此,各种计算工具得以发明和改进。通常,公认具有影响力的一些计算工具包括:

### 1. 算筹

算筹是我国春秋战国时期发明的一种计算工具。人们用小棒按纵式或横式摆成不同图形，来表示任何自然数，从而来进行加、减、乘、除等代数运算。中国南北朝时期的数学家祖冲之，就是采用算筹这一计算工具，推算出圆周率在 3.141 592 6 和 3.141 592 7 之间。通常认为这是世界上最早的计算工具（图 1.4）。

**图 1.4　算筹**

### 2. 算盘

在算筹基础上发明的一种手动式计算工具，最初大约出现于汉朝。通过用珠算口诀形成体系化的"算法"，其大大提高了计算效率，后来更发现算盘对人类有较强的数学教育功能，因此在今天，我们仍然在使用。

当然，除中国之外，古代其他民族也出现过原理类似的其他计算工具，如古希腊人的"算板"，罗马人的"算盘"，印度人的"沙盘"，英国人的"刻齿木片"等。

### 3. 计算尺

通常指对数计算尺，是一个模拟计算机，发明于 1620—1630 年，一般由 3 个互相锁定的有刻度的长条和一个滑动窗口（称为游标）组成，如图 1.5 所示。可执行加、减、乘、除、指数、三角函数等运算。在 20 世纪 70 年代之前使用广泛，之后被电子计算器所取代。

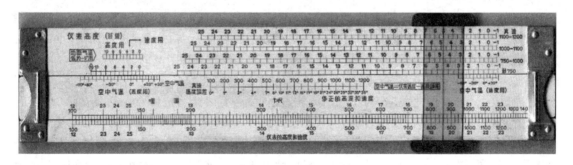

**图 1.5　计算尺**

### 4. 手摇计算机

最早的手摇计算机是法国数学家帕斯卡（Blaise Pascal）在 1642 年制造的。它用一个个齿轮表示数字，以齿轮间的咬合装置实现进位，低位齿轮转 10 圈，高位齿轮转 1 圈。经过逐步改进，它既能做加、减法，又能做乘、除法。它解决了计算中自动进位这个关键问题，被认为是计算工具史上的一大发明。

### 5. 差分机和分析机

英国数学家巴贝奇在 1822 年设计了差分机，又在 1834 年完成了分析机的设计，这台分析机既可以做数值运算,也可以做逻辑运算。在其设计中,提出了制造自动化的设想,引进了程序控制的概念,其设计思想已经具有现代计算机的概念,是现代通用计算机的雏形。

在 20 世纪初期,随着真空二极管和三极管等电子元件的出现,计算机开始由机械向电子进化发展。逐渐发展为今天我们所熟知的电子计算机。而在现代电子计算机发展过程中,英国科学家艾兰·图灵从理论模型,美籍匈牙利人冯·诺依曼从体系结构为现代计算机奠定了基础,而 ENIAC 的诞生标志着现代电子计算机的到来。

计算工具发展的简单示意图如图 1.6 所示。

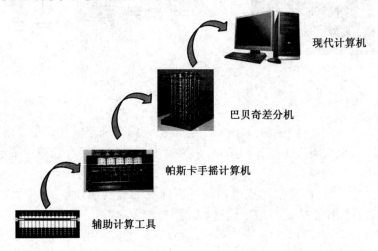

图 1.6　计算工具的发展

6. 现代计算机

艾兰·图灵是公认的计算机科学奠基人。他建立了图灵机(Turing machine,TM)的理论模型,它是一种抽象计算模型,即将人们使用纸笔进行数学运算的过程进行抽象,由一个虚拟的机器替代人们进行数学运算。其奠定了可计算理论的基础;图灵的另一个重要贡献是提出了定义机器智能的图灵测试(Turing test),阐述了机器智能的概念,从而奠定了"人工智能"基础,被誉为"人工智能之父"。为纪念图灵的杰出贡献,美国计算机协会(ACM)在 1966 年设立了"图灵奖",它是计算机领域最负盛名、最崇高的一个奖项,有"计算机界的诺贝尔奖"之称。

另一位杰出科学家,冯·诺依曼则提出了一直沿用至今的计算机体系结构——冯·诺依曼体系结构,其主要思想包括:①数字计算机的数制采用二进制;②存储程序,程序和数据一起存储在内存中,计算机按照程序顺序执行;③计算机由控制器、运算器、存储器、输入设备、输出设备 5 部分组成。冯·诺依曼体系结构是现代计算机的基础。

而 1946 年 2 月由宾夕法尼亚大学 2 位年轻的物理学家莫奇利(J. W. Mauchly)和埃克特(J. P. Eckert)主持研制了世界上第一台电子计算机 ENIAC(Electronic Numerical Integrator and Calculator,电子数字积分计算机)。其采用十进制,构造上采用了 17 000 多只电子管,10 000 多只电容器,7 000 只电阻,1 500 多个继电器,重达 30 多 t,运行功率 150 kW,占地 170 m²,其加法运算速度可达每秒 5 000 次,相当于手工计算的 20 万倍。其最初是出于二战期间军事上的需要。ENIAC 本身也存在两大缺点,一是没有真正的存储器,二是用布线接板进行控制,耗时长,故障率高。

　　针对 ENIAC 设计过程中的问题,冯·诺依曼与宾夕法尼亚大学莫尔学院科研小组合作,于 1945 年提出了基于存储程序的通用数字电子计算机方案 EDVAC(Electronic Discrete Variable Automatic Computer,离散变量自动电子计算机),并在 1952 年最终完成 EDVAC 的制造工作。而其间,英国剑桥大学莫里斯·文森特·威尔克斯(Maurice Vincent Wilkes)以 ED-VAC 为蓝本设计自己的计算机并组织实施,起名为 EDSAC(Electronic Delay Storage Automatic Calculator,电子延迟存储自动计算机),并于 1949 年 5 月运行成功,时间上反而占得先机。EDVAC 的发明为现代计算机在体系结构和工作原理上奠定了基础。现在大多计算机仍是冯·诺依曼计算机的组织结构,或者只是作了一些改进而已,并没有从根本上突破冯·诺依曼体系结构的束缚。

　　从 ENIAC 诞生至今,伴随电子器件的飞速发展,计算机也获得突飞猛进的发展。通常,人们根据计算机所采用的物理器件不同,把计算机的发展分为 4 个阶段,如图 1.7 所示。

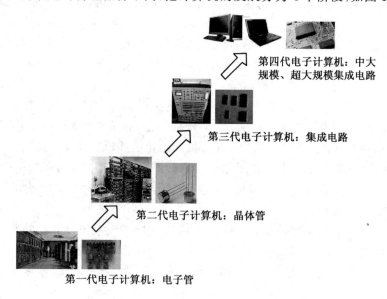

**图 1.7　电子计算机发展历程**

　　具体来说,各个发展阶段及其主要特点如表 1.5 所示。现在我们看到的计算机,都采用了超大规模的集成电路,尽管其集成度越来越高,计算机体积越来越小,但我们仍然都归结为第四代计算机。

**表 1.5　各阶段计算机特点**

| 项目 | 第一代<br>1946—1958 年 | 第二代<br>1958—1964 年 | 第三代<br>1964—1970 年 | 第四代<br>1970 年至今 |
|---|---|---|---|---|
| 物理器 | 电子管 | 晶体管 | 集成电路 | 大规模、超大规模集成电路 |
| 主存储器 | 磁芯 | 磁芯 | 半导体 | 半导体 |
| 运算速度/(次/s) | 几千至几万 | 几十万 | 几百万 | 亿亿 |
| 软件 | 机器语言、汇编语言 | 高级语言 | 操作系统 | 数据库、网络等 |

续表 1.5

| 项目 | 第一代<br>1946—1958 年 | 第二代<br>1958—1964 年 | 第三代<br>1964—1970 年 | 第四代<br>1970 年至今 |
|---|---|---|---|---|
| 应用 | 科学计算 | 数据处理，<br>工业控制 | 文字处理，<br>图形处理 | 社会各个领域 |
| 代表机型 | UNIVAC-I；<br>IBM 公司<br>IBM650，<br>IBM709 | IBM 公司<br>IBM-7094；<br>CDC 公司<br>CDC1604 | IBM 公司<br>IBM-360；<br>DEC 公司<br>PDP-8 | 微型计算机；<br>高性能计算机 |

### 1.2.2　计算机的发展

就电子计算机而言，当前主要朝着巨型化、微型化、网络化、智能化和多媒体化的方向发展。

(1)巨型化是计算机具有极高的运算速度、大容量的存储空间、更加强大和完善的功能，通常，巨型计算机的技术水平是衡量一个国家技术和工业发展水平的重要标志。主要用于航空航天、军事、气象、人工智能、生物工程等学科领域。

(2)微型化是大规模及超大规模集成电路发展的必然结果。信息技术发展功能与价格比的摩尔定律揭示，计算机芯片的集成度每 18 个月翻一番，而价格则减一半。随着计算机芯片集成度越来越高，所完成的功能越来越强，计算机微型化的进程和普及率越来越快。

(3)网络化是计算机技术和通信技术紧密结合的产物。随着 Internet 的飞速发展，计算机网络已广泛应用于政府、学校、企业、科研、家庭等领域，越来越多的人通过网络共享包括硬件、信息和数据等软硬件资源。

(4)智能化是让计算机能够模拟人类的智力活动，如学习、感知、理解、判断、推理等能力。这也是目前正在研制的新一代计算机要实现的目标。智能化的研究包括模式识别、图像识别、自然语言的生成和理解、博弈、定理自动证明、自动程序设计、专家系统、学习系统和智能机器人等。

(5)多媒体化是当前计算机领域中最引人注目的热点之一。多媒体技术利用计算机技术、通信技术和大众传播技术，来综合处理多种媒体信息。这些信息包括文本、视频图像、图形、声音、文字等。多媒体技术使多种信息建立了有机联系，使计算机朝着人类接受和处理信息的最自然的方式发展。

当前，具有上述诸多特征的电子计算机不断推陈出新，但另一方面，硅芯片越来越接近其物理极限，计算机的体系结构与技术必然也将经历一次质的飞越。未来的新型计算机将可能在下述研究领域内取得突破。

(1)光子计算机　光子计算机是利用光子取代电子进行数据运算、传输以及存储的一类新型计算机。其具有超强的并行处理能力和超高速的运算速度，运算速度在现有电子计算机基础上呈指数增长。当前光子计算机的许多关键技术，如光存储技术、光电子集成电路等已经取得重大突破。

(2)量子计算机　量子计算机是一类遵循量子力学规律进行高速数学、逻辑运算和存储量子信息的物理装置。量子计算机利用量子位进行数据存储，大大提升了存储量，从计算速度上，量子计算机可以在几天里解决传统计算机会花费数百万年时间解决的问题。另外，量子计算机对保密体系产生了一定的冲击,从而在国家安全意识方面扮演着重要角色。

(3)分子计算机(生物计算机)　分子计算机的运行靠的是分子晶体可以吸收以电荷形式存在的信息,并以更有效的方式进行组织排列。凭借着分子纳米级的尺寸,分子计算机的体积将剧减。此外,分子计算机耗电可大大减少并能更长期地存储大量数据。由蛋白质分子构成的生物芯片,运算速度比当今最新一代计算机快 10 万倍,能耗仅相当于普通计算机的 1/10。

(4)纳米计算机　纳米计算机是基于纳米技术研究开发的新型高性能计算机。纳米技术正从 MEMS(微电子机械系统)起步,把传感器、电动机和各种处理器都放在一个硅芯片上而构成一个系统。应用纳米技术研制的计算机内存芯片,其体积不过数百个原子大小,相当于人的头发丝直径的千分之一。纳米计算机不仅几乎不需要耗费任何能源,而且其性能要比今天的计算机强大许多倍。纳米技术从 20 世纪 80 年代开始得到迅速的发展,最终目标是人类按照自己的意愿直接操纵单个原子,制造出特定功能的产品。

## 1.2.3　计算机系统分类

可以从不同角度对计算机分类,最初计算机按照结构原理不同分为模拟计算机、数字计算机和混合式计算机。按照使用范围又可以分为通用计算机和专业计算机。

当前,就通用计算机而言,较为普遍的是根据计算机的运算速度、综合性能指标来进行划分。主要包括高性能计算机、微型计算机、工作站、服务器和嵌入式计算机等。

(1)高性能计算机　也称为超级计算机,过去常称为巨型机或大型机,具有很强的计算和处理数据的能力。主要特点表现为高速度和大容量,这类计算机,多用于国家高科技领域和尖端技术研究,比如军事、气象、地质、航空、化工等领域,是一个国家科技发展水平和综合国力的重要标志,它对国家安全、经济和社会发展具有举足轻重的意义。

近年来,我国高性能计算机的发展也取得可喜的成绩,自 1992 年成功研制出第一台通用 10 亿次并行巨型计算机"银河-Ⅱ"以来,先后有"曙光"、"联想"、"天河"等代表国内最高水平的高性能计算机得以研制成功。据 2015 年公布的全球 500 强超级计算机排名显示,中国制造的"天河二号"以每秒 33.86 千万亿次的浮点运算速度六度高居榜首,运算速度约为第二名美国 Titan 的两倍,且跻身 500 强的中国产超级计算机约占 1/5。它集成了累计 32 000 颗时钟频率为 2.2 GHz 的 Xeon E5-2692 12 核心处理器和 48 000 个 Xeon Phi 协处理器(运算加速卡),共 312 万个计算核心,4 096 颗 FT-1500 16 核心的前端处理器,总计内存达 1.408 PB,外存为 12.4 PB 容量的硬盘阵列。计算机共有 125 个机柜,整机功耗 17 808 kW。2016 年 6 月 20 日在德国法兰克福举行的国际超算大会上,所发布的超级计算机 TOP 500 榜单中,完全基于中国设计、制造的"神威·太湖之光"取代"天河二号"登上榜首,成为"新科"世界最快计算机,令人振奋的是,它实现了包括处理器在内的全部核心部件的国产化。

(2)微型计算机　也称为个人计算机,是由大规模集成电路组成的、体积较小的电子计算机。它是以微处理器为基础,配以内存储器及输入输出(I/O)接口电路和相应的辅助电路而构成。微型机种类款式繁多,包括桌面型计算机、笔记本计算机、平板计算机和种类各异的移动设备。对于当前普及的智能手机而言,其仍然遵从冯·诺依曼体系结构,运行独立操作系统,并可以安装第三方软件,因此也可以归为微型计算机的范畴。

(3)工作站　是一种高端的通用微型计算机,它是专长处理某类特殊事务的一种独立的计算机类型。通常,工作站提供比个人计算机更强大的性能,尤其是在图形处理能力,任务并行方面的能力。一般配有高分辨率的大屏、多屏显示器及容量很大的内存储器和外部存储器,并且具有极强的信息和高性能的图形、图像处理功能。主要应用于计算机辅助设计及制造CAD/CAM(Computer Aided Design/Computer Aided Manufacturing)、动画设计、GIS(Geographic Information System)地理信息系统、平面图像处理、模拟仿真等。

(4)服务器　是一种在网络环境中为多个网络用户提供各种服务的高性能计算机系统。服务器上需要安装网络操作系统、网络协议和各种网络服务软件。广义上讲,一台普通微型计算机配置相应服务器软件后也可以作为服务器,但与微型计算机相比,专业服务器在可靠性(Reliability)、可用性(Availability)、可扩展性(Scalability)、易用性(Usability)、可管理性(Manageability)几方面具有更高标准,即服务器的RASUM衡量标准。

根据服务器提供的服务类型不同,分为文件服务器,数据库服务器,应用程序服务器,WEB服务器等。

(5)嵌入式计算机　是以应用为中心,以计算机技术为基础,并且软硬件可裁剪,适用于应用系统对功能、可靠性、成本、体积、功耗有严格要求的专用计算机系统。在基础原理方面,嵌入式计算机与通用计算机没有本质区别,主要区别在于系统和功能软件集成于计算机硬件系统中,它一般由嵌入式微处理器、外围硬件设备、嵌入式操作系统以及用户的应用程序4个部分组成。当今,嵌入式计算机已经应用到除工业控制之外的很多领域,如智能家居、日常生活中的各种家用电器、车载智能设备等。

### 1.2.4　计算机应用

当前,计算机基本已经渗透到各个领域中,成为我们工作及生活中必不可少的一部分。大体说来,计算机技术应用主要包括以下几个方面:

**1. 科学计算**

计算机出现最早的目的就是帮助解决科学研究和工程技术中的数学计算问题,随着人们对各个领域的认识越来越深入,所需要的计算机模型也越来越复杂,运算量也越来越大,特别是在高能物理、工程设计、地震预测、气象预报、航天技术等领域。由于计算机具有高运算速度和精度以及逻辑判断能力,因此出现了计算力学、计算物理、计算化学、生物控制论等新的学科。

**2. 过程控制**

利用计算机对工业生产过程中的某些信号自动进行检测,并按既定方案对控制对象进行自动控制。以计算机为中心的控制系统当前广泛应用于工矿企业、石油、化工、航空航天等领域中。

**3. 信息管理或数据处理**

利用计算机来加工、管理与操作任何形式的数据资料,如企业管理、物资管理、报表统计、财务管理、信息情报检索等。这类数据处理特点是数据量大,而数值计算并不复杂。通常,在计算机信息管理或者数据处理中,数据库应用往往又是其技术基础。

**4. 计算机辅助系统**

计算机辅助系统(Computer Aided System)是利用计算机辅助完成不同类任务的系统的总称。典型的包括利用计算机进行辅助设计(CAD)、辅助制造(CAM)、辅助测试(Computer

Aided Test，CAT)、辅助工程(Computer Aided Engineering，CAE)、辅助教学(Computer Aided Instruction，CAI)等。

### 5. 人工智能

指计算机模拟人类某些智力行为的理论、技术和应用,使计算机能像人一样具有识别文字、图像、语音以及推理学习等能力,是一门研究解释和模拟人类智能、行为及其规律的学科。一些典型应用,如计算机推理、智能学习系统、专家系统、模式识别、机器人等已经获得实际应用,特别是机器人领域,正成为人们较为关注的焦点之一。

### 6. 计算机网络及应用

计算机网络就是把分布在不同地理区域的计算机与专门的外部设备用通信线路互联成一个规模大、功能强的系统,从而使众多的计算机可以方便地互相传递信息,共享硬件、软件、数据信息等资源。网络对社会生活的很多方面以及对社会经济的发展已经产生了不可估量的影响,无论是各种 web 信息的获取、个人的即时通信、交互式娱乐,还是电子商务活动等,都离不开计算机网络应用。

### 7. 多媒体技术

指通过计算机对文字、数据、图形、图像、动画、声音等多种媒体信息进行综合处理和管理,使用户可以通过多种感官与计算机进行实时信息交互的技术。历经多年的发展,声音、视频、图像压缩方面的基础技术已逐步成熟,其他如模式识别、虚拟现实技术也在逐步进入我们的生活。当前,多媒体系统的应用以极强的渗透力进入人类生活的各个领域,如游戏、教育、档案、图书、娱乐、艺术等。

---

**本章小结**:本章介绍了问题的抽象,建模和求解。在计算机技术领域内,计算是整个自然科学计算方法的表达实现工具。抽象的概念贯穿于问题求解的过程中,抽象的目的是产生数学模型并求解。对于面向计算机问题的求解,可以采用现成的软件,或者通过设计计算机程序求解,而对于大规模复杂问题,往往会用系统工程的方法求解。本章力求以具体问题的初步讨论,引导读者从计算机思维的角度,来认识和学习本门课程。同时在对计算机技术的产生与发展、分类、应用的讨论基础上,让读者对计算机科学与技术有初步认识。

---

## ❓思考题

1. 计算机领域内,“计算”的概念和日常数学所说的“计算”含义有何不同？
2. 什么是抽象？如何进行问题的抽象？
3. 面向计算机问题求解的途径有哪些？
4. 通常的计算机分代主要是按什么依据进行划分？
5. 你认为的计算机发展方向是什么？
6. 计算机如何和你所学专业进行结合？

# 第2章　计算机信息数字化基础

**本章导读**：本章主要内容为计算机内部采用的计数制——二进制的概念阐述，辅助计数制八进制与十六进制的概念阐述以及上述计数制与十进制之间及所有计数制之间的相互转换关系。同时还介绍信息化及信息编码、信息存储与信息安全的基本概念。

## 2.1　数制及表示

数制是计数进位制的简称。人类日常习惯的进制是十进制。因为，人类的祖先在劳动中创造了语言和文字，也创造了计数制。之所以采用十进制，跟人类的双手共 10 个指头有密切的关系。数制就是用一些固定的数字符号和一套通用的规则来表示数量概念的方法。

### 2.1.1　数制的基本概念

数码是数制中固定的数字符号，如十进制中的阿拉伯数字 0~9。基数是数制中固定数字符号的个数，十进制的基数就是 10。位权表示数码（即具体的数字符号）处在不同的位置上所代表的数值。每个数码所表示的数值等于该数码乘以一个与数码所在位置相关的常数，这个常数就叫作位权，比如 9 999.9，数码 9，在小数点后一位上表示 0.9，在个位上表示 9，在十位上表示 90，在百位上表示 900，在千位上表示 9 000，用数学表达式描述为：

$$9\ 999.9 = 9\ 000 + 900 + 90 + 9 + 0.9$$
$$= 9 \times 10^3 + 9 \times 10^2 + 9 \times 10^1 + 9 \times 10^0 + 9 \times 10^{-1}$$

这里的 $10^3$、$10^2$、$10^1$、$10^0$、$10^{-1}$ 就是位权。位权的值是以基数为底，数码所在位置序号（小数点为界限，左边从 0 开始，右边从 -1 开始）为指数的整数次幂。

计算机能够直接识别和处理的只有二进制数据，为了方便程序员编写程序又引入了八进制、十六进制这两种辅助计数制。人们习惯的是十进制（图 2.1）。因此，掌握上述计数制及其相互转换的方法，是了解和掌握计算机基础知识的前提。

### 2.1.2　各种数制表示

#### 2.1.2.1　十进制

十进制数是"逢十进一"的计数制，采用 0~9 共 10 个阿拉伯数字符号，在减法运算时低位向高位"借一当十"。任意一个十进制数，都可以按位权展开为：

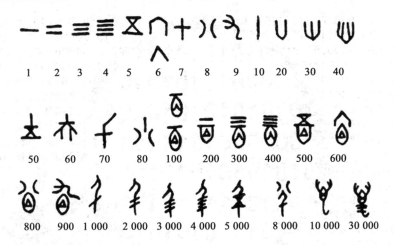

**图 2.1　十进制**

$$(N)_{10} = a_{n-1}a_{n-2}\cdots a_1 a_0 . a_{-1} a_{-2} \cdots a_{-m}$$
$$= a_{n-1} \times 10^{n-1} + a_{n-2} \times 10^{n-2} + \cdots + a_1 \times 10^1 + a_0 \times 10^0 +$$
$$a_{-1} \times 10^{-1} + a_{-2} \times 10^{-2} + \cdots + a_{-m} \times 10^{-m}$$

式中 $a_i$ 为十进制数的任意一个数码；$n$、$m$ 为正整数，$n$ 表示整数部分位数，$m$ 表示小数部分位数。

　　上述十进制数按位权展开的表示方法，可以推广到任意进制的计数制。对于一个基数为 $R(R \geqslant 2)$ 的 $R$ 进制计数制，有 $0$、$1$、$\cdots (R-1)$ 共 $R$ 个不同的数码，则一个 $R$ 进制的数按位权展开为：

$$(N)_R = a_{n-1}a_{n-2}\cdots a_1 a_0 . a_{-1} a_{-2} \cdots a_{-m}$$
$$= a_{n-1} \times R^{n-1} + a_{n-2} \times R^{n-2} + \cdots + a_1 \times R^1 + a_0 \times R^0 +$$
$$a_{-1} \times R^{-1} + a_{-2} \times R^{-2} + \cdots + a_{-m} \times R^{-m}$$

　　这种计数法叫作 $R$ 进制计数法，$R$ 称为计数制的基数或称为计数的模（mod）。在数 $N$ 的表示中，用下角标或 mod 来标明模。

　　日常用的计数制，除十进制外，还有十二进制、六十进制等。

#### 2.1.2.2　二进制

　　二进制就是"逢二进一"的计数制，采用 0 和 1 两个阿拉伯数字符号（图 2.2），在减法运算时"借一当二"。二进制的基数是 2，每个数位和位权值为 2 的幂。因此二进制数可以按位权展开为：

$$(N)_2 = a_{n-1}a_{n-2}\cdots a_1 a_0 . a_{-1} a_{-2} \cdots a_{-m}$$
$$= a_{n-1} \times 2^{n-1} + a_{n-2} \times 2^{n-2} + \cdots + a_1 \times 2^1 + a_0 \times 2^0 +$$
$$a_{-1} \times 2^{-1} + a_{-2} \times 2^{-2} + \cdots + a_{-m} \times 2^{-m}$$

式中 $a_i$ 为 0 或 1 数码；$n$ 和 $m$ 为正整数；$2^i$ 为第 $i$ 位的位权值。

　　例如：二进制数 $(1101.01)_2 = 1 \times 2^3 + 1 \times 2^2 + 0 \times 2^1 + 1 \times 2^0 + 0 \times 2^{-1} + 1 \times 2^{-2}$

#### 2.1.2.3　八进制和十六进制

　　八进制数"逢八进一"及"借一当八"，采用 0、1、2、3、4、5、6、7 八个阿拉伯数字符号。基数

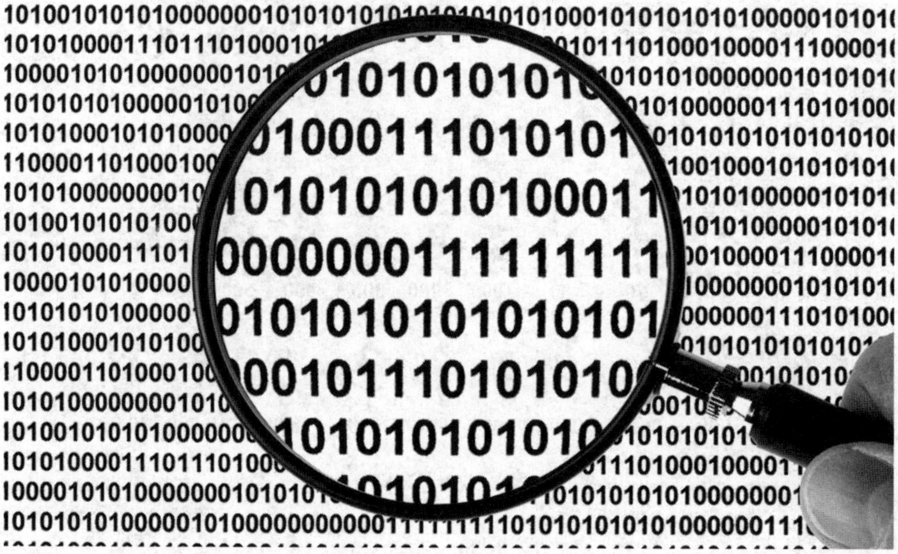

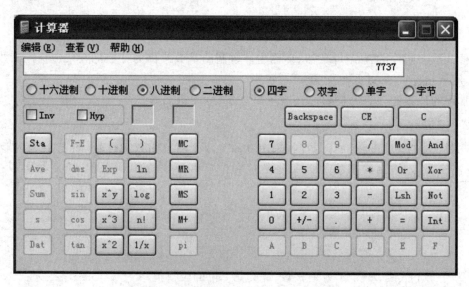

图 2.2　二进制

为 8,因此八进制数可以表示为:

$$(N)_8 = a_{n-1}a_{n-2}\cdots a_1 a_0 . a_{-1}a_{-2}\cdots a_{-m}$$
$$= a_{n-1}\times 8^{n-1}+a_{n-2}\times 8^{n-2}+\cdots+a_1\times 8^1+a_0\times 8^0+$$
$$a_{-1}\times 8^{-1}+a_{-2}\times 8^{-2}+\cdots+a_{-m}\times 8^{-m}$$

例如:八进制数$(7737.12)_8 = 7\times 8^3+7\times 8^2+3\times 8^1+7\times 8^0+1\times 8^{-1}+2\times 8^{-2}$
在八进制数据中不能出现除 0~7 以外的其他数字符号。如图 2.3 所示。

图 2.3　八进制计算器

十六进制数"逢十六进一"及"借一当十六",采用 0~9 阿拉伯数字以及 A~F 共 16 个数

字符号,其中 A、B、C、D、E、F 6 个符号依次表示 10~15。基数为 16,因此十六进制数可以表示为:

$$(N)_{16} = a_{n-1}a_{n-2}\cdots a_1 a_0 . a_{-1} a_{-2} \cdots a_{-m}$$
$$= a_{n-1} \times 16^{n-1} + a_{n-2} \times 16^{n-2} + \cdots + a_1 \times 16^1 +$$
$$a_0 \times 16^0 + a_{-1} \times 16^{-1} + a_{-2} \times 16^{-2} + \cdots + a_{-m} \times 16^{-m}$$

例如:十六进制数$(F117.CE)_{16} = 15 \times 16^3 + 1 \times 16^2 + 1 \times 16^1 + 7 \times 16^0 + 12 \times 16^{-1} + 14 \times 16^{-2}$

在十六进制数据中不能出现除 0~9 和 A~F 以外的其他数字符号。如图 2.4 所示。

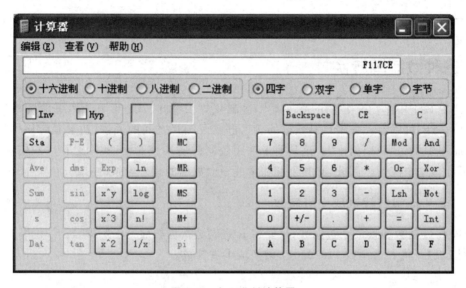

图 2.4　十六进制计算器

#### 2.1.2.4　各种进制数据的对照关系

表 2.1 列出了常用的 0~15 十进制数与二进制、八进制和十六进制的对应关系。

表 2.1　各进制常用数据对照关系表

| 十进制数 | 二进制数 | 八进制数 | 十六进制数 |
| --- | --- | --- | --- |
| 0 | 0 | 0 | 0 |
| 1 | 1 | 1 | 1 |
| 2 | 10 | 2 | 2 |
| 3 | 11 | 3 | 3 |
| 4 | 100 | 4 | 4 |
| 5 | 101 | 5 | 5 |
| 6 | 110 | 6 | 6 |
| 7 | 111 | 7 | 7 |
| 8 | 1000 | 10 | 8 |

续表 2.1

| 十进制数 | 二进制数 | 八进制数 | 十六进制数 |
|---|---|---|---|
| 9 | 1001 | 11 | 9 |
| 10 | 1010 | 12 | A |
| 11 | 1011 | 13 | B |
| 12 | 1100 | 14 | C |
| 13 | 1101 | 15 | D |
| 14 | 1110 | 16 | E |
| 15 | 1111 | 17 | F |

## 2.2　各种数制间转换

上述表 2.1 中列出了常用的 0~15 十进制数与二进制、八进制和十六进制的对应关系。在该表中,我们可以看到各种进制数据的表示形式及相互之间的关系,初学者应该尽量熟悉,在日常应用中做到"脱口而出"。这是简单常用数据的转换。然而,实际运算中我们遇到的数据,远远超出这个范围。因此,必须了解和掌握一般数据的相互转换的方法。

### 2.2.1　将 $R$ 进制数转换成十进制数

若将 $R$ 进制数转换成十进制数,只要将 $R$ 进制数按位权展开求和即可。

【例 2.1】　将二进制数 11010.011 转换成十进制数。

解:$(11010.011)_2 = 1 \times 2^4 + 1 \times 2^3 + 0 \times 2^2 + 1 \times 2^1 + 0 \times 2^0 + 0 \times 2^{-1} + 1 \times 2^{-2} + 1 \times 2^{-3}$

$\qquad\qquad\quad = 16 + 8 + 0 + 2 + 0 + 0 + 0.25 + 0.125$

$\qquad\qquad\quad = (26.375)_{10}$

【例 2.2】　将八进制数 137.504 转换成十进制数。

解:$(137.504)_8 = 1 \times 8^2 + 3 \times 8^1 + 7 \times 8^0 + 5 \times 8^{-1} + 0 \times 8^{-2} + 4 \times 8^{-3}$

$\qquad\qquad\quad = 64 + 24 + 7 + 0.625 + 0.078\,125$

$\qquad\qquad\quad = (95.632\,812\,5)_{10}$

【例 2.3】　将十六进制数 12AF.B4 转换成十进制数。

解:$(12AF.B4)_{16} = 1 \times 16^3 + 2 \times 16^2 + 10 \times 16^1 + 15 \times 16^0 + 11 \times 16^{-1} + 4 \times 16^{-2}$

$\qquad\qquad\qquad = 4\,096 + 512 + 160 + 15 + 0.687\,5 + 0.056\,25$

$\qquad\qquad\qquad = (4\,783.703\,125)_{10}$

### 2.2.2　将十进制数转换成 $R$ 进制数

将十进制数的整数部分和小数部分分别进行转换,然后合并起来。

十进制数整数转换成 $R$ 进制数,采用逐次除以基数 $R$ 取余数的方法,其步骤如下:

(1)将给定的十进制数除以 $R$,余数作为 $R$ 进制数的最低位(Least Significant Bit,LSB)。

(2)把前一步的商再除以 $R$,余数作为次低位。

(3)重复步骤(2),记下余数,直至最后商为 0,最后的余数即为 $R$ 进制的最高位(Most

Significant Bit，MSB)。

(4)最后将各余数倒序排列即可。即整数部分"除 R 取余倒排序"。

【例 2.4】　将十进制数 53 转换成二进制数。

解:由于二进制数基数为 2,所以逐次除以 2,取其余数(0 或 1),具体步骤如图 2.5 所示:

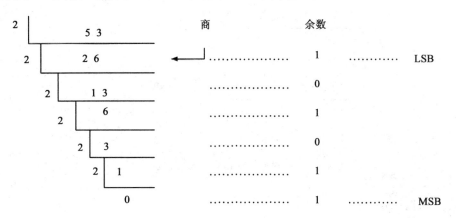

**图 2.5　十进制整数转换成二进制数过程**

结果:$(53)_{10} = (110101)_2$

【例 2.5】　将十进制数 53 转换成八进制数。

解:由于八进制数基数为 8,所以逐次除以 8,取其余数(0～7),具体步骤如图 2.6 所示。

**图 2.6　十进制整数转换成八进制数过程**

结果:$(53)_{10} = (65)_8$

十进制数纯小数转换成 R 进制数,采用将小数部分逐次乘以 R,取乘积的整数部分作为 R 进制的各有关数位,乘积的小数部分继续乘以 R,直至最后乘积为 0 或达到一定的精度为止。最后把取到的整数正排序,即小数部分"乘 R 取整正排序"。

【例 2.6】　将十进制小数 0.375 转换成二进制数。

解:由于二进制数基数为 2,所以逐次乘以 2,取其整数(0 或 1),具体步骤如图 2.7 所示。

结果:$(0.375)_{10} = (0.011)_2$

【例 2.7】　将十进制小数 0.39 转换成八进制数,要求精确到 0.1%。

解:由于 $8^{-3} = 1/512 > 0.001$,所以需要精确到八进制小数的 4 位,则:

$0.39 \times 8 = 3.12$　　$a_{-1} = 3$

$0.12 \times 8 = 0.96$　　$a_{-2} = 0$

$0.96 \times 8 = 7.68$　　$a_{-3} = 7$

$0.68 \times 8 = 5.44$　　$a_{-4} = 5$

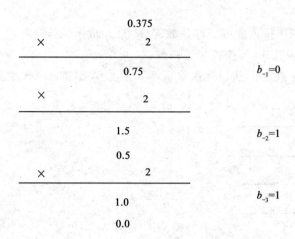

**图 2.7　十进制小数转换成二进制数过程**

所以 $(0.39)_{10} = (0.3075)_8$。

把一个带有整数和小数的十进制数转换成 $R$ 进制数时，是将整数部分和小数部分分别进行转换，然后将结果合并起来。例如，将十进制数 $(53.375)_{10}$ 转换成二进制数，可按例 2.4 和例 2.6 分别进行转换，并将结果合并，得到：$(53.375)_{10} = (110101.011)_2$。

### 2.2.3　八进制与十六进制的相互转换

八进制数与十六进数之间的相互转换，用二进制数做中间数比较方便，即先将八进制或十六进制数转换成二进制数，然后再将得到的二进制数转换为对应的十六进制或八进制数。因为八进制数转换为二进制数非常简单，只需将每一位八进制数用 3 位二进制数替代就可以了。如果熟悉了表 2.1，这就非常简单。接下来，只要将所得到的二进制数以小数点为界（如果有小数部分的话），分别向左和向右每 4 位分成一组，不够 4 位的整数部分前面补 0，小数部分后面补 0（注意：这点非常重要！）。然后，将 4 位二进制数用 1 位十六进制数替代即可。反之亦然。

【例 2.8】　将八进制数 65.307 转换成十六进制。

解：先将该数转换成二进制数：

八进制数　　6　　5.　　3　　0　　7
二进制数　110　101.　011　000　111

即 $(65.307)_8 = (110101.011000111)_2$。

然后以小数点为界，分别向左和向右将二进制数每 4 位分成一组（不够 4 位的整数部分前面补 0，小数部分后面补 0），再在下面直接写出每组的十六进制表示即可：

0011　0101　.　0110　0011　1000
　3　　5　　.　　6　　3　　8

即 $(65.307)_8 = (35.638)_{16}$。

利用八进制数和十六进制数与二进制数之间的这种关系，很容易实现八进制数与十六进制数之间的相互转换。

【例 2.9】　将 $(BE.29D)_{16}$ 转换成八进制数。

解：$(BE.29D)_{16}=(1011\quad 1110.0010\quad 1001\quad 1101)_2$
$$=(010\quad 111\quad 110.\quad 001\quad 010\quad 011\quad 101)_2$$
$$=(276.1235)_8$$

【例 2.10】　将八进制数 276.123 5 转换成十六进制数。

解：$(276.1235)_8=(010\quad 111\quad 110.\quad 001\quad 010\quad 011\quad 101)_2$
$$=(1011\quad 1110.\quad 0010\quad 1001\quad 1101)_2$$
$$=(BE.29D)_{16}$$

## 2.3　计算机内部数据表示

在 2.1 节已经明确指出,计算机能够直接识别和处理的只有二进制数据。所以,计算机内部的数据表示都是以二进制形式出现的。然而,在人们日常事务处理的过程中面对的是大量的非二进制数据,这些非二进制数据都只能"间接"地被计算机识别和处理。所谓"间接"就是非二进制数据在计算机系统软件的帮助下转换为二进制数据,在计算机内部存储、处理和传输,运行结果转换成人们习惯的进制方式显示或者打印。

### 2.3.1　计算机内部为什么要采用二进制

在电子计算机诞生前一段时间,世界各国的科学家对计算机内部计数制的设计首先倾向人们习惯的十进制。但受制于电子元器件,最终选择了二进制。近些年,有些国家试图突破这种进制限制,开始尝试其他进制(如三进制),并取得了一些成果,甚至开发出样机。

一般认为,计算机内部之所以采用二进制有如下几个方面的原因(其中最根本的原因就是电子元器件的限制):

(1)具有 2 种稳定状态的电子元器件容易实现。电路的"开"与"关"、"通"与"断",电压的"高"与"低",电场的"强"与"弱"、"正向"与"反向"等,都是非常稳定的 2 种状态。这是电子计算机内部为什么采用二进制的最根本的原因。

(2)二进制运算规则简单。二进制数与十进制数一样,同样可以进行加、减、乘、除等数学运算。其算法规则举例如下:

加法 $0+0=0,0+1=1+0=1,1+1=10$

减法 $0-0=0,1-0=1,1-1=0,0-1=-1,10100-1010=1010$

乘法 $0\times0=0,0\times1=1\times0=0,1\times1=1$

除法 $0\div1=0,1\div1=1$

(3)与逻辑代数不谋而合。逻辑代数,亦称布尔代数,是英国数学家乔治·布尔(George Boole)于 1849 年创立的。逻辑代数中的运算量和运算结果只有"是"与"非"或"真"与"假"2 种状态,正好与二进制数的"1"和"0"相吻合。因此,二进制数据可以直接用于逻辑运算。

(4)可以节省设备。这一点恐怕连当初设计第一代电子计算机的科学家也没有想到,二进制数据的采用居然可以节省设备。下面来看一个实例:如果以十进制与二进制在计算机中所用的元件数量来比较,假设每一数位上的每一数码都用一个元件,在十进制中,为了表示 000~999 的 3 位整数,需 3 个数位,每个数位需 10 个元件(表示 0~9),总共需要 $3\times10=30$ 个元件;而二进制表示同样范围的数据至少需要 10 位,但每位只有 2 种状态(0 和 1)总共需要

$2 \times 10 = 20$ 个元件。由于 $2^{10} = 1\,024$，这样，采用 10 位的二进制，表示的数据范围是 $0 \sim 1\,023$，比原来十进制的还多了 24 个数据，但设备数目减少了 10 个。计算机内部数据的真正范围远远超过上述表示，所以，我们可以想象到节省设备的数目是惊人的。

### 2.3.2　计算机中数据单位

（1）位（bit）　是计算机中数据处理的最小单位。一个二进制位只能表示 0 或 1 两种状态，要表示更多的信息，就要把多个位组合成一个整体，一般以 8 位二进制组成一个基本单位。

（2）字节（byte）　是计算机数据处理的最基本单位。字节（byte）简记为 B，规定一个字节为 8 位，即 1 B＝8 bit(s)。

（3）字（word）　一个字通常由一个或若干个字节组成。字是计算机进行数据处理时，一次存取、加工和传送的数据长度。由于字长是计算机一次所能处理信息的实际位数，所以，它决定了计算机数据处理的速度，是衡量计算机性能的一个重要指标，字长越大，性能越好。计算机型号不同，其字长是不同的，常见的字长有 8、16、32 和 64 位。一般情况下，IBM PC/XT 的字长为 8 位，80286 微机字长为 16 位，80386/80486 微机字长为 32 位，Pentium 系列微机字长为 64 位。

（4）数据的存储单位换算　1 B＝8 bit(s)，1 kB＝$2^{10}$ B＝1 024 B，1 MB＝$2^{10}$ kB＝1 024 kB，1 GB＝$2^{10}$ MB＝1 024 MB，1 TB＝$2^{10}$ GB＝1 024 GB。

### 2.3.3　机器数与真值

（1）机器数　一个数在计算机中的二进制表示形式，叫作这个数的机器数。机器数是带符号的，在计算机中用一个数的最高位存放符号，正数为 0，负数为 1。

比如，十进制中的数＋3，计算机字长为 8 位，转换成二进制就是 00000011。如果是－3，就是 10000011。这里的 00000011 和 10000011 就是机器数。

（2）真值　因为最高位是符号位，所以机器数的形式值就不等于真正的数值。例如上面的有符号数 10000011，其最高位 1 代表负，其真正数值是－3，而不是形式值 131（10000011 转换成十进制等于 131）。所以，为区别起见，将带符号位的机器数对应的真正数值称为机器数的真值。

例如：00000001 的真值 ＝＋0000001＝＋1，10000001 的真值＝－0000001＝－1。

### 2.3.4　原码、反码、补码

在探求为何机器使用补码之前，需要先了解原码、反码和补码的概念。对于一个数，计算机要使用一定的编码方式进行存储。原码、反码和补码是机器存储的一个具体数字编码方式。

1. 原码

原码就是符号位加上真值的绝对值，即用最高位表示符号，其余位表示数值。

例如：$[+1]_{原} = 00000001$，$[-1]_{原} = 10000001$

因为最高位是符号位，所以 8 位二进制数的原码取值范围就是 $[-127, 127]$。原码是人们最容易理解和运用的表示方式。

2. 反码

反码的表示方法是：正数的反码是其本身，负数的反码是在其原码的基础上，符号位不

变,其余各位取反。例如:

$[+1]=[00000001]_原=[00000001]_反$

$[-1]=[10000001]_原=[11111110]_反$

可见如果一个反码表示的是负数,人们很难直观地看出来它的数值,通常要将其转换成原码再看。8 位二进制数的反码取值范围跟原码一样是$[-127,127]$。

3.补码

补码的表示方法是:正数的补码就是其本身,负数的补码是在其原码的基础上,符号位不变,其余各位取反,最后$+1$,(即在反码的基础上$+1$)。例如:

$[+1]=[00000001]_原=[00000001]_反=[00000001]_补$

$[-1]=[10000001]_原=[11111110]_反=[11111111]_补$

对于负数,补码表示方式也是人们很难直观看出其数值的,通常也需要转换成原码再看。8 位二进制数的补码取值范围是$[-128,127]$。

### 2.3.5　定点数、浮点数

所谓定点数和浮点数,是指在计算机中数的小数点位置是固定的,还是浮动的。如果一个数中小数点的位置是固定的,就叫定点数,否则就叫浮点数。采用定点数表示法的计算机叫定点计算机,采用浮点数表示法的计算机叫浮点计算机。

(1)定点数表示法　定点数表示法通常把小数点固定在数值部分的最高位之前(纯小数),或把小数点固定在数值部分的最后面(纯整数)。对于一台机器,一旦确定了一种小数点的位置,在计算机系统中就不再改变。

(2)浮点数表示法　浮点数表示法是指在数的表示中,其小数点位置是浮动的。任一个二进制数 $N$ 可以表示成 $N=2^E \cdot M$,其中,$M$ 为数 $N$ 的尾数或数码,$E$ 为指数,是数 $N$ 阶码,是一个二进制整数。两种常见的表示格式如图 2.8 所示:

格式一

| $M_s$ | E | M |
|---|---|---|
| 符号位<br>1 位 | 阶码<br>$m$ 位 | 尾数<br>$n$ 位 |

格式二

| $N_s$ | E | $M_s$ | M |
|---|---|---|---|
| 阶符<br>1 位 | 阶码<br>$m$ 位 | 符号<br>1 位 | 尾数<br>$n$ 位 |

**图 2.8　浮点数的两种表示格式**

(3)阶码的位数和尾数的位数的关系　在字长确定的情况下,阶码的位数增加,数的表示范围就增加,但尾数的位数相应减少,使数的有效位减少,数表示的精度就降低。浮点数通常采用规格化的表示方法。所谓浮点数的规格化就是其尾数的第一位要为 1,若不为 1,就要用"左规"的方法使其为 1。左规就是尾数向左移动(同时调整阶码),直至尾数的第一位为 1 或阶码为全 0 或最小值。

例如：$2^{10}\times0.1101$，$-2^{10}\times0.1101$ 就是规格化的浮点数；而 $2^{11}\times0.0110$，$-2^{11}\times0.0110$ 是非规格化的浮点数。

当一个浮点数的尾数为 0，不论其阶码为何值；或者阶码的值遇到比它能表示的最小值还小时，不管其尾数为何值，计算机都把该浮点数看成是 0，称为机器零。

**【例题 2.11】** 把非规格化的浮点数 $N=2^{11}\times0.0110$ 规格化。

解：把浮点数 $N$ 的尾数向左移一位（或尾数的小数点右移一位），变成 0.1100，同时，阶码递减 1，得到 $N=2^{10}\times0.1100$，就是规格化的浮点数。

**【例题 2.12】** 把一个真值为 $+23.25$ 的十进制数，用浮点数格式一表示其原码，设浮点数字长为 16 位，其中阶码 5 位，尾数 10 位，符号位 1 位。

解：令 $X=23.25$，转换成二进制数，$X=10111.01$，用浮点数规格化表示其原码为：
$[X]_原=2^{+00101}\times0.1011101000$。机器表示为：0　00101　1011101000。

**【例题 2.13】** 把一个真值为 $+23.25$ 的十进制数，用浮点数格式二表示其原码，设浮点数字长为 16 位，其中阶码 5 位（含 1 位阶符），尾数 11 位（含 1 位数符）。

解：令 $X=23.25$，表示成二进制数 $X=10111.01$，用浮点数规格化表示，原码为：
$[X]_原=2^{+0101}\times0.1011101000$。机器表示为：0　0101　0　1011101000。

## 2.4　信息编码

信息，指音讯、消息、通信系统传输和处理的对象，泛指人类社会传播的一切内容。人类通过获得、识别自然界和社会的不同信息来区别不同事物，得以认识和改造世界。在一切通信和控制系统中，信息是一种普遍联系的形式。1948 年，数学家香农在题为"通信的数学理论"的论文中指出："信息是用来消除随机不定性的东西。"创建一切宇宙万物的最基本万能单位是信息。

信息编码是为了方便信息的存储、检索和使用，在进行信息处理时赋予信息元素以代码的过程。即用不同的代码与各种信息中的基本单位组成部分建立一一对应的关系。信息编码必须标准、系统化，设计合理的编码系统是关系信息管理系统生命力的重要因素。

### 2.4.1　信息的分类

信息是对客观事物运动状态和变化的描述，它所涉及的客观事物是多种多样的，并普遍存在。因此信息的种类也是繁多的，分类方法也层出不穷。下面列出常见的几类分类方法及信息种类：

(1)按社会性分类，可分为社会信息（人类信息）和自然信息（非人类信息）。

(2)按空间状态分类，可分为宏观信息（如国家的）、中观信息（如行业的）、微观信息（如企业的）等。

(3)按信源类型分类，可分为内源性信息和外源性信息等。

(4)按价值分类，可分为有用信息、无害信息和有害信息等。

(5)按时间性分类，可分为历史信息、现时信息、预测信息等。

(6)按载体分类，可分为文字信息、声像信息、实物信息等。

## 2.4.2　信息的数字化

信息数字化就是将上述复杂多变的信息转变为可以度量的数字、数据,再以这些数字、数据建立起适当的数字化模型,把它们转变为一系列二进制代码,引入计算机内部,进行统一处理,这就是数字化的基本过程。事实上,信息数字化可以将任何连续变化的量(如图画的线条或声音信号)转化为一串离散的量,在计算机中用 0 和 1 表示。

信息数字化一般包含 3 个阶段:采样、量化和编码。

(1)采样　采样的作用,是把连续的模拟信号按照一定的频率进行采样,得到一系列有限的离散值。采样频率越高,得到的离散值越多,越逼近原来的模拟信号。

(2)量化　量化的作用,是把采样后的样本值的范围分为有限多个段,把落入某段中的所有样本值用同一值表示,是用有限的离散数值量来代替无限的连续模拟量的一种映射操作。量化位数越高,样本值量的确定越精细。

(3)编码　编码的作用,是把离散的数值量按照一定的规则,转换为二进制码,也就是数字信号。数字化过程有时候也包括数据压缩。

具体信息的数字化过程在本书第 7 章多媒体技术中介绍。

## 2.4.3　西文字符的编码

西文字符编码以 ASCII 码(美国信息交换标准码)为依据,由美国国家标准学会(American National Standard Institute,ANSI)制定,是标准的单字节字符编码方案,用于基于文本的数据。起始于 20 世纪 50 年代后期,在 1967 年定案。它最初是美国国家标准,供不同计算机在相互通信时用作共同遵守的西文字符编码标准,它已被国际标准化组织(ISO)定为国际标准,称为 ISO646 标准。适用于所有拉丁文字字母。

ASCII 码使用指定的 7 位或 8 位二进制数组合来表示 128 或 256 种可能的字符。标准 ASCII 码也叫基础 ASCII 码,使用 7 位二进制数来表示所有的大写和小写字母,数字 0~9,标点符号,以及在美式英语中使用的特殊控制字符。扩展 ASCII 码使用 8 位二进制组合。

标准 ASCII 码表如图 2.9 所示。

查表得知阿拉伯数字 0~9 的 ASCII 码分别是 0110000~0111001,十六进制表示是 30~39,十进制表示是 48~57。大写字母 A~Z 的 ASCII 码分别是 1000001~1011010,十六进制表示是 41~5A。小写字母 a~z 的 ASCII 码分别是 1100001~1111010,十六进制表示是 61~7A。如图 2.10 所示。

通过图 2.9 和图 2.10,可以发现同一个英文字母大小写 ASCII 码二进制形式后 4 位是完全相同的,前 3 位小写比大写大了 2,实际整个 ASCII 码值小写字母比大写字母多了 32。这是一个很有意义的规律,我们可以根据一个大写或小写字母的 ASCII 码值推算出另外一个大写或小写字母的 ASCII 码值。

【例 2.14】　已知大写字母 H 的 ASCII 码值为 1001000,请写出小写字母 b 的 ASCII 码值的十六进制和十进制表示。

解:根据已知条件可写出小写字母 h 的 ASCII 码值为 1101000。根据小写英文字母的排列顺序可推算出小写字母 b 的 ASCII 码为 1100010,十六进制为 62,十进制为 98。

| $D_3D_2D_1D_0$ ＼ $D_6D_5D_4$ | 000 | 001 | 010 | 011 | 100 | 101 | 110 | 111 |
|---|---|---|---|---|---|---|---|---|
| 0000 | NUL | DLE | SP | 0 | @ | P | ` | p |
| 0001 | SOH | DC1 | ! | 1 | A | Q | a | q |
| 0010 | STX | DC2 | " | 2 | B | R | b | r |
| 0011 | ETX | DC3 | # | 3 | C | S | c | s |
| 0100 | EOT | DC4 | $ | 4 | D | T | d | t |
| 0101 | ENQ | NAK | % | 5 | E | U | e | u |
| 0110 | ACK | SYN | & | 6 | F | V | f | v |
| 0111 | BEL | ETB | ' | 7 | G | W | g | w |
| 1000 | BS | CAN | ( | 8 | H | X | h | x |
| 1001 | HT | EM | ) | 9 | I | Y | i | y |
| 1010 | LF | SUB | * | : | J | Z | j | z |
| 1011 | VT | ESC | + | ; | K | [ | k | { |
| 1100 | FF | FS | , | < | L | \ | l | \| |
| 1101 | CR | GS | - | = | M | ] | m | } |
| 1110 | SO | RS | . | > | N | ^ | n | ~ |
| 1111 | SI | US | / | ? | O | _ | o | DEL |

**图 2.9　标准 ASCII 码表**

| ASCII 码 十进位 | 十六进位 | 字符 | ASCII 码 十进位 | 十六进位 | 字符 | ASCII 码 十进位 | 十六进位 | 字符 | ASCII 码 十进位 | 十六进位 | 字符 |
|---|---|---|---|---|---|---|---|---|---|---|---|
| 032 | 20 |   | 056 | 38 | 8 | 080 | 50 | P | 104 | 68 | h |
| 033 | 21 | ! | 057 | 39 | 9 | 081 | 51 | Q | 105 | 69 | i |
| 034 | 22 | " | 058 | 3A | : | 082 | 52 | R | 106 | 6A | j |
| 035 | 23 | # | 059 | 3B | ; | 083 | 53 | S | 107 | 6B | k |
| 036 | 24 | $ | 060 | 3C | < | 084 | 54 | T | 108 | 6C | l |
| 037 | 25 | % | 061 | 3D | = | 085 | 55 | U | 109 | 6D | m |
| 038 | 26 | & | 062 | 3E | > | 086 | 56 | V | 110 | 6E | n |
| 039 | 27 | ' | 063 | 3F | ? | 087 | 57 | W | 111 | 6F | o |
| 040 | 28 | ( | 064 | 40 | @ | 088 | 58 | X | 112 | 70 | p |
| 041 | 29 | ) | 065 | 41 | A | 089 | 59 | Y | 113 | 71 | q |
| 042 | 2A | * | 066 | 42 | B | 090 | 5A | Z | 114 | 72 | r |
| 043 | 2B | + | 067 | 43 | C | 091 | 5B | [ | 115 | 73 | s |
| 044 | 2C | , | 068 | 44 | D | 092 | 5C | \ | 116 | 74 | t |
| 045 | 2D | - | 069 | 45 | E | 093 | 5D | ] | 117 | 75 | u |
| 046 | 2E | . | 070 | 46 | F | 094 | 5E | ^ | 118 | 76 | v |
| 047 | 2F | / | 071 | 47 | G | 095 | 5F | _ | 119 | 77 | w |
| 048 | 30 | 0 | 072 | 48 | H | 096 | 60 | ` | 120 | 78 | x |
| 049 | 31 | 1 | 073 | 49 | I | 097 | 61 | a | 121 | 79 | y |
| 050 | 32 | 2 | 074 | 4A | J | 098 | 62 | b | 122 | 7A | z |
| 051 | 33 | 3 | 075 | 4B | K | 099 | 63 | c | 123 | 7B | { |
| 052 | 34 | 4 | 076 | 4C | L | 100 | 64 | d | 124 | 7C | \| |
| 053 | 35 | 5 | 077 | 4D | M | 101 | 65 | e | 125 | 7D | } |
| 054 | 36 | 6 | 078 | 4E | N | 102 | 66 | f | 126 | 7E | ~ |
| 055 | 37 | 7 | 079 | 4F | O | 103 | 67 | g | 127 | 7F |   |

**图 2.10　标准 ASCII 码的十进制与十六进制表示**

### 2.4.4　汉字信息的编码

所谓汉字编码,就是采用一种科学可行的办法,为每个汉字编一个唯一的代码,以便计算机辨认、接收和处理。

#### 2.4.4.1　汉字输入码

汉字输入法很多,大体可分为:区位码(数字码)、音码、形码、音形码。区位码将汉字分成区号与位号 4 位阿拉伯数字进行编码,优点是无重码或重码率低,缺点是难于记忆;形码根据汉字的字型进行编码(如图 2.11 所示五笔字型输入法),编码的规则较多,难于记忆,必须经过训练才能较好地掌握;音形码将音码和形码结合起来,输入汉字,减少重码率,提高汉字输入速度。

#### 2.4.4.2　汉字交换码

汉字交换码是指不同的具有汉字处理功能的计算机系统之间在交换汉字信息时所使用的代码标准。自国家标准 GB 2312—80 公布以来,我国一直沿用该标准所规定的国标码作为统一的汉字信息交换码。GB 2312—80 标准包括了 6 763 个汉字,按其使用频度分为一级汉字 3 755 个和二级汉字 3 008 个。一级汉字按拼音排序,二级汉字按部首排序。此外,该标准还包括标点符号、数种西文字母、图形、数码等符号 682 个。由于 GB 2312—80 是 80 年代制定的标准,在实际应用时常常感到不够,所以,建议处理文字信息的产品采用新颁布的 GB 18030 信息交换用汉字编码字符集,这个标准繁、简字均处同一平台,可解决 GB 码与 BIG5 码间的字码转换不便的问题。

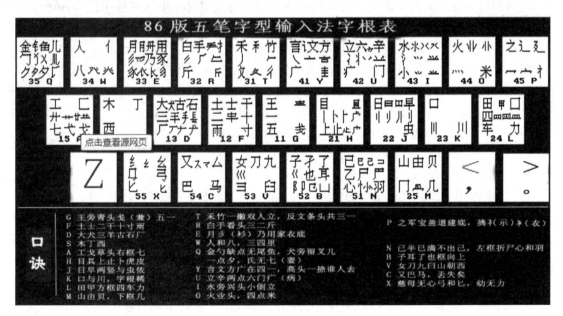

图 2.11　五笔字型输入法

1.汉字国标码

每个汉字有个二进制编码,叫汉字国标码。在我国汉字代码标准 GB 2312—80 中有 6 763

个常用汉字规定了二进制编码。每个汉字使用 2 个字节。

GB 2312—80 将代码表分为 94 个区,对应第一字节;每个区 94 个位,对应第二字节,两个字节的值分别为区号值和位号值加 32(20H),因此也称为区位码。01～09 区为符号、数字区,16～87 区为汉字区,10～15 区、88～94 区是有待进一步标准化的空白区。GB 2312 将收录的汉字分成两级:第一级是常用汉字计 3 755 个,置于 16～55 区,按汉语拼音字母/笔形顺序排列;第二级汉字是次常用汉字计 3 008 个,置于 56～87 区,按部首/笔画顺序排列。故而 GB 2312 最多能表示 6 763 个汉字。

**2. 汉字机内码**

汉字机内码,又称"汉字 ASCII 码",简称"内码",指计算机内部存储、处理加工和传输汉字时所用的由 0 和 1 符号组成的代码。输入码被接收后就由汉字操作系统的"输入码转换模块"转换为机内码,与所采用的键盘输入法无关。机内码是汉字最基本的编码,不管是什么汉字系统和汉字输入方法,输入的汉字外码到机器内部都要转换成机内码,才能被存储和进行各种处理。

汉字在计算机内部其内码是唯一的。因为汉字处理系统要保证中西文的兼容,当系统中同时存在 ASCII 码和汉字国标码时,将会产生二义性。例如:有两个字节的内容为 30H 和 21H,它既可表示汉字"啊"的国标码,又可表示西文"0"和"!"的 ASCII 码。为此,汉字机内码应对国标码加以适当处理和变换。GB 码的机内码为 2 字节长的代码,它是在相应 GB 码的每个字节最高位上加"1",即汉字机内码＝汉字国标码＋8080H。例如,上述"啊"字的国标码是3021H,其汉字机内码则是 B0A1H。因此,汉字机内码的基础是汉字国标码。

机内码的作用就是为了避免 ASCII 码和国标码同时使用时产生二义性问题,大部分汉字系统都采用将国标码每个字节高位置 1 作为汉字机内码。这样既解决了汉字机内码与西文机内码之间的二义性,又使汉字机内码与国标码具有极简单的对应关系。

汉字机内码、国标码和区位码三者之间的关系为:区位码(十进制)的两个字节分别转换为十六进制后加 20H 得到对应的国标码;机内码是汉字交换码(国标)两个字节的最高位分别加 1,即汉字交换码(国标码)的两个字节分别加 80H 得到对应的机内码;区位码(十进制)的两个字节分别转换为十六进制后加 A0H 得到对应的机内码。

**【例 2.15】** 已知机内码为 BEDF,求区位码是多少?

解 1:BEDFH－A0A0H＝1E3FH＝7743D。

解 2:BEDFH－8080H＝3E5FH(国标码),3E5FH－2020H＝1E3FH＝7743D。

### 2.4.4.3　字形存储码

字形存储码是指供计算机输出汉字(显示或打印)用的二进制信息,也称字模。通常,采用的是数字化点阵字模(图 2.12)。

一般的点阵规模有 16×16,24×24,32×32,64×64 等,每一个点在存储器中用一个二进制位(bit)存储。例如,在 16×16 的点阵中,需 16×16 bit＝32 byte 的存储空间。在相同点阵中,不管其笔画繁简,每个汉字所占的字节数相等。

### 2.4.4.4　通用字符编码集

通用字符集(Universal Character Set,UCS)是由 ISO 制定的 ISO 10646(或称 ISO/IEC 10646)标准所定义的字符编码方式,采用 4 字节编码。

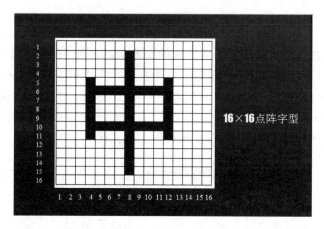

**图 2.12　字形存储**

通用字符集包括了所有其他字符集。它保证了与其他字符集的双向兼容,即如果你将任何文本字符串翻译到 UCS 格式,然后再翻译回原编码,你不会丢失任何信息。UCS 包含了已知语言的所有字符。除了拉丁语、希腊语、斯拉夫语、希伯来语、阿拉伯语、亚美尼亚语、乔治亚语,还包括中文、日文、韩文这样的象形文字,UCS 还包括大量的图形、印刷、数学、科学符号。

ISO 10646 定义了一个 31 位的字符集。ISO 10646-1 标准第一次发表于 1993 年,2000 年的公开版本是 ISO/IEC 10646-1:2000。ISO 10646-2 在 2001 年发表。UCS 不仅给每个字符分配一个代码,而且赋予了一个正式的名字。表示一个 UCS 或 Unicode 值的十六进制数通常在前面加上"U+",例如"U+0041"代表字符"A"。

### 2.4.5　多媒体信息编码

多媒体是对多种媒体的融合,将文字、声音、图像、视频等通过计算机技术和通信技术集成在一个数字环境中,以协同表示更多的信息。多媒体技术就是指利用计算机技术把文本、图形、图像、声音、动画和视频等多种媒体综合起来,使多种信息建立逻辑连接,并能对它们进行获取、压缩、加工处理及存储,集成为一个具有交互性的系统。

1. 图形图像信息数字化

现实生活中的物体或它们的照片,可以通过扫描仪、数字相机、图像信号采集卡等设备输入到计算机内,计算机以数字化的信息表示和存放图像信息,数字化的图像包含有分辨率、颜色表示和数据压缩等重要概念。

我们把图像处理成许多"小方块"(即"像素(pixels)")组成。把一个单色图像用网格将它分成许多单元,每个单元就相当于一个像素。由于单色图像只有黑和白 2 种颜色,我们用 0 表示黑色、用 1 表示白色,即如果像素上对应的颜色是黑色则在计算机中用 0 来表示,如果像素上对应的颜色是白色则在计算机中用 1 来表示。这就是简单的位图存储。彩色照片因为包含丰富的颜色信息,所需要的存储空间要比黑白照片大很多。$100 \times 600$ 的黑白图像需要用60 000 b 存储空间。

2. 声音信息数字化

一般的声音(包括音乐、声响等)都可以用波形来表示,用 Windows 附件中的录音机程序播放都会看到声音波形。

　　模拟音响的主要参数是振幅和频率：波形的振幅则表示声音的大小（音量），振幅越大，声音就越响，反之声音就越轻。频率的高低表示声音音调的高低（我们平时称之为高音、低音），两波峰之间的距离越近，声音越尖锐（平时称之为高音），反之声音越低沉（平时称之为低音）。

　　要把声波用数字方法表示，首先要对其进行采样，即每隔一个时间段读取波形中的一个相应的数据用量化值记录，振幅高度划分为 $0 \sim 65\ 535$（即 $0 \sim 2^{16}-1$）个级别，然后计算机对一个连续的模拟声波，每秒进行 $n$ 次采样，每次采样点的数据用二进制数记录。如图 2.13 所示。

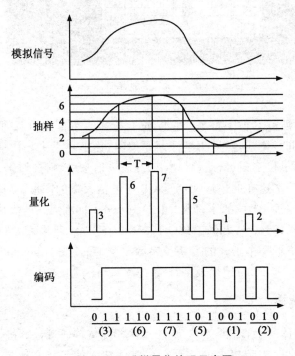

图 2.13　采样量化编码示意图

　　每秒对声音波形采样的次数称为"采样频率"，用赫兹（Hz）作它的单位。若每秒采样 30 次即为 30 Hz，每秒采样 1 000 次即为 1 000 Hz 或 1 kHz。采样频率越小，与原来的声音差异就越大；采样频率越大即每秒钟采样次数越多，采样点所连成的图形就越接近原图，即声音越真实，但过多的采样数将急剧增加存储量。

　　一般的 CD 立体声采用 44 kHz 的采样频率，由于立体声有 2 个声道，因此每秒需要用 $2 \times 44\ 000 \times 2$ B（或 16 b）$= 88\ 000$ 次（点）$\times 2$ B（或 16 b）振幅的存储空间，存储空间很大。每秒存储空间＝声道数×采样频率（Hz）×量化值（B 或位数 b）。

　　3. 视频数字化

　　视频是由一连串相关的静止图像组成，我们将一幅图像称为一个帧，视频每秒显示的帧数是因不同的制式而异的，如我国使用的是 PAL 制式，每秒显示 25 帧，欧美国家常采用 NTSC 制，每秒显示 30 帧。假如视频 1 s 要显示 30 帧，可以计算 1 s $640 \times 480$ 像素 256 色（$2^8 = 256$，8 个比特即 1 个字节）的视频存储空间为：$640 \times 480 \times 8 \div 8 \times 30 = 640 \times 480 \times 30 = 9\ 216\ 000$ 个字节（约 9 MB）。如果采用的是 24 位真彩色，那么 90 min 的电影需要 139 GB（1 G＝1 024

M)的存储空间。这样庞大的数据处理对计算机的要求很高,代价很大,因此科学家们通过编码、压缩的方法来减少视频信号的数据量。

### 2.4.6　条形码与 RFID

条形码起源于 20 世纪 40 年代,应用于 70 年代,普及于 80 年代。条码技术是在计算机应用和实践中产生并发展起来的广泛应用于商业、邮政、图书管理、仓储、工业生产过程控制、交通等领域的一种自动识别技术,具有输入速度快、准确度高、成本低、可靠性强等优点,在当今的自动识别技术中占有重要的地位。

条码是由一组规则排列的条、空以及对应的字符组成的标记,"条"指对光线反射率较低的部分,"空"指对光线反射率较高的部分,这些条和空组成的数据表达一定的信息,并能够用特定的设备识读,转换成与计算机兼容的二进制和十进制信息。通常对于每一种物品,它的编码是唯一的,对于普通的一维条码来说,还要通过数据库建立条码与商品信息的对应关系,当条码的数据传到计算机上时,由计算机上的应用程序对数据进行操作和处理。因此,普通的一维条码在使用过程中仅作为识别信息,它的意义是通过在计算机系统的数据库中提取相应的信息而实现的。一维条形码制作简单,编码码制较容易被不法分子获得并伪造。其次,一维条形码几乎不可能表示汉字和图像信息。

#### 1. 一维条形码

一维条码即指条码条和空的排列规则,常用的一维码的码制包括:EAN 码、39 码、交叉 25 码、UPC 码、128 码、93 码,ISBN 码以及 Codabar(库德巴码)等。如图 2.14 所示。

图 2.14　一维条形码

#### 2. 二维条形码

二维条码/二维码(2-dimensional bar code)是用某种特定的几何图形按一定规律在平面(二维方向)上分布的黑白相间的图形记录数据符号信息的;在代码编制上巧妙地利用构成计算机内部逻辑基础的"0"、"1"比特流的概念,使用若干个与二进制相对应的几何形体来表示文字数值信息,通过图像输入设备或光电扫描设备自动识读以实现信息自动处理,它具有条码技术的一些共性:每种码制有其特定的字符集;每个字符占有一定的宽度;具有一定的校验功能等。同时还具有对不同行的信息自动识别功能及处理图形旋转变化点。

二维码是一种比一维码更高级的条码格式(图 2.15)。一维码只能在一个方向(一般是水平方向)上表达信息,而二维码在水平和垂直方向都可以存储信息。一维码只能由数字和字母组成,而二维码能存

图 2.15　二维条形码

储汉字、数字和图片等信息,因此二维码的应用领域要广得多。

### 3. RFID 技术

射频识别,RFID(Radio Frequency Identification)技术,又称无线射频识别,是一种通信技术,可通过无线电信号识别特定目标并读写相关数据,而无须识别系统与特定目标之间建立机械或光学接触(图2.16)。

**图 2.16 RFID 电子标签**

射频识别技术的主要原理是:首先分配好电子标签、天线等基础设备,不同的电子标签有唯一编码,标志着目标物体,天线的作用是在标签和读写器之间传递信号,方便信息传输,当电子标签进入磁场之后,读写器可以通过天线发出的特殊射频信号接收电子标签的信息,然后读写器将所读取的信息传递给数据协议处理器进行解码操作,通过标准输入输出接口和计算机网络实施通信,紧接着控制终端就可以根据需要对数据进行操作和处理,从而达到自动识别物体的作用。

从概念上来讲,RFID类似于条码扫描,对于条码技术而言,它是将已编码的条形码附着于目标物并使用专用的扫描读写器利用光信号将信息由条形磁传送到扫描读写器;而RFID则使用专用的RFID读写器及专门的可附着于目标物的RFID标签,利用频率信号将信息由RFID标签传送至RFID读写器。从结构上讲RFID是一种简单的无线系统,只有2个基本器件,该系统用于控制、检测和跟踪物体。系统由一个询问器和很多应答器组成。

## 2.4.7 信息道德与系统安全

### 2.4.7.1 信息道德与遵纪守法

信息道德是指在信息的采集、加工、存储、传播和利用等信息活动各个环节中,用来规范其间产生的各种社会关系的道德意识、道德规范和道德行为的总和。它通过社会舆论、传统习俗等,使人们形成一定的信念、价值观和习惯,从而使人们自觉地通过自己的判断规范自己的信息行为。

信息道德作为信息管理的一种手段,与信息政策、信息法律有密切的关系,它们各自从不同的角度实现对信息及信息行为的规范和管理。信息道德以其巨大的约束力在潜移默化中规范人们的信息行为,信息政策和信息法律的制定和实施必须考虑现实社会的道德基础,所以说是信息政策和信息法律建立和发挥作用的基础;而在自觉、自发的道德约束无法涉及的领域,以法制手段调节信息活动中的各种关系的信息政策和信息法律则能够发挥充分的作用;信息政策弥补了信息法律滞后的不足,其形式较为灵活,有较强的适应性,而信息法律则将相应的信息政策、信息道德固化为成文的法律、规定、条例等形式,从而使信息政策和信息道德的实施具有一定的强制性,更加有法可依。信息道德、信息政策和信息法律三者相互补充、相辅相成,共同促进各种信息活动的正常进行。

### 2.4.7.2　计算机信息系统安全

国际标准化委员会对于计算机信息系统安全的定义是“为数据处理系统建立和采取的技术和管理的安全保护,保护计算机硬件、软件、数据不因偶然的或恶意的原因而遭到破坏、更改、泄露。”中国公安部计算机管理监察司的定义是“计算机安全是指计算机资产安全,即计算机信息系统资源和信息资源不受自然和人为有害因素的威胁和危害。”

总体来说,计算机信息系统安全包括:①物理安全。物理安全主要包括环境安全、设备安全、媒体安全等方面。处理秘密信息的系统中心机房应采用有效的技术防范措施,重要的系统还应配备警卫人员进行区域保护。②运行安全。运行安全主要包括备份与恢复、病毒的检测与消除、电磁兼容等。涉密系统的主要设备、软件、数据、电源等应有备份,并具有在较短时间内恢复系统运行的能力。应采用国家有关主管部门批准的查毒杀毒软件适时查毒杀毒,包括服务器和客户端的查毒杀毒。③信息安全。确保信息的保密性、完整性、可用性和抗抵赖性是信息安全保密的中心任务。④安全保密管理。涉密计算机信息系统的安全保密管理包括各级管理组织机构、管理制度和管理技术 3 个方面。

### 2.4.7.3　计算机病毒与防范

电脑病毒,即计算机病毒,它是一种人为制造的(有意或无意地)破坏计算机系统运行和破坏计算机文件的一种程序。具有下述主要特征:

(1)繁殖性　电脑病毒可以像生物病毒一样进行繁殖,当正常程序运行的时候,它也进行运行自身复制,是否具有繁殖、感染的特征是判断某段程序为电脑病毒的首要条件。

(2)破坏性　计算机中毒后,可能会导致正常的程序无法运行,把计算机内的文件删除或使文件受到不同程度的损坏。通常表现为:增、删、改、移。

(3)传染性　电脑病毒不但本身具有破坏性,更有害的是具有传染性,一旦病毒被复制或产生变种,其速度之快令人难以预防。传染性是病毒的基本特征。在生物界,病毒通过传染从一个生物体扩散到另一个生物体。在适当的条件下,它可得到大量繁殖,并使被感染的生物体表现出病症甚至死亡。同样,电脑病毒也会通过各种渠道从已被感染的计算机扩散到未被感染的计算机,在某些情况下造成被感染的计算机工作失常甚至瘫痪。与生物病毒不同的是,电脑病毒是一段人为编制的计算机程序代码,这段程序代码一旦进入计算机并得以执行,它就会搜寻其他符合其传染条件的程序或存储介质,确定目标后再将自身代码插入其中,达到自我繁殖的目的。只要一台计算机染毒,如不及时处理,那么病毒会在这台电脑上迅速扩散,电脑病毒可通过各种可能的渠道,如软盘、硬盘、移动硬盘、计算机网络去传染其他的计算机。当您在一台机器上发现了病毒时,往往曾在这台计算机上用过的移动存储介质(如 U 盘)已感染上了病毒,而与这台机器联网的其他计算机也许也被该病毒传染上了。是否具有传染性是判别一个程序是否为电脑病毒的最重要条件。

(4)潜伏性　有些病毒像定时炸弹一样,让它什么时间发作是预先设计好的。比如黑色星期五病毒,不到预定时间一点都觉察不出来,等到条件具备的时候一下子就爆炸开来,对系统进行破坏。一个编制精巧的电脑病毒程序,进入系统之后一般不会马上发作,因此病毒可以静静地躲在磁盘或磁带里待上几天,甚至几年,一旦时机成熟,得到运行机会,就又要四处繁殖、扩散,继续危害。潜伏性的第二种表现是指,电脑病毒的内部往往有一种触发机制,不满足触发条件时,电脑病毒除了传染外不做什么破坏。触发条件一旦得到满足,有的在屏幕上显示信息、图形或特殊标识,有的则执行破坏系统的操作,如格式化磁盘、删除磁盘文件、对数据文件做加密、封锁键盘以及使系统死锁等。

（5）隐蔽性　电脑病毒具有很强的隐蔽性,有的可以通过病毒软件检查出来,有的根本就查不出来,有的时隐时现、变化无常,这类病毒处理起来通常很困难。

（6）可触发性　病毒因某个事件或数值的出现,诱使病毒实施感染或进行攻击的特性称为可触发性。为了隐蔽自己,病毒必须潜伏,少做动作。如果完全不动,一直潜伏的话,病毒既不能感染也不能进行破坏,便失去了杀伤力。病毒既要隐蔽又要维持杀伤力,它必须具有可触发性。病毒的触发机制就是用来控制感染和破坏动作的频率的。病毒具有预定的触发条件,这些条件可能是时间、日期、文件类型或某些特定数据等。病毒运行时,触发机制检查预定条件是否满足,如果满足,启动感染或破坏动作,使病毒进行感染或攻击;如果不满足,使病毒继续潜伏。

计算机病毒是可以有效防治的。首先,我们应该在计算机中安装有效的杀毒软件和安全防火墙(图 2.17);其次,要养成良好的使用习惯,不下载来历不明的软件,不访问不健康的网站。

**图 2.17　常用杀毒软件**

**本章小结:**本章以计算机内部数据的数制为核心,介绍了二进制、八进制、十六进制及其与十进制之间和各数制相互之间的转换关系。这是本章的重点。同时,还介绍了计算机信息编码及信息安全等方面的内容。二进制作为计算机内部的计数制是有原因的,根本原因是当初设计和制造计算机时找到具有两种稳定状态的电子元器件比较容易。计算机内部采用二进制后,我们可以看到,二进制运算规则简单,与逻辑代数不谋而合,甚至可以节省设备。

# ❓思考题

1. 计算机中为什么要采用二进制？
2. 不同数制数据之间转换要注意什么问题？
3. 什么是信息编码？
4. 日常信息安全应注意的主要方面有哪些？

# 第3章 计算机硬件体系结构

本章导读:本章主要对微型计算机系统整体结构进行了介绍,从而对计算机的硬件体系结构有一个全面认识,其中对微机主板的结构及其特点、微机存储系统的结构特点和基本工作原理、微机总线结构和功能、常用输入/输出系统接口及常用外部设备进行了详细的介绍,对现有衡量微机性能的指标进行了详述。

## 3.1 计算机的组成

硬件系统一般指用电子器件和机电装置组成的计算机实体,组成微型计算机的主要电子部件都由集成度很高的大规模集成电路及超大规模集成电路构成。

### 3.1.1 冯·诺依曼计算机的逻辑构成

当前广泛使用的电子计算机仍然采用冯·诺依曼(图3.1)计算机体系结构。冯·诺依曼计算机模型将计算机分为5个部分组成。包括:运算器、控制器、存储器、输入设备和输出设备,这5个部件各司其职,并有效连接以实现整体功能,如图3.2所示。到目前为止大多数计算机仍沿用这一体系。

**图3.1 冯·诺依曼**

1. 运算器

运算器(Arithmetic Logic Unit)是负责计算机中执行各种算术和逻辑运算操作的部件。它完成的基本功能有加、减、乘、除四则运算,与、或、非、异或等逻辑运算,以及移位、求补等操作。

2. 控制器

控制器(Control Unit)是能读取指令、分析指令并执行指令的部件,是计算机的"决策机构",即它协调和指挥整个计算机系统的操作。控制器根据事先给定的命令(即程序员编写好的程序软件)发出控制信息,使整个计算机按照程序一步一步地执行,完成所期望的功能。

3. 存储器

存储器(Memory)是计算机系统中的记忆设备,用来存放程序和数据。计算机中的全部信息,包括输入的原始数据、程序软件、中间运行结果和最终运行结果都保存在存储器中,并根据控制器指定的位置存入和取出信息。

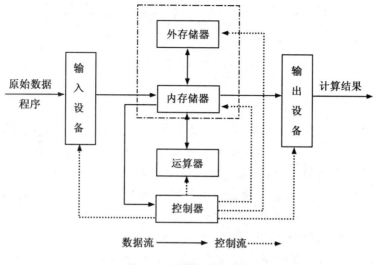

**图 3.2　计算机硬件系统**

4. 输入设备

输入设备(Input Device)是向计算机输入数据和信息的设备,是用户和计算机系统之间进行信息交换的主要装置。输入设备用于把原始数据和处理这些数据的程序输入到计算机中。

5. 输出设备

输出设备(Output Device)用于数据的输出,是人与计算机交互的一种部件,它把各种计算结果数据或信息以数字、字符、图像、声音等形式表示出来。

综上所述,计算机由运算器、控制器、存储器、输入设备和输出设备五大部分组成。其中存储器又分内存储器、外存储器;通常我们把输入设备及输出设备统称为外围设备;而运算器和控制器合称为中央处理器(Central Processing Unit,CPU)。

### 3.1.2　计算机的基本工作原理

冯·诺依曼计算机模型核心是存储程序和程序控制,人们将求解的问题形成计算机所能识别的一条一条指令的集合,即程序,计算机运行时将程序放入内存中,由控制器取出程序中的一条条指令分析并执行。

1. 指令和指令系统

指令是能被计算机识别并执行的二进制代码,它规定了计算机能完成的一个基本操作,如"加"、"传输"等。计算机能执行的所有指令集合称为指令系统,不同计算机其指令系统不尽相同,即指令种类和指令数量都有区别,每种计算机都规定了自己确定数量的指令。

一条指令通常由操作码和操作数两部分构成,操作码指明了指令要完成的操作类型及功能,操作数则是参与的数据或数据所在的地址。

例如,图 3.3 所示加法指令,表示将运算器的寄存器中的数,加上存储单元号为 0000001010 中的数,结果存放到运算器的寄存器中。

通常,指令系统一般分为数据传输指令、算术运算及逻辑运算指令、输入输出指令、程序控制指令、控制和管理机器指令(停机、启动、复位等)这几种类型。

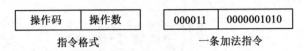

| 操作码 | 操作数 |　| 000011 | 0000001010 |
|---|---|---|---|---|
| 指令格式 | |　| 一条加法指令 | |

图 3.3　计算机指令格式

2. 计算机工作原理

计算机的工作过程就是快速地执行指令的过程。一条条指令事先放入内存中,计算机运行时,程序的第一条指令的地址号被放入到一个专门的程序计数器中,这是一个具有特殊功能的寄存器,每当当前指令执行完毕,该寄存器会自动加"1",从而自动生成"下一条"指令的地址。一条指令的执行需要经过取指令、分析指令、执行指令的过程。详细程序执行流程图如图 3.4 所示。

(1)取指令　控制器根据程序计数器的地址,从内存中取出要执行的指令送到 CPU 内部的指令寄存器中。

(2)分析指令　控制器中的操作码译码器对指令的操作码进行译码,将指令的操作码转换成相应的控制电位信号,根据指令操作数确定操作数或操作数地址。

(3)执行指令　由操作控制线路发出完成该操作所需要的一系列控制信息,去完成该指令要求的操作。

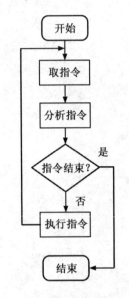

图 3.4　计算机工作原理

早期单核处理器只有一个逻辑核心,而多核技术已经成为目前处理器体系结构的一种必然趋势。多核处理器是在一枚处理器中集成两个或多个完整的计算引擎(内核),这些多个内核可以并行地执行程序代码,因此多核处理器能提供比单核处理器更好的性能和效率。

### 3.1.3　微型计算机系统基本组成

1. 微型计算机系统组成

一个完整的计算机系统通常是由硬件系统和软件系统两大部分组成,如图 3.5 所示。硬件系统是指构成计算机的电子线路、电子元器件和机械装置等物理设备,即由机械、电子器件构成的具有输入、存储、计算、控制和输出功能的实体部件。直观地看,计算机硬件是看得见摸得着的设备,是计算机进行工作的物质基础。

计算机的软件系统是为了运行、管理和维护计算机而编写的程序(包括文档)的总和。软件系统是计算机的灵魂。没有配备任何软件的硬件计算机称为裸机。裸机由于不安装任何软件,所以只能运行机器语言程序,只有安装了必要的软件后用户才能较方便地使用计算机。普通用户面对的一般不是裸机,而是在裸机之上配置若干软件之后构成的计算机系统。软件在计算机和计算机使用者之间架起了桥梁。正是由于软件的丰富多彩,可以出色地完成各种不同的任务,才使得计算机的应用领域日益广泛。实际上,在计算机技术的发展进程中,计算机软件随硬件技术的迅速发展而发展;反过来,软件的不断发展与完善又促进了硬件的新发展,两者的发展密切地交织着,缺一不可。

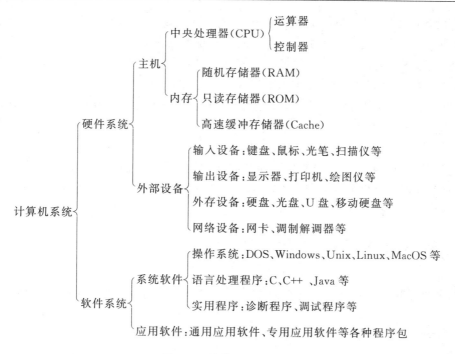

**图 3.5　计算机系统组成**

　　硬件是软件工作的基础,离开硬件,软件无法工作;软件又是硬件功能的扩充和完善,有了软件的支持,硬件功能才能得到充分的发挥,两者相互渗透、相互促进;可以说硬件是基础、软件是灵魂。只有将硬件和软件结合成有机的统一整体,才能称为一个完整的计算机系统。

　　2. 主机

　　主机一般包括 CPU 和内存储器。

　　计算机系统中,通常将运算器和控制器集成在一片集成电路芯片中,称之为中央处理器(CPU)。

　　内存储器,又称主存储器(简称内存、主存),用于存放计算机正在使用或者正在运行的各种程序和数据,保存在外存中的程序和数据只有被装入内存后才能由 CPU 执行,内存储器存取速度快,但造价高,存储容量相对较小。

　　3. 外部设备

　　外部设备一般包括输入设备、输出设备和外存储器等。

　　输入设备(Input Devices)是将外界的信息(或称数据)输入到计算机中的设备。输入信息的形式不同,使用的输入设备也不同。常见的输入设备有键盘、鼠标、扫描仪、数字化仪、光笔、语音输入器、模数转换器、触摸屏等。键盘是最常用的输入设备,用于输入各种文字信息及键入计算机的命令等。鼠标器是一种快速、灵活的定位设备,通常用于绘制图形以及基于图形的软件的应用方面。扫描仪用于将图形、图像、文字信息通过扫描方式输入到计算机中。数字化仪也是用于输入图形的设备。光笔用于在屏幕上输入或修改各种信息。模数转换器常用于在计算机控制或检测系统中将测得的模拟信息转换成计算机能处理的数字信息,输入到计算机中。

　　输出设备(Output Devices)是将计算机处理的结果以人们容易识别的形式输出的设备。输出信息的形式不同,使用的输出设备也不同。常见的输出设备有显示器、打印机、绘图机、语音输出装置、数模转换器等。显示器和打印机是最常用的输出设备。显示器用于将计算机中的各种文字、图形、声音、图像等显示出来供人们参考或使用。打印机可以将计算机处理的结果打印在打印纸上,常用于打印文字、数值和图表等。绘图机用于将计算机处理产生的图形在绘图纸上以较高的精度画出来。数模转换器用于在计算机控制系统中将计算机处理结果的数字信息转换成模拟信息,以便控制被控对象。

　　外存储器是用于永久存放计算机程序和数据的设备,称为辅助存储器或二级存储器(简称外存)。外存储器又可以分为磁鼓、磁带、磁盘、固态硬盘、光盘等。容量可以不断扩展,造价低,速度相对慢一些。

## 3.2　微型计算机部件

　　虽然微型计算机的制造技术从微型计算机出现到今天已经发生了极大的变化,但在基本的硬件结构方面,一直沿袭着冯·诺依曼的传统框架,即计算机硬件系统由控制器、运算器、存储器、输入设备、输出设备五大基本部件构成。主机安装在主机箱内,包括主板(也称系统板或母板)、硬盘驱动器、CD-ROM驱动器、电源、显示适配器(也称显示卡,或图形加速卡)等。

### 3.2.1　主板

#### 1.主板架构

　　主板是微机系统中最大的一块电路板,其功能一是提供安装CPU、内存和其他各种功能卡的插槽;二是为各种外部设备,如键盘、鼠标、打印机等提供通用接口。主板上集成了CPU插槽、内存槽、高速缓存、控制芯片组、CMOS(Complementary Metal Oxide Semiconductor)和BIOS(Basic Input-Output System)控制芯片、总线扩展及外部接口等。其中,总线扩展包括PCI(Peripheral Component Interconnect,外设组件互联标准)、ISA(Industry Standard Architecture,工业标准结构总线)、AGP(Accelerated Graphics Port,加速图形接口)等。外设接口包括硬盘接口、并行接口、串行接口、USB(Universal Serial Bus,通用串行总线)接口等。微型计算机各个设备通过主板有机联合起来,形成一套完整的系统。

　　为方便各接口的识别,根据PC 99技术规格规范了主板设计要求,各接口必须采用有色识别标识。不同型号的主板在结构上是不一样的,主板在结构上有AT、Baby-AT、ATX、Micro ATX、LPX、NLX、EATX、WATX、BTX等类型。他们之间其主要区别是各器件在主板上的布局排列方式、尺寸大小、形状等不同,以及他们所使用的控制方式以及电源规格等也不完全一样。其中,EATX和WATX更多用于服务器或工作站主板;AT和Baby-AT结构主板是较早前的主板结构,但由于Baby-AT主板市场的不规范和AT主板结构过于陈旧,目前已经被淘汰,Intel在1995年1月公布了扩展AT主板结构,即ATX(AT extended)主板标准。这一标准得到世界主要主板厂商支持,目前已经成为最广泛的工业标准。它扩展插槽较多;充分考虑了主板上CPU、RAM、长短卡的位置,能较好解决硬件散热问题,能更方便地安装、扩展硬件;配合ATX电源,可以实现通过程序关机(软关机)以及远程遥控关机等功能。BTX结构是ATX结构的一种改进,可以更好解决由于下一代处理器功率提高而带来的发热量较大等问题。图 3.6 是一种常见的 ATX 主板物理结构图。

图 3.6　ATX 主板物理结构图

**2.主板主要部件**

（1）芯片组　芯片组是主板的灵魂,它决定了主板结构以及各部件的选型。芯片组控制和协调整个计算机系统的正常运作。其作用是在 BIOS 和操作系统的控制下,按照统一的规定和技术规范为计算机中的 CPU、内存、显卡等部件建立可靠的安装、运行环境,为各种接口的外部设备提供可靠的连接。芯片组外观如图 3.7 所示,芯片组被固定于母板上。根据其功能,又分为南桥芯片和北桥芯片。南桥芯片负责 I/O 接口控制、IDE 设备控制以及高级能源管理。北桥芯片负责与 CPU 的联系并控制内存、显示卡、PCI 数据在北桥内部的传输。北桥芯片工作时发热量较高,一般在其上面安装有散热片。

图 3.7　主板芯片组

（2）CPU 插槽　用于固定连接 CPU 芯片。由于 CPU 工作发热量较高,在 CPU 芯片上面也安装有散热片。目前 CPU 的接口都是针脚式接口,对应到主板上就有相应的插槽类型。不同类型的 CPU 具有不同的 CPU 插槽,因此选择 CPU,就必须选择带有与之对应插槽类型的主板。

（3）内存插槽 内存插槽是指主板上用来插内存条的插槽。主板所支持的内存种类和容量都由内存插槽来决定的。内存插槽通常最少有 2 个，最多的为 4 或者 6 或者 8 个，主要是主板差异。内存插槽可以根据需要插入一条或多条内存条，某些芯片组和系统可以支持 32G 或者更多的内存。

（4）总线扩展槽 主板上有一系列扩展槽，用来连接各种功能卡，比如显示卡、网卡、防病毒卡等，以扩充系统的各种功能。任何功能卡插入扩展槽后，即通过系统总线与 CPU 连接，在操作系统的支持下实现即插即用。这种开放的体系结构为用户组合功能提供了极大方便。

（5）输入/输出（I/O）接口 由于不同的外部设备，都有自己独特的系统结构、控制信号、控制软件等。为使不同的设备能连接在一起协调工作，必须对设备的连接有一定的约束和规定，这种约束和规定就是接口协议。实现接口协议的硬件设备叫接口电路，简称接口。输入/输出接口，即 I/O 接口，就是 CPU 与外部设备之间交换信息的连接电路，他们通过总线与 CPU 连接。

（6）基本输入输出系统（BIOS） BIOS 是一组固化存储在母板 BIOS 芯片上的软件，它是面向硬件底层的软件，为电脑提供最低级最直接的硬件控制的程序，它是连通软件程序和硬件设备之间的枢纽，是母板上的核心。它保存着计算机系统中最重要的基本输入/输出程序、CMOS 设置信息、自检和系统自举程序。还能反馈当前系统的硬件配置和用户的某些参数设定。

CMOS 是微机主板上的一块可读写的芯片，用户通过 BIOS 设置程序对 CMOS 参数进行设置。BIOS 完成从计算机开始加电到完成操作系统引导之前的各个部件和接口的检测、运行管理。在操作系统引导完成后，存储设备以及 I/O 设备的各种操作、系统各部件的能源管理等就由 CPU 控制管理。

由于 BIOS 直接和系统硬件资源打交道，因此总是针对某一类型的硬件系统，而各种硬件系统又各有不同，所以存在各种不同种类的 BIOS。随着新技术的出现，BIOS 的功能也越来越强大。包括电源管理、CPU 参数调整、系统监控、即插即用（PnP），甚至病毒防护等功能都集成其中。尽管不同品牌主板或不同版本的 CPU 性能不完全相同，但基本功能都是相同或相似的。并且，各主板厂商一般都会通过网站提供自己的 BIOS 升级版本。

I/O 接口又分为总线接口和通信接口。总线接口是连接在总线上的设备与总线的连接电路，通信接口是微机系统与其他系统直接进行数字通信的接口电路，通常分为串行接口和并行接口。串口传送信息的方式是一位一位进行，用于低速外部设备与计算机的通信，比如键盘，串行接口在操作系统内常用设备名 COM1，COM2 等。而并口是用于连接打印机等高速设备，其信息传送方式是按照字节进行，在计算机内，并口被赋予专有设备名 LPT1，LPT2 等。

### 3.2.2 微处理器

CPU 也称微处理器（Microprocessor），常被简称为处理器，如图 3.8 所示。CPU 主要由运算器、控制器、寄存器组和内部总线等构成，好比人的大脑，负责处理、运算计算机内部的所有数据，是计算机中完成各种运算和控制的核心。

1. CPU 主要技术参数

CPU 的类型决定了在计算机上能安装运行的操作系统和相应的软件，以下简要介绍

图 3.8　CPU

CPU 的重要参数与指标。

（1）字长　即 CPU 内部寄存器之间一次能够传递的二进制位数，也就是可以同时处理的二进制数据位数，该指标反映 CPU 内部运算速度和效率。

（2）位宽　CPU 通过外部数据总线与外部设备之间一次能够传递的数据位。能够处理的数据位数是 CPU 的一个重要的品质标志。通常用 CPU 的字长和位宽来称呼 CPU，例如，80286 CPU 的字长和位宽都是 16 位，称为 16 位 CPU；而早期 Pentium 的 CPU 字长是 32 位，位宽是 64 位，称为超 32 位 CPU；随后 AMD 公司的 AMD64 位技术、Intel 公司的 EM64T 技术和 Intel 公司的 IA-64 技术才实现了真正的 64 位。

（3）时钟频率　又分为主频和外频。主频也称工作频率，是 CPU 内核电路的实际运行频率，所以还称为内频。而外频是指 CPU 总线频率，即主板为 CPU 提供的基准时钟频率。一般和内存总线频率相同，即就是说，当 CPU 外频提高后，与内存之间交换速度也得到了提高，从而能提高计算机整体运行速度。从理论上讲，主板上针对某 CPU 设置的频率，即该 CPU 工作频率应当与 CPU 标定的频率一致，但实际使用过程中，允许用户为 CPU 设置的工作频率与这块 CPU 标定频率不一致，这就是通常所说的超频使用。

（4）高速缓冲存储器（Cache）的容量和速度　高速缓冲存储器是介于 CPU 和内存之间的一种可高速存取信息的存储器，运行频率极高，一般和 CPU 同频运作。高速缓冲器的大小直接影响到 CPU 的工作效率，并在很大程度上决定了 CPU 价格。

（5）多核　多核是指单个 CPU 芯片内集成两个或多个处理单元。其思想是将大规模并行处理器中的 SMP（对称多处理器）集成到同一芯片内，各个处理器并发执行不同的进程。由于 CMP（单芯片多处理器）结构被划分成多个处理器核心来设计。每个核心都比较简单，有利于优化设计，因此很有发展前途。通常说的四核即一个 CPU 芯片中存在 4 个处理器。

（6）CPU 制造工艺　通常以 $\mu m$ 或 nm 为单位来描述，数字越小表示精度越高，生产工艺越先进，在同样体积材料上集成的元件更多。

2. CPU 产品

目前 CPU 生产厂商主要有 Intel 和 AMD 公司，除此之外还有 IBM、Apple、Motorola、Cyrix、华为等公司的产品，而中国科学院计算技术研究所于 2002 年研制成功的龙芯 CPU，标志着我国在微处理器方面实现了"零"的突破。

（1）Intel 和 AMD　目前，Intel 和 AMD 占有了微处理器绝大部分市场。一般而言系列型号可以说是用于区分 CPU 性能的重要标识。随着 CPU 技术和 IT 市场的发展，Intel 和 AMD 两大 CPU 生产厂商出于细分市场的目的，CPU 的系列型号被分为高低以及现在的高中低类型。

2005 年 Intel 公司突出酷睿（Core）CPU，开始致力于通过一个 CPU 中集成多个核心的技术来提升 CPU 的整体性能。从 2006 年开始的酷睿 2，是一个跨平台的架构体系，包括台式机、服务器和笔记本计算机三大领域。2010 年 Intel 公司推出智能处理器 Core i 系统，主要有 Core i3、Core i5、Core i7。Core i3 为低端的处理器，采用的核心数和缓存要小一些，Core i7 为高端的处理器，拥有更多的核心和更大的缓存。AMD 系列产品主要有 A10、A8、A6、A4 等，AMD 的 CPU 与同级别的 Intel 公司 CPU 相比，浮点运算的能力稍弱，但显示性能更胜一筹。任何事物都是相对的，今天的高端就是明天的中端、后天的低端。

（2）国产龙芯 CPU　龙芯 CPU 是中国科学院计算机研究所研制的具有自主知识产权、以通用 CPU 为核心兼顾嵌入式 CPU 特点的新一代 CPU。龙芯是 RISC 型 CPU，采用简单指令集。

2009 年 9 月完成了龙芯 3 号龙芯 3A 研制（图 3.9），该 CPU 是具有完全自主知识产权的四核 CPU，采用 65 nm 工艺，主频达到 1 GHz，达到世界先进水平。龙芯 3B 于 2011 年研制成功，该 CPU 采用八核处理器，主要应用于高性能计算机。

**图 3.9　龙芯 3A CPU**

### 3.2.3　存储器

#### 3.2.3.1　内存储器

内存是微机的重要部件之一，是直接与 CPU 相联系的存储设备，是微型计算机的工作基础。内存由半导体存储器组成，存取速度较快，由于价格上的原因，一般容量较小。通常按其功能特征分为随机存取存储器（Random Access Memory，RAM）、只读存储器（Read Only Memory，ROM）和高速缓冲存储器（Cache）3 类。

1. 随机存取存储器

RAM 是微型计算机的主要工作存储区，任何要执行的程序和数据都要首先装入该存储器内。通常所说的内存容量就是指 RAM 存储容量。随机存取的含义是指既能读出数据又可以写入数据。但是缺点是随着计算机断电，RAM 中的信息会消失。

随机存取存储器可以分为静态 RAM（SDRM）和动态 RAM（DRAM）2 种。由于静态存储器成本较高，通常在存储器较小的存储系统中采用。目前微机上广泛采用的是 DRAM，它是利用 MOS 管极间电容保存信息的，因此随着电容的漏电，信息会逐渐丢失，为了补偿信息的丢失，要每隔一定时间对存储单元的信息进行刷新。DRAM 中的 SDRAM（Synchronous DRAM，同步动态随机存储器）是早期使用的内存形式。目前，微型计算机系统普遍使用的是 DDRRAM（Double Data Rate RAM），它是双倍速的 SDRAM，由于采用更先进的同步电路，它的速度是标准 SDRAM 的 2 倍。

内存以内存条的形式组织（图 3.10），可以直接插在系统主板插槽上。内存就是数据的临时存放的部件，起着承上启下的作用，一方面要从外存中读取执行程序和需要的数据；另一方面还要为 CPU 服务，进行读写操作。所以主存储器快慢直接影响着 PC 的速度。

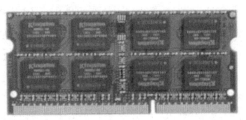

图 3.10　内存条

目前，市场中主要有的内存类型包括 SDRAM、DDR SDRAM 和 RDRAM 3 种，其中 DDR SDRAM 内存占据了市场的主流，而 SDRAM 内存规格已不再发展，处于被淘汰的行列。RDRAM 则始终未成为市场的主流，只有部分芯片组支持，而这些芯片组也逐渐退出了市场，RDRAM 前景并不被看好。SDRAM，它的工作速度是与系统总线速度（即时钟周期）同步的。SDRAM 内存又分为 PC66、PC100、PC133 等不同规格，而规格后面的数字就代表着该内存最大所能正常工作的系统总线速度，比如 PC100，那就说明此内存可以在系统总线为 100 MHz 的计算机中同步工作。SDRAM 采用 3.3 V 工作电压，168 Pin 的 DIMM 接口，带宽为 64 位。人们习惯称为 DDR 的就是 DDR SDRAM。DDR 内存是在 SDRAM 内存基础上发展而来的，仍然沿用 SDRAM 生产体系，因此对于内存厂商而言，只需对制造普通 SDRAM 的设备稍加改进，即可实现 DDR 内存的生产，可有效地降低成本。SDRAM 在一个时钟周期内只传输 1 次数据，它是在时钟的上升期进行数据传输；而 DDR 内存则是一个时钟周期内传输 2 次数据，它能够在时钟的上升期和下降期各传输一次数据，因此称为双倍速率同步动态随机存储器。DDR 内存可以在与 SDRAM 相同的总线频率下达到更高的数据传输率。DDR 为 184 针脚，支持 2.5 V 电压。常见的 DDR 内存分为 DDR、DDR2、DDR3，目前 DDR 已被淘汰，主要使用 DDR2 和 DDR3。RDRAM（Rambus DRAM）是美国的 RAMBUS 公司开发的一种内存。与 DDR 和 SDRAM 不同，它采用了串行的数据传输模式。内存容量以 MB/GB 作为单位，当前主流容量分为 2 GB、4 GB、8 GB、16 GB、32 GB 甚至更高。

内存主频代表该内存所能达到的最高工作频率。内存主频是以 MHz（兆赫）为单位来计量的。内存频率主要有：333 MHz、400 MHz、533 MHz、667 MHz、800 MHz、1 066 MHz、1 333 MHz 和 1 600 MHz，目前较为主流的内存频率 1 333 MHz 和 1 600 MHz 的 DDR3 内存。

2. ROM

ROM 存储内容只能读出而不能随意写入和修改，它里面的信息一般由计算机相关厂商写入并固化处理，计算机断电后，ROM 中的信息不会丢失。ROM 常用来存放一些固定的程序、数据和系统软件等，如检测程序、BIOS 等。

近年来，微机上常采用电可擦写 ROM 的存储元件，它通过专门的程序，也可以来改写其中内容，以适应新的需要，例如，通过专门的软件来升级 BIOS 新版本，但 CIH 病毒也正是利用该特性，修改 BIOS 内容，从而对计算机造成破坏。

3. 高速缓冲存储器

计算机工作时，频繁地在 CPU 和内存之间交换数据。但是，CPU 访问数据的速度远大于内存访问数据速度,也就是说,如果 CPU 直接访问内存数据,CPU 就需要停下来等待内存数据,这样就会极大影响计算机的性能。因此微型计算机利用了 Cache 技术方案来解决该问题。

　　Cache 是介于 CPU 和内存之间的一种更快的超高速缓冲存储器,一般采用静态随机存取器 SDRM 构成。当 CPU 要读取内存中的数据时,这些数据往往根据相关算法可能事先被复制到 Cache 中,因此 CPU 首先在 Cache 中查找所需数据,如果查寻到所需数据,就直接读出,如果没有,再从内存中读取数据,并把与该数据相关的一些内容复制到 Cache。这样就提高了数据交换效率,从而提高了计算机的整体工作效率。

　　一般来说,Cache 分为在 CPU 内部的 Cache 和在 CPU 外部的 Cache。CPU 内部的 Cache 是 CPU 内核的一部分,称为一级 Cache,负责 CPU 内部寄存器和 CPU 外部的 Cache 之间的缓冲。CPU 内部 Cache 一般容量很小,因此,为缓解该缺点,采用容量较大的 CPU 外部的 Cache 来负责整个 CPU 与内存之间的缓冲。早期外部 Cache 都安装在主板上,但是这种板载 Cache 只能以主板总线速度来工作,这样又形成板载 Cache 与 CPU 速度的差别而带来的瓶颈,因此后来设计中,将这部分板载 Cache 封装在与 CPU 内核同一块芯片中,其工作频率与 CPU 内核相同,但它并不是属于 CPU,称其为全速 Cache,而主板仍然还使用容量更大的 Cache 就变成了三级 Cache。

### 3.2.3.2　外存储器

　　内存由于技术及价格上的原因,容量有限,不可能容纳所有的系统软件及各种用户程序,因此,外存储器作为主存储器的辅助和补充,在计算机部件中也是必不可少的。外存储器又称为辅助存储器,它的容量一般都比较大,而且大部分可以移动,便于不同计算机之间进行信息交流。在微型计算机中,常用的外存有磁存储介质、光存储介质和电存储介质。外存与 CPU 进行信息交换时,只能将数据先成批交换至内存,然后由内存与 CPU 进行信息交换。

　　**1. 磁存储介质**

　　(1)软盘　软磁盘是一种磁介质形式的存储器。它的磁盘片一般由柔软的聚酯材料制成,被装在一个保护套内,保护套保护磁面上的磁层不被损伤,防止盘片旋转时产生静电引起数据丢失。软盘容量一般较小,3.5 英寸软盘容量为 1.44 MB,随着计算机技术的发展,软磁盘已经被淘汰。

　　(2)硬盘　硬磁盘是由若干个硬盘片组成的盘片组,其内部组成与结构分别如图 3.11 和图 3.12 所示。根据容量,一个机械转轴上串有若干个涂有磁性材料盘片,每个盘片上下两面各有一个读写磁头。与软盘相比,硬盘的容量要大得多,存取信息的速度也快得多。现在一般微型机上所配置的硬盘容量通常超过上百 GB。尽管磁盘容量越来越大,但现在硬盘其原理仍然都采用 IBM 公司发明的"温彻斯特(Winchester)"技术。这种技术核心是,当硬盘进行数据读写时,磁盘磁头不与磁盘表面接触,而是由磁性圆盘高速旋转产生的托力使磁头悬浮在盘面上方,磁头沿高速旋转的盘片做径向的移动,磁头传动装置能把磁头快速而准确定位到指定位置。

　　硬盘每个盘面按磁道、扇区来组织存储信息。磁道是磁盘上由外向内的一个个同心圆,磁道号从外向内按 0,1…这样的顺序来组织,每个磁道又分为若干段,每个段叫一个扇区。由于硬盘由若干盘面组成,因此从上到下,按 0,1…这样的顺序依次编号盘面。这样,各个盘面相同编号的磁道的构成就像一个柱面,柱面数等于磁道数。因此,根据盘面、柱面数和扇区数,可以计算出硬盘容量,例如,每个扇区存放信息为 512 字节,假设磁盘有 32 个磁面,4 096 个柱面,每个磁道有 63 个扇区,则其容量计算方法为:32×4 096×63×512 B＝4.2 GB。

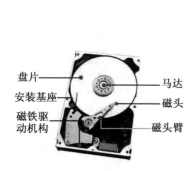

图 3.11　硬盘内部组成图

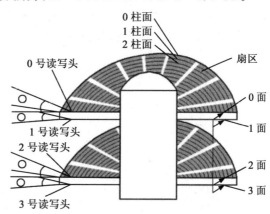

图 3.12　硬盘内部结构

衡量硬盘的常用指标有容量、转速、硬盘自带 Cache(高速缓存)的容量等。容量越大,存储信息量越多;转速越高,存取信息速度越快;Cache 越大,计算机整体速度越快。

硬盘在出厂前,一般由厂商完成其初始化工作,即对硬盘进行低级格式化操作,其实质是对硬盘划分磁道和扇区,并在每个扇区的地址域上记录地址信息。初始化后的硬盘仍然不能直接被系统识别使用,为方便使用,系统一般再把硬盘划分为若干个相对独立的逻辑存储区,即硬盘分区。其主要目的是建立系统使用的硬盘分区,并将主引导程序和分区信息表写到硬盘第一个扇区上。经过分区后的硬盘具有自己的名字,即我们通常所说的硬盘标识符,如"C:"、"D:"等。系统正是通过这些标识符来访问硬盘。硬盘经过分区后,必须再对每一个分区进行高级格式化操作后才能进行信息存取。格式化操作会清除硬盘中所有的信息。

(3)磁盘阵列　磁盘阵列(RAID,Redundant Arrays of Independent Disk),即廉价冗余磁盘阵列。RAID 理论最早由美国伯克利大学于 1987 年提出,它由若干硬盘组成,通常用于大容量数据存储。RAID 发展有多个级别,目前常用的标准是 0,1,3,5 四个级别。

RAID0 是指加速功能,主机将待写入阵列的数据,采用分割技术分割后同时写入各个硬盘,即可以同时对多个硬盘进行读写操作。这样大大提高数据传输速度。而 RAID1 是指数据备份功能,即每个硬盘同时还有一个镜像盘,数据同时写在两个硬盘上,从而通过数据的冗余来提高数据的可靠性。

(4)网络存储　网络存储(NSA,Network Attached Storage)基于标准网络协议实现数据传输,为网络中的 Windows / Linux / Mac OS 等各种不同操作系统的计算机提供文件共享和数据备份。支持网络 BT、FTP、HTTP、eMule 及 NZB 等下载工具,并为个人网站建设提供 HTTP/FTP 服务;支持数据备份还原。网络存储结构大致分为 3 种:直连式存储(DAS,Direct Attached Storage)、网络连接式存储(NAS,Network Attached Storage)和存储网络(SAN,Storage Area Network)。

**2. 光介质存储器**

光介质存储器是利用光学原理来进行信息读写的存储器,它是在激光唱片和数字音频唱片基础上发展起来的。目前微机上使用的常用产品是光盘,它需要通过专用设备,如 CD-ROM 驱动器读取信息。

光盘主要由合成树胶的片基层,记录信息的记录层(染料层),以及标记面和保护层 4 层构成,直径一般是 12 cm,光盘信息存储的道不同于磁盘,而是一条螺旋线,其结构如图 3.13 所示。

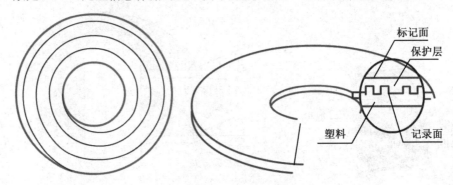

图 3.13　光盘结构

光盘上的信息是沿着盘面螺旋形状的信息轨道以一系列凹坑点线的形式存储的。凹凸交界的正负跳变沿均代表数字"1",两个边缘之间代表数字"0","0"个数由边缘之间的长度决定,其信息表示如图 3.14 所示。信息读取时,由光盘驱动器投射微小激光束在这些数据区域,并将反射光线进行光电转换变成相应电信号,从而完成数据的读取。光盘刻录时,通过大功率激光照射盘片的染料层,使相应部位的染料层发生化学变化,形成一个凹坑,而未照射到的位置则是一个个平面。这样就能达到记录信息的目的。

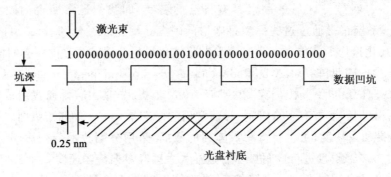

图 3.14　光盘信息表示

光盘按读写性能,分为只读型和读写型。只读型 CD-ROM 光盘采用压模方法压制而成,其记录信息只能读取而不能写入或修改。这种光盘适宜于文献以及不需要修改的信息的存储。而可读写型光盘又分为可录型 CD-R(CD-Recordable)光盘和可重写型 CD-RW(CD Re-writable)光盘。可录型 CD-R 光盘可以由用户写入(刻录)信息,但是只能写一次后就不能再修改。可重复读写 CD-RW 光盘,由于它由特殊的介质来记录信息,因此其读写次数无限制。

CD-ROM 光盘记录信息容量一般能到 600 MB,而在此基础上的另一种产品 DVD-ROM (Digital Versatile Disk-ROM),由于采用了波长更短的红色或蓝色激光和更有效的调制方式及更强纠错方法,它具有更高的道密度,并且能支持双层双面结构,因此,可以提供更高的存储容量,如双层双面 DVD 存储容量可达到 17 GB。

　　衡量光盘驱动器传输数据速率的指标是倍速,对于 CD-ROM,一倍倍速是 150 kb/s;而对于 DVD-ROM,一倍倍速是 1.3 MB/s。DVD-ROM 向下兼容,可读 CD-ROM。

### 3.2.3.3　电存储介质

　　随着信息技术的发展,便于携带、存储量大、价格低廉、使用方便的移动存储设备越来越得到人们的需要,并迅速发展。其中,固态硬盘和 U 盘是 2 种最为常见的移动存储设备。

　　1.固态硬盘

　　固态硬盘(Solid State Drives)如图 3.15 所示,是用固态电子存储芯片阵列而制成的硬盘,由控制单元和存储单元(FLASH 芯片、DRAM 芯片)组成。固态硬盘在接口的规范和定义、功能及使用方法上与普通硬盘完全相同,在产品外形和尺寸上也完全与普通硬盘一致。被广泛应用于军事、车载、工控、视频监控、网络监控、网络终端、电力、医疗、航空、导航设备等领域。

**图 3.15　固态硬盘**

　　固态硬盘的存储介质分为 2 种,一种是采用闪存(FLASH 芯片)作为存储介质,另外一种是采用 DRAM 作为存储介质。

　　(1)基于闪存的固态硬盘(IDE Flash Disk、Serial ATA Flash Disk),采用 FLASH 芯片作为存储介质,这也是通常所说的 SSD。它的外观可以被制作成多种模样,例如,笔记本硬盘、微硬盘、存储卡、U 盘等样式。这种 SSD 固态硬盘最大的优点就是可以移动,而且数据保护不受电源控制,能适应各种环境,适合于个人用户使用。在基于闪存的固态硬盘中,存储单元又分为 2 类:SLC(Single Layer Cell,单层单元)和 MLC(Multi-Level Cell,多层单元)。

　　(2)采用 DRAM 作为存储介质,目前应用范围较窄。它仿效传统硬盘的设计,绝大部分操作系统的文件系统工具可对其进行卷设置和管理,并提供工业标准的 PCI 和 FC 接口用于连接主机或者服务器。它是一种高性能的存储器,使用寿命长,但是需要独立电源来保护数据安全,所以 DRAM 固态硬盘属于非主流的设备。

　　2.U 盘

　　U 盘也称为闪存盘,源自于 TOSHIBA 公司用 Flash 这个词来描述这种存储器快速地清除能力。这种存储设备采用一种新型的 Flash Memory 芯片来存储信息,它在无电源状态仍能长久保持芯片内信息。现在这种存储设备已经被广泛应用到 MP3 播放器、数码相机、数码摄像机等数码产品以及计算机方面。

通常,移动存储设备采用的接口都是 USB 接口。

## 3.3　以总线为数据通道的微机体系结构

### 3.3.1　总线

在计算机系统中,总线(Bus)是各个部件之间传输数据的公用通道。如果各部件都分别用一组线路与 CPU 连接,那么,系统连线将变得错综复杂,甚至难以实现,更难以谈及方便的设备扩充。因此,为简化硬件电路设计和系统结构,常用一组线路,配置以适当的接口电路,与各部件和外围设备连接,这组共用的连接线路就称为总线。微型计算机中,总线就像是连接各城市的高速公路,而总线上传输的信息就像是高速路上的车辆。显而易见的是,信息传输的速率直接依赖于总线的宽度以及质量。采用总线结构便于部件和设备的扩充,尤其制定了统一的总线标准后,更容易实现不同设备之间的互连。

在任何一种总线设计中,根据总线内所传输信息种类,线路都可以归为 3 类,即数据总线、地址总线和控制总线。

(1)数据总线(Data Bus,DB)用于 CPU 与内存或 I/O 接口之间的数据传递。数据总线是双向总线,即 CPU 既可以通过数据总线从内存和外部设备读入数据,也可以通过它将内部数据送出至内存或外部设备,数据总线的带宽,即数据总线在单位时间内可以传输的数据总量,决定了 CPU 和计算机其他部件之间每次交换数据的位数,它是评价系统整体性能的一个重要参数。

(2)地址总线(Address Bus,AB)用于传送 CPU 向内存单元或 I/O 设备发出的地址信息,它是单向的。地址总线的宽度决定了计算机内存空间的范围大小,或者说系统的最大存储能力。

(3)控制总线(Control Bus,CB)用来传送控制器的各种控制信息。这些控制信息有的是 CPU 向内存或者外部设备发出的信息,有的是内存或外部设备向 CPU 发出的信息。因此,作为每根控制线其方向是单向的,而控制总线作为一个整体又是双向的。

微型计算机的总线结构,让微型计算机成为一个开放的体系结构得以方便实现。微型计算机通过总线,将多个模块构成一个系统。这些模块往往就是一个单独的线路板,在主板上的总线,提供了多个扩展槽或插座,来方便总线与这些线路板连接。任何插入主板扩展槽的模块,通过总线与 CPU 连接,这样用户可以通过总线方便地组合自己的设备。典型的计算机总线和 CPU 及其他各个模块的逻辑关系如图 3.16 所示。

微型计算机中的总线还可分为内部总线,系统总线和外部总线 3 个层次。内部总线位于 CPU 芯片内部,用于 CPU 各个组成部件的连接,属于芯片一级的互连;系统总线是指主板上用于连接各大部件(插件板)的总线,用于插件板一级的互连;而外部总线是指微型计算机与外部设备之间的连线,微型计算机作为一种设备,通过该总线和其他设备进行信息和数据交换,它用于设备一级的互连。

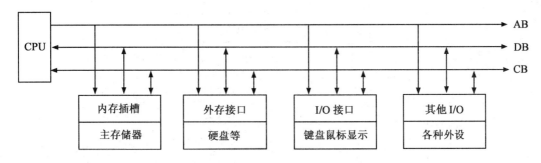

**图 3.16　计算机总线和 CPU 及其他各个模块的逻辑关系**

　　常用的内部总线包括由 Philips 公司推出的 I2C(Inter-IC)总线技术，Motorola 公司推出的串行外部设备接口(SPI,Serial Peripheral Interface)总线技术和串行通信接口(SCI,Serial Communication Interface)技术。

　　常用系统总线标准包括：

　　(1)ISA 总线　ISA 总线标准是 IBM 公司 1984 年为推出 PC/AT 机而建立的系统总线标准，所以也叫 AT 总线。它是对 XT 总线的扩展，以适应 8/16 位数据总线要求。它在 80286 至 80486 时代应用非常广泛，但其缺点也很突出，包括传输速率过低、CPU 占用率高、占用硬件中断资源等。后来在 PC98 规范中，就开始放弃了 ISA 总线。

　　(2)EISA 总线　EISA 总线是 1988 年由 Compaq 等 9 家公司联合推出的总线标准。它是在 ISA 总线的基础上使用双层插座，在原来 ISA 总线的 98 条信号线上又增加了 98 条信号线，也就是在两条 ISA 信号线之间添加一条 EISA 信号线。在实用中，EISA 总线完全兼容 ISA 总线信号。

　　(3)VESA 总线　VESA(Video Electronics Standard Association)总线是 1992 年由 60 家附件卡制造商联合推出的一种局部总线，简称为 VL(VESA Local Bus)总线。它的推出为微机系统总线体系结构的革新奠定了基础。该总线系统考虑到 CPU 与主存和 Cache 的直接相连，通常把这部分总线称为 CPU 总线或主总线，其他设备通过 VL 总线与 CPU 总线相连，所以 VL 总线被称为局部总线。它定义了 32 位数据线，且可通过扩展槽扩展到 64 位，使用 33 MHz 时钟频率，最大传输率达 132 MB/s，可与 CPU 同步工作。是一种高速、高效的局部总线，可支持 386SX、386DX、486SX、486DX 及奔腾微处理器。

　　(4)PCI 总线　PCI 总线是当前最流行的总线之一，它是由 Intel 公司推出的一种局部总线。它定义了 32 位数据总线，且可扩展为 64 位。PCI 总线主板插槽的体积比原 ISA 总线插槽还小，其功能比 VESA、ISA 有极大的改善，支持突发读写操作，最大传输速率可达 132 MB/s，可同时支持多组外围设备。PCI 总线功能框图如图 3.17 所示。

　　PCI 局部总线不能兼容现有的 ISA、EISA、MCA(Micro Channel Architecture)总线，但它不受制于处理器，是基于奔腾等新一代微处理器而发展的总线。

## 3.3.2　外部接口

　　通常，外部总线以接口形式表现，用来连接计算机和外部设备。微型计算机常用的接口如图 3.18 所示。

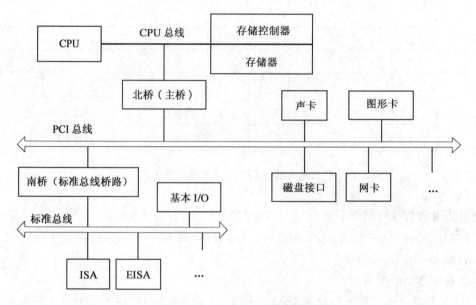

图 3.17　PCI 总线功能框图

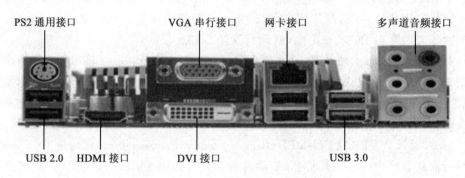

图 3.18　微型计算机常用的外部接口

1．串行接口

简称串口，也就是 COM 接口，是采用串行通信协议的扩展接口。串口一般用来连接鼠标和外置 Modem 以及老式摄像头和写字板等设备，目前部分新主板已开始取消该接口。在早期的微机系统中串口的物理连接方式有 9 针和 25 针两种方式。RS-232-C 标准是一种较为广泛使用的串行物理接口标准，由美国电子工业协会 EIA（Electronic Industry Association）制定，其传送距离最大为约 15 m。RS 是英文"推荐标准"的缩写，232 为标识号，C 表示修改次数。

2．HDMI 接口

HDMI（High Definition Multimedia Interface，高清晰度多媒体接口）是一种数字化视频/音频接口技术，是适合视频传输的专用接口，视频和音频信号可同时传输，该接口的最高速度可达到 4.5 Gb/s。

随着数字化时代高质量视频的发展，原有 DVI（Digital Visual Interface，数字显示接口）已无法满足发展的需求，甚至成为高清视频技术发展的瓶颈，于是，在 2002 年 4 月，日立、松下、飞利浦、Silicon Image、索尼、汤姆逊、东芝 7 家公司共同组建了 HDMI 高清多媒体接口组织，开始着手制定一种符合高清时代标准的全新数字化视频/音频接口技术。经过半年多时间的研制，HDMI 组织在 2002 年 12 月 9 日正式发布了 HDMI 1.0 版标准，标志着 HDMI 技术正式进入历史舞台。HDMI 接口不仅可以满足 1080P 的分辨率，还能支持 DVD Audio 等数字音频格式，支持八声道 96 kHz 或立体声 192 kHz 数码音频传送，可以传送无压缩的音频信号及视频信号。HDMI 可用于机顶盒、DVD 播放机、个人电脑、电视游乐器、综合扩大机、数字音响与电视机等电子设备。

3. USB 通用串行总线接口

通用串行总线 USB 是由 Intel、Compaq、Digital、IBM、Microsoft、NEC、Northern Telecom 等 7 家世界著名的计算机和通信公司共同推出的一种新型接口标准。USB 接口为 USB 外设提供了单一的、易于操作的标准连接类型，支持热插拔（Hot Plug）和即插即用。它可以为外设提供电源，而不像普通的使用串、并口的设备需要单独的供电系统。USB 接口分为 2.0 和 3.0 两个版本，其中 2.0 版本数据传输速率最高达到 480 Mb/s，而 3.0 版本最高速率可达 600 Mb/s，USB 3.0 可向下兼容 USB 2.0。从外观上看，通常 USB 2.0 为黑色，而 USB 3.0 为蓝色。常见的 USB 接口形状如图 3.19 所示。

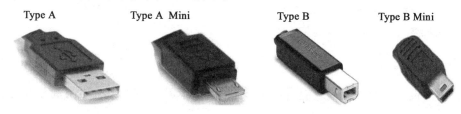

**Type A　　　　Type A Mini　　　　Type B　　　　Type B Mini**

**图 3.19　USB 接口形状图**

4. IEEE 1394 接口

IEEE 1394 接口是苹果公司开发的串行标准，中文译名为火线接口（Firewire），如图 3.20 所示。同 USB 一样，IEEE 1394 也支持外设热插拔，可为外设提供电源，省去了外设自带的电源，能连接多个不同设备，支持同步数据传输。作为一种数据传输的开放式技术标准，IEEE 1394 被应用在众多的领域。当然，就目前来说，IEEE 1394 技术使用最广的还是数字成像领域，支持的产品包括数字相机或摄像机等。

**图 3.20　IEEE 1394 接口**

5. 硬盘接口

硬盘接口是硬盘与主机系统间的连接部件，作用是在硬盘缓存和主机内存之间传输数据。

不同的硬盘接口决定着硬盘与计算机之间的连接速度,在整个系统中,硬盘接口的优劣直接影响着程序运行快慢和系统性能好坏。常用的硬盘接口标准是 IDE 和 SCSI 标准。

IDE(Integrated Drive Electronics,电子集成驱动器),它的本意是指把"硬盘控制器"与"盘体"集成在一起的硬盘驱动器。把盘体与控制器集成在一起的做法减少了硬盘接口的电缆数目与长度,数据传输的可靠性得到了增强,硬盘制造起来变得更容易,因为硬盘生产厂商不需要再担心自己的硬盘是否与其他厂商生产的控制器兼容。对用户而言,硬盘安装起来也更为方便。IDE 这一接口技术从诞生至今就一直在不断发展,性能也不断地提高,其拥有的价格低廉、兼容性强的特点,为其造就了其他类型硬盘无法替代的地位。

IDE 代表着硬盘的一种类型,但在实际的应用中,人们也习惯用 IDE 来称呼最早出现 IDE 类型硬盘 ATA-1,这种类型的接口随着接口技术的发展已经被淘汰了,而其后发展分支出更多类型的硬盘接口,比如 ATA、Ultra ATA、DMA、Ultra DMA 等接口都属于 IDE 硬盘。

SCSI(Small Computer System Interface,小型计算机系统接口),是同 IDE(ATA)完全不同的接口,IDE 接口是普通 PC 的标准接口,而 SCSI 并不是专门为硬盘设计的接口,是一种广泛应用于小型机上的高速数据传输技术。SCSI 接口具有应用范围广、多任务、带宽大、CPU 占用率低,以及热插拔等优点,但较高的价格使得它很难如 IDE 硬盘般普及,因此 SCSI 硬盘主要应用于中、高端服务器和高档工作站中。

### 3.3.3 输入/输出设备

输入/输出设备对数据和信息起着传输、转送的作用,是计算机系统中的重要组成部分。

#### 3.3.3.1 输入设备

输入设备(Input Device)是人或外部与计算机进行交互的一种装置,用于把原始数据和处理这些数的程序输入到计算机中。现在的计算机能够接收各种各样的数据,既可以是数值型的数据,也可以是各种非数值型的数据,如图形、图像、声音等都可以通过不同类型的输入设备输入到计算机中,进行存储、处理和输出。计算机的输入设备按功能可分为下列几类:

- 字符输入设备:键盘。
- 光学阅读设备:光学标记阅读机,光学字符阅读机。
- 图形输入设备:鼠标器、操纵杆、光笔。
- 图像输入设备:摄像机、扫描仪、传真机、数码相机。
- 模拟输入设备:语言模数转换识别系统。

常见输入设备如图 3.21 所示。

键盘　　　　　无线鼠标　　　扫描仪　　　游戏操作杆　　　光学标记阅读机

图 3.21 常见输入设备

**1. 键盘**

键盘(Keyboard)是常用的输入设备,由一组开关矩阵组成,包括数字键、字母键、符号键、功能键及控制键等。每一个按键在计算机中都有它的唯一代码。当按下某个键时,键盘接口将该键的二进制代码送入计算机主机中,并将按键字符显示在显示器上。当快速大量输入字符,主机来不及处理时,先将这些字符的代码送往内存的键盘缓冲区,然后再从该缓冲区中取出进行分析处理。

**2. 鼠标**

鼠标(Mouse)是一种手持式屏幕坐标定位设备,它是适应菜单操作的软件和图形处理环境而出现的一种输入设备。常用的鼠标器有机械式、光电式和无线鼠标。

机械式鼠标的底座上有一个可以滚动的小球。当鼠标在桌面上移动时,小球和桌面摩擦,发生转动。屏幕上的光标随着鼠标的移动而移动,光标和鼠标的移动方向是一致的,而且与移动的距离成比例。

光电式鼠标的下面是 2 个平行放置的小光源(灯泡),它只能在特定的反射板上移动。光源发出的光经反射后,再由鼠标接收,并转换为移动信号送入计算机,使屏幕光标随着移动,其他原理和机械式鼠标相同。

无线鼠标采用无线技术与计算机通信,从而省却电线的束缚。通常采用的无线通信方式包括蓝牙、Wi-Fi (IEEE 802.11)、Infrared (IrDA)、ZigBee (IEEE 802.15.4)等多个无线技术标准,但对于当前主流无线鼠标,仅有 27 MHz、2.4G 和蓝牙无线鼠标,共 3 类。

目前,机械式鼠标已被光电式鼠标替代,而且随着无线鼠标产品的增多,市场上低端无线鼠标已与有线鼠标平起平坐。

**3. 扫描仪**

图形(图像)扫描仪是利用光电扫描将图形(图像)转换成像素数据输入到计算机中的输入设备。目前很多部门已开始把图像输入用于图像资料库的建设中。如人事档案中的照片输入,公安系统案件资料管理,数字化图书馆的建设,工程设计和管理部门的工程图管理系统,都使用了各种类型的图形(图像)扫描仪。配上文字识别(OCR)软件的扫描仪可以快速地将各种文稿录入计算机中。

**4. 其他输入设备**

光学标记阅读机是一种用光电原理读取纸上标记的输入设备,常用的有条码读入器和计算机自动评卷记分的输入设备等。

现在人们正在研究使计算机具有人的"听觉"和"视觉",即让计算机能听懂人说的话,看懂人写的字,从而能以人们接收信息的方式接收信息。为此,在包括模式识别、人工智能、信号与图像处理等技术基础上产生了语言识别、文字识别、自然语言理解与机器视觉等研究方向。语言和文字输入的实质是使计算机从语言的声波及文字的形状领会到所听到的声音或见到的文字的含义,即对声波与文字的识别。

### 3.3.3.2　输出设备

输出设备(Output Device)是人与计算机交互的一种部件,用于数据的输出。它把各种计算结果数据或信息以数字、字符、图像、声音等形式表示出来。常见的有显示器、打印机、绘图仪、影像输出系统、语音输出系统、磁记录设备等。

**1. 显示器**

显示器通过显示卡接到系统总线上，两者一起构成显示系统，显示器是计算机必备的输出设备，常用的有阴极射线管显示器和液晶显示器。

阴极射线管显示器（简称 CRT）主要由电子枪、偏转线圈、荫罩、荧光粉层和玻璃外壳 5 部分组成。液晶显示器（Liquid Crystal Display，LCD）是将液晶的电、光学特性应用于显示装置的显示器，液晶一般具有液体与固体中间特性。LCD 衡量参数常有可视角度，亮度，响应时间，显示色素等。无论是 LCD 或一般的 CRT 显示器，分辨率都是显示器的主要衡量标准。传统 CRT 显示器支持的分辨率比较有弹性，可以自己选择高的分辨率或是低的分辨率；LCD 显示器由于受液晶层中实际单元格数量的影响，一般只能提供固定的显示分辨率。对于 CRT 显示器来说，刷新频率也是相当重要的指标，因为刷新速度越快，画面越不容易闪烁。

显示器连接在计算机显卡上，再由显卡与 CPU 相连。CRT 显示器与显卡之间接口一直采用传送模拟信号的 15 针 D-Sub 输入接口，也叫 VGA 接口为主。由于信号传输过程中需要经过数字信号与模拟信号相互转换，不可避免地造成了一些信息的丢失，对图像质量也有一定影响。DVI 接口是随着数字化显示设备的发展而发展起来的一种显示接口。在 DVI 接口中，计算机直接以数字信号的方式将显示信息传送到显示设备中，因此从理论上讲，采用 DVI 接口的显示设备的图像质量要更好。另外 DVI 接口实现了真正的即插即用和热插拔，免除了在连接过程中需关闭计算机和显示设备的麻烦。现在很多液晶显示器都采用该接口，CRT 显示器使用 DVI 接口的比例比较少。

**2. 打印机**

打印机是计算机最基本的输出设备之一。它将计算机的处理结果打印在纸上。打印机按印字方式可分为击打式和非击打式 2 类。击打式打印机是利用机械动作，将字体通过色带打印在纸上，根据印出字体的方式又可分为活字式打印机和点阵式打印机。常用打印机如图 3.22 所示。

| 针式打印机 | 喷墨打印机 | 激光打印机 |

**图 3.22　常见的打印机**

非击打式打印机是用各种物理或化学的方法印刷字符的，如静电感应，电灼、热敏效应，激光扫描和喷墨等。其中激光打印机（Laser Printer）和喷墨式打印机（Inkjet Printer）是较为流行的 2 种打印机，它们都是以点阵的形式组成字符和各种图形。激光打印机接收来自 CPU 的信息，然后进行激光扫描，将要输出的信息在磁鼓上形成静电潜像，并转换成磁信号，使碳粉吸附到纸上，加热定影后输出。喷墨式打印机是将墨水通过精制的喷头喷到纸面上形成字符和图形的。

### 3.3.3.3　其他外部设备

随着计算机系统功能的不断扩大,所连接的外部设备也越来越多,如声卡、视频卡、调制解调器、数码相机等。甚至有些设备同时具有输入/输出功能,例如调制解调器,就是能在发送端通过调制将数字信号转换为模拟信号,而在接收端通过解调再将模拟信号转换为数字信号的一种装置。

## 3.4　微型计算机主要性能指标

一台微型计算机功能的强弱或性能的好坏,不是由某项指标来决定的,而是由它的系统结构、指令系统、硬件组成、软件配置等多方面的因素综合决定的。但对于大多数普通用户来说,可以从以下几个指标来大体评价计算机的性能。

(1)运算速度　运算速度是衡量计算机性能的一项重要指标。通常所说的计算机运算速度(平均运算速度),是指每秒钟所能执行的指令条数,一般用“百万条指令/秒”(MIPS,Million Instruction Per Second)来描述。同一台计算机,执行不同的运算所需时间可能不同,因而对运算速度的描述常采用不同的方法。常用的有 CPU 时钟频率(主频)、每秒平均执行指令数(IPS)等。微型计算机一般采用主频来描述运算速度,一般说来,主频越高,运算速度就越快。

(2)字长　一般说来,计算机在同一时间内处理的一组二进制数称为一个计算机的“字”,而这组二进制数的位数就是“字长”。在其他指标相同时,字长越大计算机处理数据的速度就越快。早期的微型计算机的字长一般是 8 位和 16 位,现在大多是 32 位或者 64 位。

(3)内存储器(主存)的容量　由于 CPU 需要执行的程序与需要处理的数据就是存放在主存中的,因此内存储器容量的大小反映了计算机即时存储信息的能力。随着操作系统的升级,应用软件的不断丰富及其功能的不断扩展,人们对计算机内存容量的需求也不断提高。内存容量越大,系统功能就越强大,能处理的数据量就越庞大。

(4)外存储器的容量　外存储器容量通常是指硬盘容量(包括内置硬盘和移动硬盘)。外存储器容量越大,可存储的信息就越多,可安装的应用软件就越丰富。

以上只是一些主要性能指标。除了上述这些主要性能指标外,微型计算机还有其他一些指标,例如,所配置外围设备的性能指标以及所配置系统软件的情况等。另外,各项指标之间也不是彼此孤立的,在实际应用时,应该把它们综合起来考虑,而且还要遵循“性能价格比”的原则。

**本章小结**:本章对计算机硬件系统的组成和功能进行了整体的介绍,对主要的硬件包括 CPU、存储器(ROM、RAM)以及常用的输入输出设备的功能进行了详述,通过对计算机系统的主要技术指标及基本配置的介绍,为计算机性能的评估提供了依据。

## ❓思考题

1. 简述微机主板的主要结构及各部分功能。
2. 简述 BIOS 功能。
3. 简述 CPU 主要技术指标。
4. 硬盘的基本结构及其存储原理是什么？
5. ROM、RAM 的特点是什么？
6. 什么是总线？总线按传输信息种类分哪几类？主要功能是什么？
7. USB 接口有什么特点？
8. 常用的输入输出设备有哪些？
9. 微型计算机主要性能指标有哪些？

# 第4章　计算机操作系统

**本章导读：**本章主要内容为计算机操作系统功能及日常使用方法介绍。操作系统（Operating System，简称 OS），是电子计算机系统中负责支撑应用程序运行环境以及用户操作环境的系统软件，同时也是计算机系统的核心与基石。它的职责常包括对硬件的直接监管，对各种计算资源（如内存、处理器时间等）的管理，以及提供诸如作业管理之类的面向应用程序的服务等。

## 4.1 操作系统引论

### 4.1.1 操作系统定义

操作系统，是电子计算机系统中负责支撑应用程序运行环境以及用户操作环境的系统软件。它的职责常包括对硬件的直接监管，对各种计算资源（如内存、处理器时间等）的管理，以及提供诸如作业管理之类的面向应用程序的服务等。

操作系统是方便用户使用、管理和控制计算机软硬件资源的系统软件（或程序集合）。从用户角度看，操作系统可以看成是对计算机硬件的扩充；从人机交互方式来看，操作系统是用户与机器的接口；从计算机的系统结构看，操作系统是一种层次模块结构的程序集合，属于有序分层法，是无序模块的有序层次调用。操作系统在设计方面体现了计算机技术和管理技术的结合。

操作系统在计算机系统中的地位十分重要，它是软件，而且是系统软件。它在计算机系统中的作用，大致可以从两方面体会：对内，操作系统管理计算机系统的各种资源，扩充硬件的功能；对外，操作系统提供良好的人机界面，方便用户使用计算机。它在整个计算机系统中具有承上启下的地位，如图 4.1 所示。

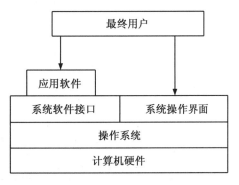

图 4.1　用户面对的计算机

### 4.1.2 操作系统的分类

经历了许多年的迅速发展，计算机操作系统形成了繁多的种类，其功能也产生了很大的差异。如今各种操作系统的存在，已经能够适应各种不同的应用场合以及各种不同的硬件配置。计算机操作系统的分类标准也有很多,目前主要按"人机交互界面"和"系统功能"两种分类方式作为计算机操作系统的分类标准。按照人机交互界面,可将计算机操作系统分为命令行界面操作系统(如 MS-DOS、Unix 等)和图形界面操作系统(如 Windows 等);按照系统功能,可将计算机操作系统分为批处理、分时、实时 3 种基本类型。

随着计算机系统结构的发展,又出现了个人计算机操作系统、网络操作系统以及智能手机操作系统等新的分类模式。

本章简要介绍批处理系统、分时操作系统、实时操作系统、个人计算机操作系统、网络操作系统和智能手机操作系统。

### 1. 批处理系统

批处理是指用户将一批作业提交给操作系统后就不再干预,由操作系统控制它们自动运行。这种采用批量处理作业技术的操作系统称为批处理操作系统。批处理操作系统分为单道批处理系统和多道批处理系统。批处理操作系统不具有交互性,它是为了提高 CPU 的利用率而提出的一种操作系统。如图 4.2 所示。

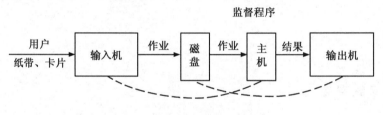

图 4.2　联机批处理系统示意图

### 2. 分时操作系统

分时操作系统是使一台计算机采用时间片轮转的方式同时为几个、几十个甚至几百个用户服务的一种操作系统(图 4.3)。把计算机与许多终端用户连接起来,用户程序共享内存,分时操作系统将系统处理机按一定的时间间隔,轮流地切换给各终端用户的程序使用。由于时间间隔很短,每个用户的感觉就像他独占计算机一样。分时操作系统的特点是可有效增加资源的使用率。例如 Unix 系统就采用剥夺式动态优先的 CPU 调度,有力地支持分时操作。

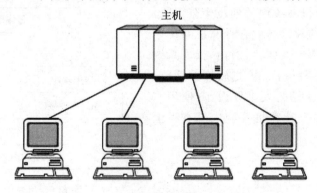

图 4.3　分时操作系统机器连接示意图

## 3. 实时操作系统

实时操作系统是保证在一定时间限制内完成特定功能的操作系统。实时操作系统有硬实时和软实时之分,硬实时要求在规定的时间内必须完成操作,这是在操作系统设计时保证的;软实时则只要按照任务的优先级,尽可能快地完成操作。我们通常使用的操作系统在经过一定改变之后就可以变成实时操作系统。

例如,可以为确保生产线上的机器人能获取某个物体而设计一个操作系统。在"硬"实时操作系统中,如果不能在允许时间内完成使物体可达的计算,操作系统将因错误结束。在"软"实时操作系统中,生产线仍然能继续工作,但产品的输出会因产品不能在允许时间内到达而减慢,这使机器人有短暂的不生产现象。一些实时操作系统是为特定的应用设计的,另一些是通用的。一些通用目的的操作系统称自己为实时操作系统。但某种程度上,大部分通用目的的操作系统,如微软的 Windows NT 或 IBM 的 OS/390 有实时系统的特征。这就是说,即使一个操作系统不是严格的实时系统,它们也能解决一部分实时应用问题。

## 4. 个人计算机操作系统

个人计算机操作系统主要是指运行在个人计算机上的单用户的操作系统。它的主要特点是计算机在某个时间内为单个用户服务。现在的个人计算机操作系统都采用了图形用户界面,人机交互方式非常友好,使用起来非常方便。普通用户不用经过太多的学习和培训也能很快掌握操作系统的基本功能和操作方式。如 Windows 系统就是很典型的个人计算机操作系统。

## 5. 网络操作系统

相对于运行在个人计算机上的单用户操作系统(如 Windows 系列)或多用户操作系统(Unix、Linux),由于提供的服务类型不同而有很多差别。一般情况下,网络操作系统是以使网络相关特性达到最佳为目的的,如共享数据文件、软件应用,以及共享硬盘、打印机、调制解调器、扫描仪和传真机等。一般计算机的操作系统,如 DOS 和 OS/2 等,其目的是让用户与系统及在此操作系统上运行的各种应用之间的交互作用最佳。

为防止一次由一个以上的用户对文件进行访问,一般网络操作系统都具有文件加锁功能。如果系统没有这种功能,用户将不能正常工作。文件加锁功能可跟踪使用中的每个文件,并确保一次只能有一个用户对其进行编辑。文件也可由用户的口令加锁,以维持专用文件的专用性。

网络操作系统还负责管理局域网(Local Area Network)LAN 用户和 LAN 打印机之间的连接。网络操作系统总是跟踪每一个可供使用的打印机,以及每个用户的打印请求,并对如何满足这些请求进行管理,使每个终端用户感到进行操作的打印机犹如与其计算机直接相连。

由于网络计算的出现和发展,现代操作系统的主要特征之一就是具有上网功能,因此,除了在 20 世纪 90 年代初期,Novell 公司的 Netware 等系统被称为网络操作系统之外,人们一般不再特指某个操作系统为网络操作系统。

## 6. 智能手机操作系统

智能手机操作系统是一种运算能力及功能比传统功能手机更强的操作系统。使用最多的操作系统有:Android、IOS、Symbian、Windows Phone 和 BlackBerry OS。他们之间的应用软件互不兼容。因为可以像个人电脑一样安装第三方软件,所以智能手机有丰富的功能。智能手机能够显示与个人电脑所显示出来一致的正常网页,它具有独立的操作系统以及良好的用户界面,它拥有很强的应用扩展性,能方便随意地安装和删除应用程序。

### 4.1.3 常用操作系统简介

在计算机的发展过程中,出现过许多不同的操作系统,其中最为常用的有:DOS、Mac OS、Windows、Linux、Free BSD、Unix/Xenix、OS/2 等。

1. DOS 操作系统

从 1981 年问世至今,DOS 经历了 7 次大的版本升级,从 1.0 版到 7.0 版,不断地改进和完善。但是,DOS 系统的单用户、单任务、字符界面和 16 位的大格局没有变化,因此它对于内存的管理也局限在 640 kB 的范围内。DOS 最初是微软公司为 IBM-PC 开发的操作系统,它对硬件平台的要求很低,因此适用性较广。常用的 DOS 有 3 种不同的品牌,它们是 Microsoft 公司的 MS-DOS(图 4.4)、IBM 公司的 PC-DOS 以及 Novell 公司的 DR-DOS,这 3 种 DOS 相互兼容,但仍有一些区别,3 种 DOS 中使用最多的是 MS-DOS。

**图 4.4 MS-DOS 软盘**

2. Mac OS 操作系统

Mac OS 操作系统是美国苹果计算机公司为它的 Macintosh 计算机设计的操作系统,该机型于 1984 年推出,在当时的 PC 还只是 DOS 枯燥的字符界面的时候,Mac 率先采用了一些至今仍为人称道的技术。比如:GUI 图形用户界面、多媒体应用、鼠标等。

3. Windows 操作系统

Microsoft 公司在 1985 年 11 月发布的第一代窗口式多任务系统 Windows,它使 PC 机开始进入了所谓的图形用户界面时代。在图形用户界面中,每一种应用软件(即由 Windows 支持的软件)都用一个图标(Icon)表示,用户只需把鼠标移到某图标上,连续两次按下鼠标器的拾取键即可进入该软件,这种界面方式为用户提供了很大的方便,把计算机的使用提高到了一个新的阶段。

本章操作系统应用部分的主要内容就是介绍 Windows 操作系统的使用方法。

4. Unix 操作系统

Unix 系统 1969 年在贝尔实验室诞生,最初是在中小型计算机上运用。最早移植到

80286 微机上的 Unix 系统,称为 Xenix。Xenix 系统的特点是短小精干,系统开销小,运行速度快。Unix 为用户提供了一个分时的系统以控制计算机的活动和资源,并且提供一个交互,灵活的操作界面。Unix 被设计成为能够同时运行多进程,支持用户之间共享数据。同时,Unix 支持模块化结构,当你安装 Unix 操作系统时,只需要安装工作需要的部分,例如:Unix 支持许多编程开发工具,但是如果你并不从事开发工作,你只需要安装最少的编译器。用户界面同样支持模块化原则,互不相关的命令能够通过管道相连接用于执行非常复杂的操作。Unix 有很多种,许多公司都有自己的版本,如 AT&T、Sun、HP 等。

### 5. Linux 操作系统

Linux 是当今 IT 界一个耀眼的名字,它是目前全球最大的一个自由免费软件,其本身是一个功能可与 Unix 和 Windows 相媲美的操作系统,具有完备的网络功能,它的用法与 Unix 非常相似,因此许多用户不再购买昂贵的 Unix,转而投入 Linux 等免费系统的怀抱。

Linux 最初由芬兰人 Linus Torvalds 开发,其源程序在 Internet 网上公开发布,由此,引发了全球电脑爱好者的开发热情,许多人下载该源程序并按自己的意愿完善某一方面的功能,再发回网上,Linux 也因此被雕琢成为一个全球最稳定的、最有发展前景的操作系统。曾经有人戏言:要是比尔·盖茨把 Windows 的源代码也做同样处理,现在 Windows 中残留的许多 BUG(错误)早已不复存在,因为全世界的电脑爱好者都会成为 Windows 的义务测试和编程人员。

### 6. OS/2 操作系统

1987 年 IBM 公司在激烈的市场竞争中推出了 PS/2(Personal System/2)个人电脑。PS/2 系列电脑大幅度突破了现行 PC 机的体系,采用了与其他总线互不兼容的微通道总线 MCA,并且 IBM 自行设计了该系统约 80% 的零部件,以防止其他公司仿制。OS/2 系统正是为系列机开发的一个新型多任务操作系统。OS/2 克服了 DOS 系统 640 kB 主存的限制,具有多任务功能。OS/2 也采用图形界面,它本身是一个 32 位系统,不仅可以处理 32 位 OS/2 系统的应用软件,也可以运行 16 位 DOS 和 Windows 软件。OS/2 系统通常要求在 4 MB 内存和100 MB 硬盘或更高的硬件环境下运行。由于 OS/2 仅限于 PS/2 机型,兼容性较差,故而限制了它的推广和应用。

### 7. Android 操作系统

Android(图 4.5)是一种基于 Linux 的自由及开放源代码的操作系统,主要使用于移动设备,如智能手机和平板电脑,由 Google 公司和开放手机联盟领导并开发。尚未有统一中文名称,中国大陆地区较多人使用"安卓"或"安致"名称。Android 操作系统最初由 Andy Rubin 开发,主要支持手机。2005 年 8 月由 Google 收购注资。2007 年 11 月,Google 与 84 家硬件制造商、软件开发商及电信营运商组建开放手机联盟共同研发改良 Android 系统。随后 Google 以 Apache 开源许可证的授权方式,发布了 Android 的源代码。第一部 Android 智

图 4.5　Android 操作系统示意图

能手机发布于 2008 年 10 月。Android 逐渐扩展到平板电脑及其他领域上,如电视、数码相机、游戏机等。2011 年第一季度,Android 在全球的市场份额首次超过塞班系统,跃居全球第一。2013 年第四季度,Android 平台手机的全球市场份额已经达到 78.1%。2016 年 9 月 24 日 Google 开发的操作系统 Android 在迎来 8 岁生日之际,全世界采用这款系统的设备数量已经达到 10 亿台。

8. IOS 操作系统

IOS 是运行于 IPhone、IPod touch 以及 IPad 设备的操作系统,它管理设备硬件并为手机本地应用程序的实现提供基础技术。根据设备不同,操作系统具有不同的系统应用程序,例如 Phone、Mail 以及 Safari,这些应用程序可以为用户提供标准系统服务。

IPhone SDK 包含开发、安装及运行本地应用程序所需的工具和接口。本地应用程序使用 IOS 系统框架和 Objective-C 语言进行构建,并且直接运行于 IOS 设备。它与 web 应用程序不同,一是它位于所安装的设备上,二是不管是否有网络连接它都能运行。可以说本地应用程序和其他系统应用程序具有相同地位。本地应用程序和用户数据都可以通过 iTunes 同步到用户计算机。

IOS 架构和 Mac OS 的基础架构相似。站在高级层次来看,IOS 扮演底层硬件和应用程序(显示在屏幕上的应用程序)的中介。如图 4.6 所示。人们所创建的应用程序不能直接访问硬件,而需要和系统接口进行交互。IOS 实现可以看作是多个层的集合("Game Kit 框架"含有对这些层的介绍),底层为所有应用程序提供基础服务,高层则包含一些复杂巧妙的服务和技术。

图 4.6　IOS 操作界面

## 4.2　操作系统的基本功能

操作系统的主要功能是资源管理、程序控制和人机交互等。计算机系统的资源可分为设备资源和信息资源两大类。设备资源指的是组成计算机的硬件设备,如中央处理器、主存储器、磁盘存储器、打印机、磁带存储器、显示器、键盘输入设备和鼠标等。信息资源指的是存放于计算机内的各种数据,如文件、程序库、知识库、系统软件和应用软件等。

操作系统位于底层硬件与用户之间,是两者沟通的桥梁。用户可以通过操作系统的用户界面,输入命令。操作系统则对命令进行解释,驱动硬件设备,实现用户要求。

操作系统的主要功能可以概括为:作业管理、进程管理、存储管理、设备管理和文件管理等。

### 4.2.1　作业管理

作业是用户在一次算题过程中或一个事务处理中要求计算机系统所做的工作的集合,也就是用户让计算机做的一件事,类似日常工作中的"任务"。这件事可大可小,可多可少。通常用户在使用计算机时看到的是操作系统的用户接口,即人机交互界面。用户通过这个界面与计算机进行交互和沟通,提交用户的作业。在实际操作中,用户通过输入设备(如键盘、鼠标器、触摸屏等)将要求"告诉"计算机,计算机收到请求后再来为用户服务。

作业由用户程序、数据及作业说明书组成。如图 4.7 所示。

作业的状态有:

(1)提交状态　作业由输入设备进入外存储器的过程。处于提交状态的作业,其信息正在进入系统。

(2)后备状态　当作业的全部信息进入外存后,系统就为该作业建立一个作业控制块(JCB)。

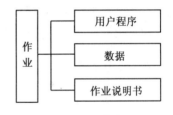

**图 4.7　作业的组成**

(3)执行状态　一个后备作业被作业调度程序选中,并分配了必要的资源进入了内存,作业调度程序同时为其建立了相应的进程后,该作业就由后备状态变成了执行状态。

(4)完成状态　当作业正常运行结束,它所占用的资源未全部被系统回收时的状态。

作业管理的主要功能是对作业的调度和控制。

### 4.2.2　进程管理

现代操作系统为提高计算机系统效率,允许在一个时间段内有多个程序"同时"运行,即程序并发执行。由于程序并发执行时,并发执行的多个程序共享计算机资源,该资源的状态由各种程序改变,故此时程序失去封闭性,从而导致结果可能不能再现。这样,程序这个概念已经不能如实反映程序活动的动态特征。所以,引入了进程的概念。

进程是程序在数据集合上的一次执行过程,是动态的概念。它是系统进行资源分配和调度的独立单位。进程可以并发执行,进程因创建而产生,因调度而执行,因得不到资源而暂停执行,最后由撤销而消亡。进程的组成包括 3 部分:程序段、数据段、进程 PCB。其中,PCB

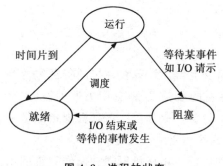

**图 4.8　进程的状态**

(Process Control Block,PCB)用于记录进程的属性信息。系统根据 PCB 感知进程的存在。PCB 是进程存在的唯一标志。一般来说,PCB 包括的内容一般有:进程标识符、进程当前状态、进程队列指针、程序和数据地址、进程优先级、CPU 现场保护区、通信信息、家族关系、占有资源清单、处理机状态信息。

进程有执行态、就绪态和阻塞态,如图 4.8 所示。

### 4.2.3　存储管理

存储管理子系统是操作系统中最重要的组成部分之一,它的目的是方便用户使用和提高存储器利用率。当要装入一个作业时,根据作业需要的主存量查看主存中是否有足够的空间,若有,则按需要量分割一个分区分配给该作业;若无,则令该作业等待主存空间。当程序的存储空间要求大于实际的内存空间时,就使得程序难以运行了。虚拟存储技术就是利用实际内存空间和相对大得多的外部储存器存储空间相结合构成一个远远大于实际内存空间的虚拟存储空间,程序就运行在这个虚拟存储空间中。能够实现虚拟存储的依据是程序的局部性原理,即程序在运行过程中经常体现出运行在某个局部范围之内的特点。在时间上,经常运行相同的指令段和数据(称为时间局部性),在空间上,经常运行某一局部存储空间的指令和数据(称为空间局部性),有些程序段不能同时运行或根本得不到运行。

### 4.2.4　设备管理

操作系统的设备管理功能主要是分配和回收外部设备以及控制外部设备按用户程序的要求进行操作等。对于非存储型外部设备,如打印机、显示器等,它们可以直接作为一个设备分配给一个用户程序,在使用完毕后回收以便给另一个需求的用户使用。对于存储型的外部设备,如磁盘、磁带等,则是提供存储空间给用户,用来存放文件和数据。存储性外部设备的管理与信息管理是密切结合的。

设备管理的主要任务是对计算机系统内的所有设备实施有效的管理,使用户方便灵活地使用设备。设备管理实现下述功能:

(1)设备分配　根据一定的设备分配原则对设备进行分配。

(2)设备传输控制　实现物理的输入输出操作,即启动设备、中断处理、结束处理等。

(3)设备独立性　用户程序中的设备与实际使用的物理设备无关。

### 4.2.5　文件管理

文件管理负责管理软件资源,并为用户提供对文件的存取、共享和保护等手段。文件管理实现下述主要功能:

(1)文件存储空间管理　负责对存储空间的分配与回收等功能。

(2)目录管理　目录是为方便文件管理而设置的数据结构,它能提供按名存取的功能。

（3）文件操作管理　实现文件的操作，负责完成数据的读写。

（4）文件保护　提供文件保护功能，防止文件遭到破坏。

### 4.2.6　操作系统的主要特征

（1）并发性　并行性是指两个或多个事件在同一时刻发生，而并发性是指两个或多个事件在同一时间间隔内发生。

（2）共享性　所谓共享是指系统中的资源可供内存中多个并发执行的进程（线程）共同使用。

（3）虚拟性　所谓虚拟是指通过某项技术把一个物理实体变为若干个逻辑上的对应物。

（4）异步性　操作系统允许多个并发进程共享资源，使得每个进程的运行过程受到其他进程制约，使进程的执行不是一气呵成，而是以停停走走的方式运行。线程中共享和并发是操作系统的 2 个最基本的特征，相应的把这种资源共同使用称为资源共享，或资源复用；虚拟以并发和共享为前提；异步是并发和共享的必然结果。

## 4.3　Windows 系统应用

### 4.3.1　Windows 基础

#### 1. Windows 发展历史

Microsoft Windows 是美国微软公司研发的一套操作系统，它问世于 1985 年，起初仅仅是 MS-DOS 模拟环境，后续的系统版本由于微软不断地更新升级，不但易用，也慢慢成为人们最喜爱的操作系统。

Windows 采用了图形化模式 GUI，比起以前的 DOS 需要键入指令使用的方式更为人性化。随着计算机硬件和软件的不断升级，微软的 Windows 也在不断升级，从架构的 16 位、32 位再到现在的 64 位，系统版本从最初的 Windows 1.0 到大家熟知的 Windows 95、Windows 98、Windows ME、Windows 2000、Windows 2003、Windows XP、Windows Vista、Windows 7、Windows 8、Windows 8.1、Windows 10 和 Windows Server 服务器企业级操作系统，不断持续更新，微软一直致力于 Windows 操作系统的开发和完善。

#### 2. 桌面

桌面是打开计算机并登录到 Windows 之后看到的主屏幕区域。就像实际的桌面一样，它是用户工作的平面。打开程序或文件夹时，它们便会出现在桌面上。还可以将一些项目（如文件和文件夹）放在桌面上，并且随意排列它们。有时桌面定义更为广泛，包括任务栏和 Windows 通知栏。如图 4.9 所示。

桌面上的主要构件有"开始"菜单、我的电脑和回收站等图标。"开始"菜单是访问程序、文件夹和计算机系统设置的入口，如图 4.10 所示。其中可以启动程序，打开文件夹，搜索文件、文件夹和程序，设置计算机，获取帮助信息，切换到其他用户账户等。

#### 3. 控制面板

控制面板（control panel）是 Windows 图形用户界面的一部分，可通过"开始"菜单访问。

图 4.9　Windows 桌面

图 4.10　"开始"菜单

它允许用户查看并操作基本的系统设置,比如添加/删除软件,控制用户账户,更改辅助功能选项。如图 4.11 所示。

调整计算机的设置

**系统和安全**
查看您的计算机状态
备份您的计算机
查找并解决问题

**网络和 Internet**
查看网络状态和任务
选择家庭组和共享选项

**硬件和声音**
查看设备和打印机
添加设备
连接到投影仪
调整常用移动设置

**程序**
卸载程序

**用户帐户和家庭安全**
添加或删除用户帐户
为所有用户设置家长控制

**外观和个性化**
更改主题
更改桌面背景
调整屏幕分辨率

**时钟、语言和区域**
更改键盘或其他输入法
更改显示语言

**轻松访问**
使用 Windows 建议的设置
优化视频显示

**图 4.11　Windows 控制面板**

**4. 用户管理**

Windows 系统作为多用户的操作系统,可以分配给多个用户进行使用。用户账户是通知 Windows 可以访问哪些文件和文件夹,可以对计算机和个人首选项(如桌面背景或屏幕保护程序)进行哪些更改的信息集合。通过用户账户,可以在拥有自己的文件和设置的情况下与多个人共享计算机。每个人都可以使用用户名和密码访问其用户账户。

Windows 有 3 种类型的账户。每种类型为用户提供不同的计算机控制级别:

(1)标准账户　用于日常基本操作。

(2)管理员账户　可以对计算机进行最高级别的控制,但应该只在必要时才使用。

(3)来宾账户　主要针对需要临时使用计算机的用户。

**5. 帮助系统**

在使用计算机的过程中,经常会遇到各种各样的问题。解决问题的方法之一就是使用 Windows 的帮助系统的支持。只要按下键盘上的功能键 F1,就会出现帮助界面,用户根据实际情况获取 Windows 系统的帮助。

**6. 剪贴板**

剪贴板是 Windows 系统一段连续的、可随存放信息大小而变化的内存空间,用来临时存放交换信息。内置在 windows 并且使用系统的内部资源 RAM,或虚拟内存来临时保存剪切和复制的信息,可以存放的信息种类是多种多样的。剪切或复制时保存在剪贴板上的信息,只有再剪贴或复制另外的信息,或停电,或退出 windows,或有意地清除时,才可能更新或清除其内容,即剪贴或复制一次,就可以粘贴多次。

　　当您从某个程序剪切或复制信息时,该信息会被移动到剪贴板并保留在那里,直到清除剪贴板或者剪切或复制了另一片信息。"剪贴簿查看器"中的剪贴板窗口显示了剪贴板的内容。可以在任何需要的时候将信息从剪贴板粘贴到文件中。但是,信息仅暂时存储在剪贴板上。

　　一般情况下,剪贴板是隐藏着的,因为我们目的不是要查看上面的具体内容,仅仅是利用它来粘贴资料,所以以按"CTRL＋C"复制内容,再按"CTRL＋V"粘贴,或击右键粘贴。

　　7.任务管理器

　　Windows 任务管理器提供了有关计算机性能的信息,并显示了计算机上所运行的程序和进程的详细信息;如果连接到网络,那么还可以查看网络状态并迅速了解网络是如何工作的。它的用户界面提供了文件、选项、查看、窗口、帮助等多个菜单项,其下还有应用程序、进程、服务、性能、联网、用户等多个标签页,窗口底部则是状态栏,从这里可以查看到当前系统的进程数、CPU 使用比率、更改的内存容量等数据,默认设置下系统每隔两秒钟对数据进行 1 次自动更新,也可以点击"查看→更新"菜单重新设置。进入任务管理器最简捷的方式是按组合键:Ctrl＋Alt＋Del。如图 4.12 所示。

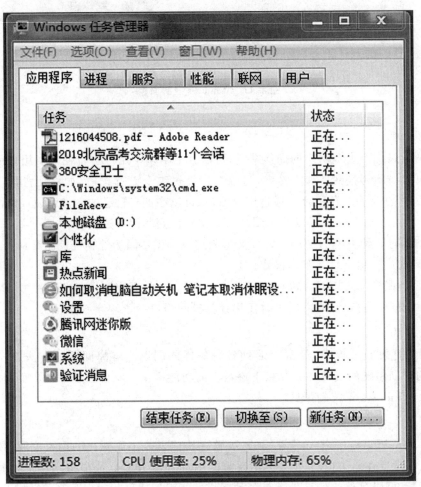

**图 4.12　Windows 任务管理器**

## 4.3.2　Windows 基本操作

### 4.3.2.1　文件

计算机文件(简称文件),是存储在某种长期储存设备上的一段数据流。所谓"长期储存设备"一般指磁盘、光盘、磁带等。其特点是所存信息可以长期、多次使用,不会因为断电而消失。文件是有名称的一组相关信息(数据)的集合。

1. 文件名

为文件指定的名称叫作文件名。为了区分不同的文件,必须给每个文件命名,计算机对文件实行按名存取的操作方式。

2. Windows 文件命名规则

Windows 文件命名突破了 DOS 对文件命名规则的限制,允许使用长文件名,其主要命名规则如下:

(1)文件名最长可以使用 255 个字符。

(2)可以使用扩展名,扩展名用来表示文件类型,也可以使用多间隔符的扩展名。如 win. ini. txt 是一个合法的文件名,但其文件类型由最后一个扩展名决定。

(3)文件名中允许使用空格,但不允许使用下列字符(英文输入法状态):<> / \ | : " * ?

(4)windows 系统对文件名中字母的大小写在显示时有不同,但在使用时不区分大小写。

3. 文件类型

文件扩展名表示文件类型,一般在创建文件时由系统自动添加。如. docx 表示文件为 Word 文件,. xlsx 为 Excel 文件,. pptx 为 PPT 文件等。要特别注意的是,人为地改变一个文件的扩展名并不能真正改变该文件的类型。

4. 文件属性

文件属性是指对文件类型的进一步说明。常见的文件属性有系统属性、隐藏属性、只读属性和归档属性等。属性还包括文件大小、占用空间、所有者等一些描述性的信息,可用来帮助用户查找和整理文件。属性未包含在文件的实际内容中。除了标记属性(这种属性为自定义属性,可包含所选的任何文本)之外,文件还包括了修改日期、分级等许多其他属性。

### 4.3.2.2　文件管理

文件管理是 Windows 系统的主要操作功能之一。原则上,不同类型的文件会有不同的应用和操作。文件管理操作主要涉及文件的逻辑组织和物理组织,目录的结构和管理。

1. 目录结构

一个计算机系统中通常有成千上万个文件,为了便于对文件进行存取和管理,计算机系统建立文件的索引,即文件名和文件物理位置之间的映射关系,这种文件的索引称为文件目录。

文件目录(file directory)为每个文件设立一个表目。文件目录表目至少要包含文件名、文件内部标识、文件的类型、文件存储地址、文件的长度、访问权限、建立时间和访问时间等内容。

文件目录(或称为文件夹)是由文件目录项组成的。文件目录分为一级目录、二级目录和多级目录。多级目录结构也称为树形结构,在多级目录结构中,每一个存储设备有一个根目录,在根目录中可以包含若干子目录和文件,在子目录中不但可以包含文件,而且还可以包含下一级子目录,这样类推下去就构成了多级目录结构(即树状目录结构)。如图 4.13 所示。

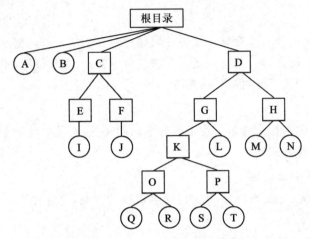

**图 4.13　树状目录结构示意图**

采用多级目录结构的优点是用户可以将不同类型和不同功能的文件分类存储,既方便文件管理和查找,还允许不同文件目录中的文件具有相同的文件名,解决了一级目录结构中的重名问题。Windows、Unix、Linux 和 DOS 等操作系统采用的都是这种多级目录结构。

2. 文件路径

文件路径是指文件存储的位置。例如,"E:\work\市场资料\市场计划. doc"就是一个文件路径。它指的是:一个 Word 文件"市场计划",存储在 E 盘下的"work"文件夹内的"市场计划"文件夹内。若要打开这个文件,按照文件路径一级级找到此文件,即可进行相应的操作。文件路径又分为绝对路径与相对路径。所谓"绝对路径"就是从盘符开始的路径,形如"C:\windows\system32\cmd. exe"以及上面从 E 盘盘符开始的路径。所谓"相对路径"是从当前路径开始的路径。假如当前路径为"C:\windows",要描述上述路径,只需输入"system32\cmd. exe"即可。实际上,严格的相对路径写法应为:". \system32\cmd. exe"。其中,". "表示当前路径,在通常情况下可以省略,只有在特殊的情况下不能省略。假如当前路径为"C:\program files",要调用上述命令,则需要输入".. \windows\system32\cmd. exe"。其中,".."表示上一级目录(也称父目录)。当前路径如果为"C:\program files\common files",则需要输入".. \.. \windows\system32\cmd. exe"。

另外,还有一种不包含盘符的特殊绝对路径,形如"\windows\system32\cmd. exe"。无论当前路径是什么,会自动地从当前盘的根目录开始查找指定的程序文件。

3. 文件系统

Windows7 支持的常用文件系统有 FAT32、NTFS 和 exFAT 等 3 种。

FAT32:可以支持容量达 8TB 的卷,但单个文件的大小不能超过 4 GB。

NTFS:Windows7 的标准文件系统,单个文件大小可以超过 4 GB。NTFS 兼顾了磁盘空间的使用和访问效率,提供了高性能、安全性、可靠性等高级功能。例如:NTFS 提供了诸如文件和文件夹权限、加密、磁盘配置和压缩这样的高级功能。

exFAT:扩展 FAT,是为了解决 FAT32 不支持 4 GB 以上文件推出的文件系统。对于闪速存储,NTFS 不适合使用,而 exFAT 正好适用。因为 NTFS 的"日志式"文件系统需要不断读写,容易损伤闪盘芯片。

**4. 管理文件**

文件的日常管理包括文件搜索(查找)、文件复制、文件删除及文件移动等。这些操作通过 Windows 相关菜单和快捷操作很容易实现。

搜索文件时可以使用文件通配符" * "和"?"。" * "表示任意个数的任意字符,"?"表示任意一个字符。例如:" * . doc"表示所有的 word 文档,"HHB. * "表示文件名为 HHB 的所有类型的文件,"? H * . * "表示第 2 个字符为 H 的所有文件," * . * "表示全部文件。

### 4.3.2.3　磁盘管理

磁盘是微型计算机必备的最重要的外存储器,现在可移动磁盘越来越普及。为了确保存储信息安全,掌握有关磁盘管理的基本知识是非常必要的。

磁盘管理的主要工作包括:磁盘分区、磁盘格式化、磁盘碎片整理和磁盘清理等。下面分别介绍这些内容。

**1. 磁盘分区**

磁盘分区是使用分区编辑器(partition editor)在磁盘上划分几个逻辑部分,盘片一旦划分成数个分区(Partition),不同类的目录与文件可以存储进不同的分区。越多分区,也就有更多不同的地方,可以将文件的性质区分得更细,按照更为细分的性质,存储在不同的地方以管理文件;但太多分区就成了麻烦。空间管理、访问许可与目录搜索的方式,依属于安装在分区上的文件系统。当改变大小的能力依属于安装在分区上的文件系统时,需要谨慎地考虑分区的大小。如图 4.14 所示,我们可以为磁盘创建主分区和逻辑分区。

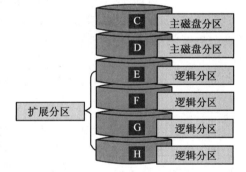

图 4.14　磁盘分区示意图

磁盘分区主要优点体现在:

(1)有利于管理。系统文件一般单独放一个区,这样由于系统区只放系统,其他区不会受到系统盘出现故障的影响。

(2)相对独立。如果一个分区出现逻辑损坏,仅损坏的分区受影响而不是整个硬盘受影响。

(3)在一些操作系统(如 Linux)交换文件通常自己就是一个分区。在这种情况下,双重启动配置的系统就可以让几个操作系统使用同一个交换分区以节省磁盘空间。

(4)避免过大的日志或者其他文件占满导致整个计算机故障,将它们放在独立的分区,这样可能只有那一个分区出现空间耗尽。

**2. 磁盘格式化**

磁盘格式化(Format)是在物理驱动器(磁盘)的所有数据区上写零的操作过程,格式化是一种纯物理操作,同时对硬盘介质做一致性检测,并且标记出不可读和坏的扇区。由于大部分硬盘在出厂时已经格式化过,所以只有在硬盘介质产生错误时才需要进行格式化。

### 3.磁盘碎片整理

磁盘碎片整理,就是通过系统软件或者专业的磁盘碎片整理软件对电脑磁盘在长期使用过程中产生的碎片和凌乱文件重新整理,可提高电脑的整体性能和运行速度。

磁盘碎片应该称为文件碎片,是因为文件被分散保存到整个磁盘的不同地方,而不是连续地保存在磁盘连续的空间中形成的。磁盘在使用一段时间后,由于反复写入和删除文件,磁盘中的空闲空间会分散到整个磁盘中不连续的物理位置上,从而使文件不能存在连续的扇区里。这样,再读写文件时就需要到不同的地方去读取,增加了磁头的来回移动,降低了磁盘的访问速度。

一般家庭用户 1 个月整理一次,商业用户以及服务器半个月整理一次。但要根据碎片比例来考虑,如在 windows7 中,碎片超过 10%,则需整理,否则不必。

### 4.磁盘清理

磁盘清理的目的是清理磁盘中的垃圾,释放磁盘空间。

通过"所有程序"→"附件"→"系统工具"→"磁盘清理"来清理磁盘。

在"磁盘清理选项"对话框中,选择仅清理计算机上您自己的文件还是清理计算机上所有的文件。如果系统提示您输入管理员密码或进行确认,请键入密码或提供确认。如果显示"磁盘清理:驱动器选择"对话框,请选择要清理的磁盘驱动器,然后单击"确定"。

单击"磁盘清理"选项卡,然后选中要删除的文件的复选框。

选择完要删除的文件后,单击"确定",然后单击"删除文件"以确认此操作。磁盘清理将删除计算机上所有不需要的文件。

## 4.3.3　其他操作

### 1.快捷方式创建

一般来说,快捷方式就是一种用于快速启动程序的命令行。它和程序既有区别又有联系。打个简单的比方,如果把程序比作一台电视机的话,快捷方式就像是一只遥控板。通过遥控板我们可以轻松快捷地控制电视的开关、频道的选择等。没有了遥控板我们还可以走到电视机面前进行操作,只是没有遥控那么方便罢了,并不会影响到电视机的使用。但没有了电视机,遥控板显然是无所作为。快捷方式也是一样,当快捷方式配合实际安装的程序时,非常便利。删除了快捷方式我们还可以通过"我的电脑"去找到目标程序,然后运行它。而当程序被删除后,光有一个快捷方式就会毫无用处。自己桌面上的快捷方式复制到别人的计算机上,也是没有任何意义的。

创建一个应用程序或项目的快捷方式,只需按鼠标的右键,根据弹出窗口的提示就可以很方便地完成。

### 2.安装和卸载应用程序

应用程序的安装通常通过应用程序自带的安装程序就可以很方便、快捷地进行。卸载也可以通过应用程序自带的卸载功能方便卸载。如果上述操作不方便的话,可以通过控制面板中的"程序和功能"组件解决。

### 3.硬件的添加和管理

硬件添加和管理通过控制面板中的"设备管理器"组件完成。设备管理器是一种管理工具,可用它来管理计算机上的设备。可以使用设备管理器查看和更改设备属性、更新设备驱动程序、配置设备设置和卸载设备。设备管理器提供计算机上所安装硬件的图形视图。所有设备都通过一个称为"设备驱动程序"的软件与 Windows 通信。

使用设备管理器可以安装和更新硬件设备的驱动程序、修改这些设备的硬件设置以及解决问题。

## 4.4　操作系统发展趋势

随着计算机技术和网络技术的普及,在通用主流操作系统仍然占据比较大的市场份额的基础上,未来一些操作系统将逐步向专用化和小型化等方面发展,并具备如下新特点:开源化、专用化、小型化或专用化、便携化、网络化、安全化和可信化。

1.计算机操作系统趋向专用化发展

随着计算机的不断进步和广泛应用,从而也带动了移动计算以及网络计算等各种技术的发展,因此,操作系统必将走向专用化发展,对各个部分进行分类,各司其职,以此提高效率并且促进各个区域的更深层次发展。因此在未来,将会有专用的通信设备与嵌入式操作系统,在很大程度上来说,嵌入式操作系统很像通用操作系统,然而在其他领域它就会是独立的了,应用在我们的生活中就表现在可以把家中所有的电器用一台计算机进行管理控制,实现家庭电器的互联互通,这样在很大程度上让生活更便捷。

2.计算机操作系统也将会走向小型化

从以前的巨型计算机到现在的掌上电脑,这是计算机的改进与进步,同样的,操作系统也会是如此,通用操作系统的规模较大,但是随着科技的发展以及人们的需求,未来的计算机操作系统也将逐渐向小型化发展,在这里,不得不提的就是纳米技术,这一技术的发展深化已经为操作系统小型化提供了可能。

3.计算机操作系统必将走向网络化

在当前社会,网络已经是我们生活中不可或缺的一部分了,我们的学习工作都离不开网络,随着网络的不断深化,计算机系统也在越来越依赖网络资源的共享,其实在现在,部分学者已经提出了用网络操作计算机系统,只是这种系统在一些技术方面发展得还不成熟,但是网络化是操作系统的必走道路,所以我们需要更多的投入,更多的研究。

4.计算机系统的安全问题以及系统的多样化

计算机系统已经取得了很大的进步,系统的安全性能已经得到了不断的加强。但是,随着计算机领域的不断扩展,安全问题也越来越重要了,并且在现在的计算机中,病毒也是层出不穷,一直没有停止,虽然杀毒软件会有一定的作用,但依然阻挡不了一些超级病毒的侵入,这都会对计算机的安全造成威胁。除此之外就是系统的多样化的发展,随着广大用户越来越深层次的需要,计算机的操作系统也必然走向多样化,这也是科技发展、新技术不断开发的必然结果。

5.计算机操作系统的便携化

当前的电子技术发展过程之中,虚拟技术得到了很大的发展,当前的计算机操作系统也已经可以像文件一样携带在身,并且可以很方便简单地应用到别的计算机上,但是目前我们所开发的虚拟机规模过大,还需要进一步的开发改善,但便携化也一定是计算机操作系统的发展趋势之一。

> **本章小结**:本章重点是掌握操作系统主要概念及日常操作的基本方法。重点在文件管理各项操作的熟练。难点在于系统功能的深入了解和掌握。

## ❓思考题

1.计算机系统中操作系统处于什么样的重要位置?

2.如何加强日常操作系统练习?

3.操作系统未来发展的方向是什么?

# 第5章 计算机网络

**本章导读**:本章主要内容为计算机网络及其相关应用介绍。计算机网络是计算机技术与通信技术紧密结合的产物,Internet 网络技术的应用对科技乃至整个社会发展都产生了深远影响。本章在讨论计算机网络与 Internet 应用的基础上,对计算机网络构成、IP 与域名、网络信息检索、云计算和物联网等内容进行了较详细讨论。

## 5.1 计算机网络基本概念

计算机网络是把分布在不同地点,并具有独立功能的多个计算机系统通过通信设备和线路连接起来,在功能完善的网络软件和协议的管理下,以实现网络资源共享为目标的系统。

### 5.1.1 计算机网络的构成

因为计算机网络要完成数据处理与数据通信两大主要任务,所以,它在结构上必然可以分成两个部分:一部分负责处理数据的主机与终端;另一部分负责处理数据通信的通信控制处理机(Communication Control Processor,CCP)与通信线路。从计算机网络组成的角度来看,典型的计算机网络从逻辑功能上可以分为资源子网和通信子网两部分。

计算机网络的基本结构如图 5.1 所示。

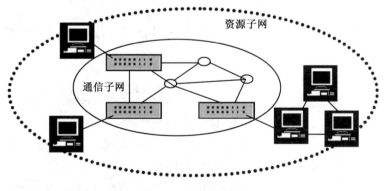

**图 5.1　计算机网络**

1.资源子网的概念

资源子网由主计算机系统、终端、终端控制器、联网外设、各种软件资源与信息资源组成。

资源子网负责处理全网的数据处理业务,向网络用户提供各种网络资源与网络服务。

(1)主计算机系统　主计算机系统简称主机(host),它可以是大型机、中型机、小型机、工作站或微机。主机是资源子网的主要组成单元,它通过高速通信线路与通信子网的通信控制处理机相连接。普通用户终端通过主机连入网内。主机要为本地用户访问网络其他设备与资源提供服务,同时要为网中远程用户共享本地资源提供服务。随着微型计算机的广泛应用,连入计算机网络的微型计算机日益增多,它可以作为主机的一种类型,直接通过通信控制处理机连入网内,也可以通过联网的大、中、小型计算机系统间接连入网内。

(2)终端　终端(terminal)是用户访问网络的界面。终端可以是简单的输入、输出终端,也可以是带有微处理的智能终端。智能终端除具有输入、输出信息的功能外,本身还具有存储与处理信息的能力。终端可以通过主机连入网内,也可以通过终端控制器、报文分组组装与拆装装置通过处理机连入网内。

2.通信子网的概念

通信子网由通信控制处理机、通信线路与其他通信设备组成,完成网络数据传输、转发等通信处理任务。

(1)通信控制处理机　通信控制处理机在网络拓扑结构中被称为网络节点。它一方面作为与资源子网的主机、终端连接的接口,将主机和终端连入网内;另一方面它又作为通信子网中分组存储转发节点,完成分组的接收、校验、存储和转发等功能,实现将原主机报文准确发送到目的主机的作用。

通信子网中的存储-转发节点,在多数情况下是一个交换设备。

(2)通信线路　通信线路为通信控制处理机与通信控制处理机、通信控制处理机与主机之间提供通信信道。计算机网络采用多种通信线路,例如电话线、双绞线、同轴电缆、光缆、光纤、无线通信信道、微波与卫星通信信道等。

必须指出,广域网可以明确地划分出资源子网和通信子网,然而局域网由于采用的工作原理与结构的限制,不能明确地划分出子网的结构。

## 5.1.2　计算机网络软件

计算机网络软件一般是指系统的网络操作系统、网络通信协议和应用级的提供网络服务功能的专用软件。

1.计算机网络软件的分类

计算机网络是一种信息共享系统,它是通过运用各种功能的计算机网络软件来最终实现的。目前,随着网络技术的日益发展壮大,计算机网络软件也在不断地寻求更新和优化,使得大量的网络软件被应用到计算机系统中,计算机网络软件按其功能可以分为网络通信软件、网络操作系统软件、网络协议软件、网络管理软件和网络应用软件等五大类。

(1)网络通信软件　为了实现使网络中各种设备之间进行通信,可采用网络通信软件达到这一应用目的,网络通信软件能够使用户在不必详细了解通信控制规程的情况下,控制应用程序与多个站点进行通信,并对大量的通信数据进行加工和管理。

(2)网络操作系统软件　网络操作系统,是在计算机网络中管理一台或多台主机的软硬件资源、支持网络通信、提供网络服务的程序的集合。

（3）网络协议软件　网络协议是网络通信的数据传输规范，网络协议软件是用于实现网络协议功能的软件。目前，典型的网络协议软件有 TCP/IP 协议、IPX/SPX 协议、IEEE 802 标准协议系列等。其中，TCP/IP 是当前网络互联应用最为广泛的网络协议软件。

（4）网络管理软件　网络管理软件，是专门为网络管理人员设计的，以帮助网络管理人员进行自动化的网络监测和管理，最终目的是减少故障，从而提高 IT 效率。目前，普遍采用购买网络管理软件来加强网络管理，优化现有网络性能。一般来说，有网络存在的地方就会需要使用网络管理软件。从实际应用来看，网络管理软件已深入银行、电信、金融、石化、石油等各行各业。常见的网络管理软件有：百络网警、网路岗、金盾全面内网安全软件等。

（5）网络应用软件　网络应用软件，是为网络用户提供服务而专门设计的软件，网络应用软件最重要的特征是它研究的重点不是网络中各个独立的计算机本身的功能，而是如何实现网络特有的功能。

### 2.计算机网络软件的功能

在网络系统中，网络上的每个用户都可共享系统中的各种资源，所以系统必须对用户进行控制，否则，就会造成系统混乱、信息数据的破坏和丢失，为了协调资源，系统需要通过软件工具对网络资源进行全面管理、合理分配，并采取一系列安全措施，防止因用户对资源的不合理访问而造成数据和信息的破坏与丢失。网络软件是实现网络功能不可缺少的保证。

（1）网络协议的功能　两台计算机之间通信时，对所传输信息的理解及各种情况下的应答信号都必须进行一个共同的约定，这个约定称为协议。网络协议是网络中进行通信的规则的集合，不同的计算机之间必须使用相同的网络协议才能进行通信。

（2）网络操作系统的功能　系统软件是负责管理、控制、维护、开发计算机的软硬件资源，提供给用户一个便利的操作界面和提供编制应用软件的资源环境。网络操作系统用以实现系统资源共享、管理用户的应用程序对不同资源的访问，实现网络管理和监控，营造网络通信环境。没有网络操作系统的支持，计算机是无法正常连接到网络的。常用的网络操作系统有Windows 系列、Unix、OS2、Linux 等。

（3）网络管理软件及网络应用软件的功能　网络管理软件，是专门用来对网络资源进行监控和管理并对网络进行有效维护的软件。而网络应用软件是为网络用户提供服务、网络用户用来在网络上解决实际问题的软件。

### 3.网络软件的发展趋向

在计算机网络软件方面受到重视的研究方向有：全网界面一致的网络操作系统，不同类型计算机网络的互联（包括远程网与远程网、远程网与局域网、局域网与局域网），网络协议标准化及其实现，协议工程（协议形式描述、一致性测试、自动生成等），网络应用体系结构和网络应用支撑技术研究等。

## 5.1.3　计算机网络体系结构

计算机网络系统是独立的计算机通过已有的通信系统连接形成的，其功能是实现计算机的远程访问和资源共享。因此，计算机网络的主要问题是解决异地独立工作的计算机之间如何实现正确、可靠的通信，计算机网络分层体系结构模型正是为解决计算机网络的这一关键问题而设计的。

1. OSI 七层参考模型

为把在一个网络结构下开发的系统与在另一个网络结构下开发的系统互联起来,以实现更高一级的应用,使异种机之间的通信成为可能,便于网络结构标准化,国际标准化组织(ISO)于 1984 年形成了开放系统互连参考模型 OSI/RM(Open Systems Interconnection Reference Model,简称 OSI)的正式文件。

OSI 从逻辑上,把一个网络系统分为功能上相对独立的 7 个有序的子系统,这样 OSI 体系结构就由功能上相对独立的 7 个层次组成,如图 5.2 所示。它们由低到高分别是物理层、数据链路层、网络层、传输层、会话层、表示层和应用层。

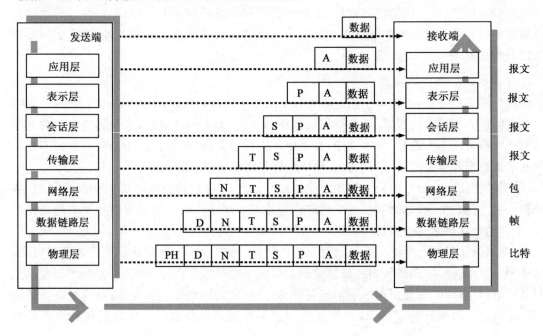

图 5.2 OSI 参考模型

(1)物理层(Physical,PH) 传递信息需要利用一些物理传输媒体,如双绞线、同轴电缆、光纤等。物理层的任务就是为上层提供一个物理的连接,以及该物理连接表现出来的机械、电气、功能和过程特性,实现透明的比特流传输。在这一层,数据还没有组织,仅作为原始的比特流提交给上层——数据链路层。

(2)数据链路层(Data-link,D) 数据链路层负责在 2 个相邻的结点之间的链路上实现无差错的数据帧传输。每一帧包括一定的数据和必要的控制信息,在接收方接收到数据出错时要通知发送方重发,直到这一帧无差错地到达接收结点,数据链路层就是把一条有可能出错的实际链路变成让网络层看起来像不会出错的数据链路。实现的主要功能有:帧的同步、差错控制、流量控制、寻址、帧内定界、透明比特组合传输等。

(3)网络层(Network,N) 网络中通信的 2 个计算机之间可能要经过许多结点和链路,还可能经过几个通信子网。网络层数据传输的单位是分组(Packet)。网络层的主要任务是为要传输的分组选择一条合适的路径,使发送分组能够正确无误地按照给定的目的地址找到目的主机,交付给目的主机的传输层。

（4）传输层（Transport，T）　传输层的主要任务是通过通信子网的特性，最佳地利用网络资源，并以可靠与经济的方式为 2 个端系统的会话层之间建立一条连接通道，以透明地传输报文。传输层向上一层提供一个可靠的端到端的服务，使会话层不知道传输层以下的数据通信的细节。传输层只存在端系统中，传输层以上各层就不再考虑信息传输的问题了。

（5）会话层（Session，S）　在会话层以及以上各层中，数据的传输都以报文为单位，会话层不参与具体的传输，它提供包括访问验证和会话管理在内的建立以及维护应用之间的通信机制。如服务器验证用户登录便是由会话层完成的。

（6）表示层（Presentation，P）　这一层主要解决用户信息的语法表示问题。它将要交换的数据从适合某一用户的抽象语法，转换为适合 OSI 内部表示使用的传送语法。即提供格式化的表示和转换数据服务。数据的压缩和解压缩、加密和解密等工作都由表示层负责。

（7）应用层（Application，A）　这是 OSI 参考模型的最高层。应用层确定进程之间通信的性质以满足用户的需求，以及提供网络与用户软件之间的接口服务。

2．TCP/IP 参考模型

20 世纪 70 年代初期，美国国防部高级研究计划局（ARPA）为了实现异种网之间的互联与互通，大力资助网络技术的研究开发工作。ARPANET 开始使用的是一种称为网络控制协议（network control protocol，NCP）的协议。随着 ARPANET 的发展，需要更为复杂的协议。1973 年，引进了传输控制协议 TCP，随后，在 1981 年引入了网际协议 IP。1982 年，TCP 和 IP 被标准化成为 TCP/IP 协议组，1983 年取代了 ARPANET 上的 NCP，并最终形成较为完善的 TCP/IP 体系结构和协议规范。

TCP/IP（transmission control protocol /internet protocol，传输控制协议/网际协议）由它的 2 个主要协议即 TCP 协议和 IP 协议而得名。TCP/IP 是 Internet 上所有网络和主机之间进行交流时所使用的共同"语言"，是 Internet 上使用的一组完整的标准网络连接协议。通常所说的 TCP/IP 协议实际上包含了大量的协议和应用，且由多个独立定义的协议组合在一起，因此，更确切地说，应该称其为 TCP/IP 协议集。

TCP/IP 共有 4 个层次，它们分别是网络接口层、网际层、传输层和应用层。TCP/IP 层次结构与 OSI 层次结构的对照关系如图 5.3 所示。

| OSI 参考模型 | TCP/IP 参考模型 |
|---|---|
| 应用层 | 应用层 |
| 会话层 | 应用层 |
| 表示层 | 应用层 |
| 传输层 | 传输层 |
| 网络层 | 网际层 |
| 数据链路层 | 网络接口层 |
| 物理层 | 网络接口层 |

**图 5.3　TCP/IP 层次结构与 OSI 层次结构的对照关系**

（1）网络接口层    TCP/IP 模型的最底层是网络接口层，也被称为网络访问层，它包括了可使用 TCP/IP 与物理网络进行通信的协议，且对应着 OSI 的物理层和数据链路层。TCP/IP 标准并没有定义具体的网络接口协议，而是旨在提供灵活性，以适应各种网络类型，如 LAN、MAN 和 WAN。这也说明，TCP/IP 协议可以运行在任何网络上。

（2）网际层    网际层是在 Internet 标准中正式定义的第一层。网际层所执行的主要功能是处理来自传输层的分组，将分组形成数据包（IP 数据包），并为该数据包在不同的网络之间进行路径选择，最终将数据包从源主机发送到目的主机。在网际层中，最常用的协议是网际协议 IP，其他一些协议用来协助 IP 的操作。

（3）传输层    传输层也被称为主机至主机层，与 OSI 的传输层类似，它主要负责主机到主机之间的端对端可靠通信，该层使用了 2 种协议来支持 2 种数据的传送方法，它们是 TCP 协议和 UDP 协议。

（4）应用层    在 TCP/IP 模型中，应用程序接口是最高层，它与 OSI 模型中高 3 层的任务相同，都是用于提供网络服务，如文件传输、远程登录、域名服务和简单网络管理等。

## 5.2  Internet 及其应用

### 5.2.1  IP 与域名

#### 5.2.1.1  IP 地址

Internet 将世界各地的大大小小的网络互连起来，这些网络上又各自有许多计算机接入，为了使用户能够方便快捷地找到因特网上信息的提供者或信息的目的地（两者都称"主机"），全网的每一个网络和每一台主机（包括工作站、服务器和路由器等）都分配了一个 Internet 地址，称作 IP 地址。就像我们生活中的"门牌号"，IP 地址是网上唯一的通信地址。TCP/IP 协议族中 IP 协议的一项重要功能就是处理在整个 Internet 网络中使用统一格式的 IP 地址。

1. IP 地址的组成

目前每个 IP 地址由 32 位二进制数组成，包括网络标识和主机标识 2 个部分。每个 IP 地址的 32 位分成 4 个 8 位组（4 字节长），每个 8 位组之间用圆点（.）分开，8 位组的二进制数用 0~255 之间的十进制数表示，这种表示方法称为"点分十进制"表示法。例如，IP 地址 11001010.11000000.01011000.00000001 可以写成 202.192.88.1。

对于基于 TCP/IP 协议的局域网，IP 地址的管理方式主要有静态分配方式和动态分配方式，还可以根据需要将 2 种方式结合使用，即混合分配方式。静态分配 IP 地址是指给每一台计算机都分配一个固定的 IP 地址，优点是便于管理，特别是在根据 IP 地址限制网络流量的局域网中，以固定的 IP 地址或 IP 地址分组产生的流量为依据管理，可以免除在按用户方式计费时用户每次上网都必须进行的身份认证的烦琐过程。动态分配 IP 地址是指仅当用户计算机需要连入网络工作时，系统才在所掌握的可分配 IP 地址空间中，随机挑选一个给用户使用的 IP 地址分配方式。对于临时用户较多但可以使用的 IP 地址数量有限的网络，如果不要求用户通过身份认证后才能访问 Internet 的网络，那么采用动态分配 IP 地址的策略是一种十分方便的管理方式。IP 地址的动态分配是通过 TCP/IP 的动态主机配置协议（DHCP）进行的。

### 2. IP 地址分类

TCP/IP 协议将 Internet 中的地址分为 5 类,即 A 类、B 类、C 类、D 类和 E 类地址。其中,D 类地址为多目地址(Multicast Address),用于支持多目传输。E 类地址用于将来的扩展之用。目前用到的地址为 A 类、B 类和 C 类。

| A 类 | 网络号 | | 主机号 | | | | 网络号 | | 主机号 | | |
|------|--------|--|--------|--|--|--|--------|--|--------|--|--|
| | 00000000 | 00000000 | 00000000 | 00000000 | | | 01111111 | 11111111 | 11111111 | 11111111 | |

| B 类 | 网络号 | | 主机号 | | | | 网络号 | | 主机号 | | |
|------|--------|--|--------|--|--|--|--------|--|--------|--|--|
| | 10000000 | 00000000 | 00000000 | 00000000 | | | 10111111 | 11111111 | 11111111 | 11111111 | |

| C 类 | 网络号 | | | 主机号 | | | 网络号 | | | 主机号 | |
|------|--------|--|--|--------|--|--|--------|--|--|--------|--|
| | 11000000 | 00000000 | 00000000 | 00000000 | | | 11011111 | 11111111 | 11111111 | 11111111 | |

**图 5.4　IP 地址分类**

A 类地址的第一个 8 位组高端位总是二进制 0,其余 7 位表示网络标识(Net ID),其他 3 个 8 位组共 24 位用于主机标识(Host ID),如图 5.4 所示。这样,A 类地址的有效网络数就为 126 个(除去全 0 和全 1),A 类网络地址第一个字节的十进制值为 000~127。

B 类地址中,第一个 8 位组的前 2 位总为二进制数 10,剩下的 6 位和第二个 8 位组共 14 位二进制数表示网络标识,第三个和第四个 8 位组共 16 位表示不同的主机标识,如图 5.4 所示。每个网络中的主机数为 254。B 类网络地址第一个字节的十进制值为 128~191。

C 类地址中,第一个 8 位组的前 3 位总为二进制数 110,剩下的 5 位和第二个 8 位组、第三个 8 位组共 21 位二进制数表示网络标识,第四个 8 位组共 8 位表示不同的主机标识,如图 5.4 所示。C 类地址是最常见的 IP 地址类型,一般分配给规模较小的网络使用。C 类网络地址第一个字节的十进制值为 192~223。

D 类地址前 4 位必须取值为 1110。D 类 IP 地址部分网络地址和主机地址,主要是留给 Internet 体系结构委员会 IAB 使用,不标识具体的网络,可用于一些特殊的用途,如多目的地址广播(multicasting)。可以用于分配的 D 类 IP 地址范围为 224.0.0.0~239.255.255.255。

E 类地址前 5 位必须取值为 11110。该类地址现在暂时保留做实验或将来使用,目前不对外放号。

### 3. 几种特殊的 IP 地址

网间地址除了一般地标识一台主机外,还有几种具有特殊意义的 IP 地址形式,这种地址不用来标识网络或主机。

(1)广播地址　TCP/IP 规定,主机号各位全为 1 的 IP 地址用于广播,称为直接广播地址,用来同时向网上所有主机发送报文,不用来标识网络中的主机。例如,192.168.1.1 是一个 C 类地址,广播地址是 192.168.1.255。当某台主机需要发送广播时,就可以使用直接广播地址向该网络上的所有主机发送报文。

(2)有限广播地址　TCP/IP 规定,32 位全为 1 的 IP 地址用于本网广播。该地址称为有限广播地址(Limited Broadcast Address),在不知本网网络号时,可用该地址向本网发出广播,即 255.255.255.255。

(3)0 地址　TCP/IP 规定,32 位全为 0 的地址即 0.0.0.0 为默认网络地址,主机号各位全为 0 的地址为本网络。主机在本网络内通信而又不知道本网网络号时,可利用 0 地址。例如,127.1.0.0 表示 127.1 这个 B 类网络,192.168.1.0 表示 192.168.1 这个 C 类网络。

(4)回送地址　A 类网络地址中 127 是一个保留地址,用于网络软件测试及本地机进程通信,叫做回送地址(Loopback Address)。如 127.1.11.13 用于网络软件测试及本地机进程间通信。

127.0.0.1,本机地址,主要用于测试。在 Windows 系统中,这个地址有一个别名"Local-host"。寻址这样一个地址,是不能把它发到网络接口的。除非出错,否则在传输介质上永远不应该出现目的地址为 127.0.0.1 的数据包。

(5)组播地址　224.0.0.1:组播地址,注意它和广播的区别。从 224.0.0.0 到 239.255.255.255 都是这样的地址。224.0.0.1 特指所有主机,224.0.0.2 特指所有路由器。这样的地址多用于一些特定的程序以及多媒体程序。如果你的主机开启了 IRDP(Internet 路由发现协议,使用组播功能)功能,那么你的主机路由表中应该有这样一条路由。

(6)私有地址　私有地址(10.X.X.X、172.16.X.X～172.31.X.X、192.168.X.X):这些地址被大量用于企业内部网络中。一些宽带路由器,也往往使用 192.168.1.1 作为缺省地址。私有网络由于不与外部互连,因而可随意使用这些 IP 地址。保留这样的地址供其使用是为了避免以后接入公网时引起地址混乱。使用私有地址的私有网络在接入 Internet 时,要使用地址翻译(NAT),将私有地址翻译成公用合法地址。这类地址不能在 Internet 上使用。

4. IP 地址与物理地址

地址用来标识网络系统中的某个资源,是每一种网络都要面对的问题。因特网是通过路由器(或网关)将物理网络互联在一起的虚拟网络。任何一个物理网络中,各个节点的设备必须有一个可以识别的地址,才能使信息在其中进行交换,这个地址就是物理地址。从层次角度看,物理地址是数据链路层使用的地址,而 IP 地址是虚拟互联网络所使用的地址,即网络层以上各层使用的地址。由于物理地址处于数据链路层上,因此,物理地址也被称为硬件地址或媒体访问控制(MAC)地址。

5. 子网与子网掩码

一个网络上的所有主机都必须有相同的网络地址,而 IP 地址的 32 个二进制位所表示的网络数是有限的,因为每个网络都需要唯一的网络标识。随着局域网数目的增加和机器数的增加,经常会碰到网络地址不够的问题。解决的办法是采用子网寻址技术,即将主机地址空间划出一定的位数分配给本网的各个子网,剩余的主机地址空间作为相应子网的主机地址空间。这样,一个网络就分成了多个子网,但这些子网对外则呈现为一个统一的单独网络。划分子网后,IP 地址就分成了网络、子网和主机 3 部分。在组建计算机网络时,通过子网技术将单个大网划分为多个小的网络,通过互联设备连接,可以减轻网络拥挤,提高网络性能。

子网掩码是 IP 地址的一部分,它的作用是被用来界定 IP 地址的哪些部分是网络地址,哪些部分是主机地址和在多网段环境中对 IP 地址中的网络地址部分进行扩展,即通过子网掩码表示子网是如何划分的。子网的掩码取决于网络中使用的 IP 地址的类型。

A 类地址,IP 地址中第一个字节是网络 ID 号,其余字节为主机 ID 号,掩码是 255.0.0.0。

B 类地址,IP 地址中前两个字节是网络 ID 号,后两个字节是主机号,掩码是 255.255.0.0。

C 类地址,IP 地址的前三个字节是网络 ID 号,最后一个字节是主机号,掩码是 255.255.255.0。

6. IP 地址解析

网间网地址能够将不同的物理地址统一起来,这种统一是在 IP 层以上实现的,对于物理地址,IP 不做任何改动,在物理网络内部,依然使用原来的物理地址。这样,在网间网中就存在两种类型的地址,为了保证数据的正确传输,就必须在两种地址之间建立映射关系,这种映射就叫作地址解析。地址解析协议(ARP)完成 IP 地址到物理地址的转换,并把物理地址与上层隔离。

通常 ARP 用映射表工作,表中提供了 IP 地址和物理地址(如 MAC 地址)之间的映射。在局域网中(如以太网),ARP 把目的 IP 地址放入映射表中查询,如果 ARP 发现了该地址,便把它返回给请求者。如果 ARP 在映射表中找不到所需地址,则 ARP 就向网络广播 ARP 请求,该 ARP 请求包含 IP 的目标地址,收到广播的一台机器认出了 ARP 请求中的 IP 地址,该机器便把自己的物理地址以 ARP 应答方式返回给发出请求的主机,这样就实现了从 IP 地址到物理地址的解析。

7. IPv4 和 IPv6

(1)什么是 IPv4　因特网所采用的核心协议族是 TCP/IP 协议族。IP 是 TCP/IP 协议族中网络层的协议,是 TCP/IP 协议族的核心协议。目前 IP 协议的版本号是 4(IPv4),发展至今已经使用了 30 多年。IPv4 的地址位数为 32 位,也就是最多有 $2^{32}$ 台计算机可以联到 Internet 上。近年来由于因特网蓬勃发展,IP 地址的需求量越来越大,目前互联网数字分配机构(IANA)已经将 IPv4 地址全部分发,即已经没有 IPv4 地址可供分配。

(2))什么是 IPv6　IPv6 是下一版本的因特网协议,也可以说是下一代因特网的协议,它的提出最初是因为随着因特网的迅速发展,IPv4 定义的有限地址空间将被耗尽,地址空间的不足必将妨碍因特网的进一步发展。为了扩大地址空间,拟通过 IPv6 重新定义地址空间。IPv6 采用 128 位地址长度,几乎可以不受限制地提供地址。按保守方法估算,IPv6 实际可分配的地址,整个地球的每平方米面积上仍可分配 1 000 多个地址。和 IPv4 相比,IPv6 的主要改变就是地址的长度为 128 位,也就是说可以有 $2^{128}$ 个 IP 地址。这么庞大的地址空间,足以保证地球上的每个人拥有一个或多个 IP 地址。考虑到 IPv6 地址的长度是原来的 4 倍,RFC 1884 规定的标准语法建议把 IPv6 地址的 128 位(16 个字节)写成 8 个 16 位的无符号整数,每个整数用 4 个十六进制位表示,这些数之间用冒号分开,例如,8a4b:e34f:16ca:3e00:80:c8ee:f3ed:bf26。在 IPv6 的设计过程中除了一劳永逸地解决了地址短缺问题以外,还考虑了在 IPv4 中不好解决的其他问题,主要有端到端 IP 连接、服务质量(QoS)、安全性、多播、移动性和即插即用等。

(3)IPv4 向 IPv6 的过渡　IPv6 在 IPv4 的基础上进行改进,一个重要的设计目标是与 IPv4 兼容,因为不可能要求立即将所有节点都转变到新的协议版本中,这需要有一个过渡时期。IPv6 比起 IPv4,具有面向高性能的网络(如 ATM),同时,也可以在低带宽的网络(如无线网)上有效地运行。

　　IPv4 的网络和业务将会在一段相当长的时间里与 IPv6 共存,许多业务仍然要在 IPv4 网络上运行很长时间,特别是 IPv6 不可能马上提供全球的连接,很多 IPv6 的通信不得不在 IPv4 网络上传输,因此过渡机制非常重要,需要业界的特别关注和重视。IPv4 向 IPv6 过渡的过程是渐进的,可控制的,过渡时期会相当长,而且网络/终端设备需要同时支持 IPv4 和 IPv6,最终的目标是使所有的业务功能都运行在 IPv6 的平台上。

### 5.2.1.2　域名系统 DNS

#### 1.域名系统

　　域名(Domain Name,DN)是对应于 IP 地址的层次结构式网络字符标识,是进行网络访问的重要基础。

　　由于 IP 地址是由 4 段以圆点分开的数字组成,人们记忆和书写很不方便。TCP/IP 协议专门设计了另一种字符型的主机命名机制,叫作域名服务系统(Domain Name System,DNS)。域名服务系统的主要功能有两点,一是定义了一套为机器取域名的规则,二是把域名高效率地转换成 IP 地址。

　　主机的域名被分为若干个域(一般不超过 5 个),每个域之间也用圆点符号隔开,域的级别从左向右变高,低级域名包含于高级域名之中。其域名类似于下列结构:

计算机主机名.二级域名.最高层域名

　　最高层域名为国别代码,例如我国的最高层域名为 cn,加拿大为 ca,德国为 de,只有美国注册的公司域名没有国别代码。在最高层域名下的二级域名分为类别域名和行政区域名两类。

　　类别域名有 ac(科研机构)、com(商业机构)、edu(教育机构)、gov(政府部门)、net(网络服务供应商)和 org(非盈利组织)等。

　　行政区域名是按照中国的各个行政区划分而成的,包括"行政区域名"34 个,适用于我国的各省、自治区、直辖市,例如 BJ(北京市)、SH(上海市)、GD(广东省)等。

#### 2.域名系统与 IP 地址

　　Internet 上主机的域名与 IP 地址的关系就像一个人的姓名与身份证的关系一样,相互对应。有了域名服务系统,凡域名空间中有定义的域名都可以有效地转换成 IP 地址,反之 IP 地址也可以有效地转换成域名。因此,用户可以等价地使用域名或 IP 地址。用户在访问某单位的主页时,可以在地址栏中输入域名或 IP 地址。

　　【实例】设置 IP 地址、子网掩码、网关和 DNS。

　　【操作步骤】

　　(1)在计算机桌面找到"网络",右击,如图 5.5 所示。

　　(2)单击"属性",打开"网络和共享中心"窗口,如图 5.6 所示。

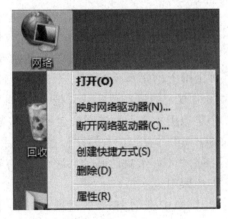

图 5.5　右击"网络"

　　(3)单击"本地连接",打开"本地连接状态"窗口,如图 5.7 所示。点击"属性"按钮,打开"本地连接属性"窗口,如图 5.8 所示。

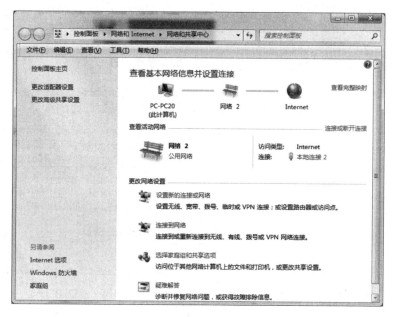

图 5.6  "网络和共享中心"窗口

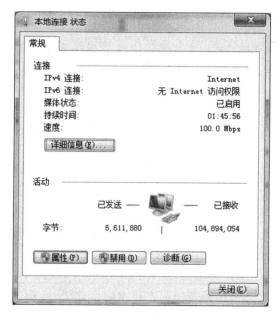

图 5.7  "本地连接状态"窗口

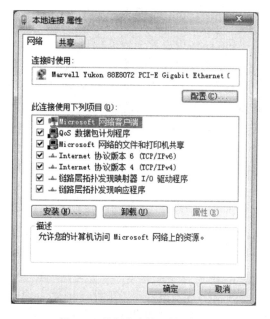

图 5.8  "本地连接属性"窗口

（4）双击"Internet 协议版本 4（TCP/IPv4）"，打开"Internet 协议版本 4（TCP/IPv4）属性"对话框，如图 5.9 所示。可以设置"自动获取 IP 地址"以及"自动获得 DNS 服务器地址"，例如电信宽带、移动宽带等的设置。点击"使用下面的 IP 地址"可以设置固定 IP 地址、子网掩码、默认网关，点击"使用下面的 DNS 服务器地址"设置 DNS，例如校园网等局域网的设置，如图 5.10 所示。

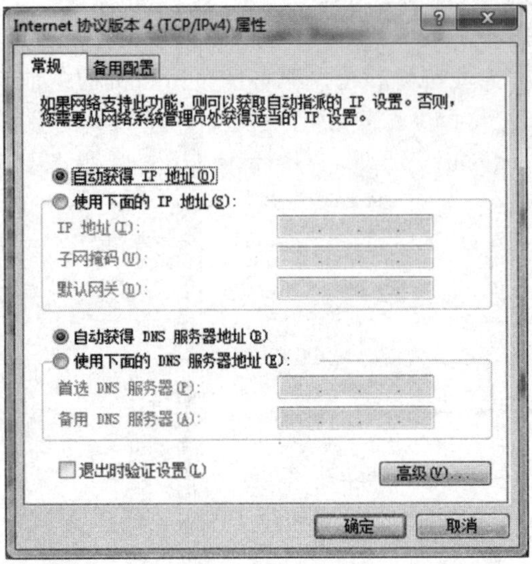

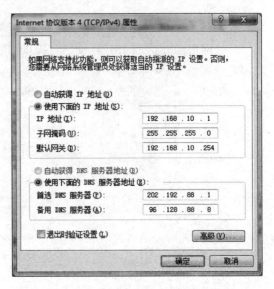

**图 5.9　"Internet 协议版本 4(TCP/IPv4)  
属性"对话框**

**图 5.10　设置 IP 地址、子网掩码、  
默认网关、DNS**

### 5.2.2　Internet 的接入

　　Internet 代表着全球范围内一组无限增长的信息资源,是人类所拥有的知识宝库之一。Internet 的发展速度是非常惊人的。2015 年 7 月 23 日,中国互联网络信息中心(CNNIC)在北京发布第 36 次《中国互联网络发展状况统计报告》。《报告》显示,截至 2015 年 6 月,中国网民规模达 6.68 亿人,互联网普及率为 48.8%,半年共计新增网民 1 894 万人。互联网对个人生活方式的影响进一步深化,从基于信息获取和沟通娱乐需求的个性化应用,发展到与医疗、教育、交通等公用服务深度融合的民生服务。未来,在云计算、物联网及大数据等应用的带动下,互联网将推动农业、现代制造业和生产服务业的转型升级。《报告》显示,截至 2015 年 6 月,我国手机网民规模达 5.94 亿人,较 2014 年 12 月增加 3 679 万人,网民中使用手机上网的人群占比由 2014 年 12 月的 85.8%提升至 88.9%,随着手机终端的大屏化和手机应用体验的不断提升,手机作为网民主要上网终端的趋势进一步明显。2015 年上半年,手机支付、手机网购、手机旅行预订用户规模分别达到 2.76 亿、2.70 亿和 1.68 亿人,半年度增长率分别为 26.9%、14.5%和 25.0%。与此同时,搜索引擎、网络相关图示新闻作为互联网的基础应用,使用率均在 80%以上,使用率提升的空间有限。但随着搜索引擎和网络新闻在技术融合、产品创新、个性化服务方面的不断探索,未来几年内在使用深度和用户体验上会有较大突破。

　　虽然,因特网是世界上最大的互联网络,但它本身却不是一种具体的物理网络技术。因特网实际上是把全世界各个地方已有的网络,包括局域网、数据通信网、公用电话交换网、分组交换网等各种广域网络互联起来,从而形成一个跨国界的庞大互联网。因此,关于接入因特网的问题,实际上是如何接入到各种网络中去(属接入网的范畴)的问题。目前,接入因特网的方式多种多样,有速度较低的接入方式,例如,SLIP/PPP 接入、联机服务系统接入;有高速接入方式,例如,通过局域网接入、通过 ISDN 接入、通过非对称数字环路 ADSL 接入,通过 HFC 网络接入等。

### 5.2.2.1　ISP 的作用

因特网服务供应商 ISP 是为用户提供因特网接入或因特网信息服务的公司和机构。前者又称为因特网接入供应商（Internet Access Provider,IAP），后者又称为因特网内容提供商（Internet Content Provider,ICP）。由于互联网的管理中心在美国,而不是在中国,因此接入国际互联网需要租用国际信道,其成本对于一般用户是无法承担的。IAP 作为提供接入服务的中介,需投入大量资金建立中转站,租用国际信道和大量的当地电话线,购置一系列计算机设备,通过集中使用、分散压力的方式,向本地用户提供接入服务。从某种意义上讲,IAP 是全世界数以亿计用户通往因特网的必经之路。ICP 在因特网上发布综合的或专门的信息,并通过收取广告费和用户注册使用费来盈利。

不管使用哪种方式接入因特网,首先都要连接到 ISP 的主机。从用户的角度看,ISP 位于因特网的边缘,用户通过某种通信线路连接到 ISP,再通过 ISP 的连接接入因特网。

### 5.2.2.2　拨号接入因特网

1. 通过 SLIP/PPP 接入因特网

串行线路网际协议（Serial Line Internet Protocol,SLIP）是一种用于将一台计算机通过电话线连入因特网的远程访问协议,该协议出现得比较早,功能比较简单。点对点协议（Point to Point Protocol,PPP）是将一台计算机通过电话线接入因特网的远程访问协议,与 SLIP 相比,它出现得比较晚,但功能较为强大。PPP 协议扩展了 SLIP 的服务,它除了接受 TCP/IP 协议外,还接受 Novell 和 Apple Talk 协议。它适用于有不同网络环境需求的用户。当我们使用 Windwos 操作系统时,主要用的就是 PPP 协议。

通过 SLIP/PPP 接入因特网是指用户计算机利用 SLIP/PPP 协议,通过电话拨号进入某个因特网主机的方法。这种方式使得用户计算机以因特网主机方式入网,入网后可得到一个动态的 IP 地址,除速度低于专线外,可得到与专线方式同样的服务。这是个人用户接入因特网的常用方法。

以这种方式入网时,用户所需要的硬件设备包括一台微型计算机、一条电话线、一台调制解调器、一根 RS-232 电缆,利用调制解调器通过公共电话网进行因特网连接。当以 SLIP/PPP 方式入网时,需向 ISP 申请 SLIP 或 PPP 账号。

2. 通过联机终端方式接入

在联机终端的接入方式中,ISP 的主机与因特网直接连接,并作为因特网的一台主机,它可以连接若干台终端。用户的本地计算机通过通信软件的终端仿真功能连接到 ISP 的主机上并成为该主机的一台终端,经由主机系统访问因特网。

当需要以这种方式上网时,用户需要用通信软件的拨号功能通过调制解调器拨号接入 ISP 一端,然后根据提示输入用户账号和口令。通过账号和口令检查,用户的计算机就成为远程主机的一台终端。逻辑上,用户可以认为自己是用远程主机来查找和使用因特网上的资源和服务。

由于联机终端接入方式是间接地将用户与因特网连接在一起,而真正与因特网连接的是 ISP 的主机系统,即用户的本地计算机与因特网之间没有 IP 连通性,所以这种方式只能提供有限的因特网服务,通常只有 E-mail、Telnet、FTP 等,而不能享用具有多媒体功能的、图形界面的 WWW 服务。

### 5.2.2.3　高速接入因特网

**1.通过局域网接入因特网**

这种方式是将用户计算机连接到某个局域网中,而该网络的服务器是因特网上的一个主机,局域网通过路由器与一条专线连接到因特网上。用户可以通过局域网服务器通向因特网。大学校园网的用户一般都采用这种方式入网,可以得到最全面的因特网服务。

**2.通过 ISDN 接入因特网**

综合业务数字网(Integrated Services Digital Network,ISDN)是在 20 世纪 70 年代诞生的。ISDN 的诱人之处在于它是基于现有的公用电话网,通信线路就是普通的电话线,使用方法与使用普通电话没有很大区别。但它对电话线的要求较高,所以以前较早的电话线需要进行改造才能使用。但是,ISDN 在线路上传输的是数字信号,而不是处理之后的模拟信号,因此信号的误码率要比模拟线路低得多,这样"断线"现象就要比调制解调器方式的少得多。

ISDN 根据提供带宽的不同,可以分为窄带(N-ISDN)和宽带(B-ISDN)两种。目前与 N-ISDN 相关的标准已非常完善,技术也相当成熟,各类接入设备也相当丰富,是目前 ISDN 的主要应用领域,而有关 B-ISDN 的技术和标准还需进一步完善,主要是基于异步交换模式(ATM)提供的 150 Mb/s 以上速率的业务。

**3.通过 ADSL 接入因特网**

非对称数字环路(Asymmetric Digital Subscriber Line,ADSL),从命名上可以看出,ADSL 属于非对称式的传输,它以铜质电话线作为传输介质,可在一对铜线上支持上行速率 640 kb/s至 1 Mb/s,下行速率 1~8 Mb/s 的非对称传输,有效传输距离在 3~5 km 范围内,并且在一条线路上同时传送语音信号和数字信号互不干扰。这种非对称的传输方式非常符合因特网、视频点播等业务的特点,成为宽带接入的一个焦点。目前,在全球范围内存在的两种最具影响力的宽带接入技术就是:基于铜质电话网络的 ADSL 和基于有线电视网络的电缆调制解调器。在提到 ADSL 时,还得谈一下 RADSL。RADSL 是 Rate-Adaptive DSL,即速率自适应 DSL。它能提供的速率范围与 ADSL 基本相同,但它可以根据铜质电话线质量的优劣和传输距离的远近,动态地调整用户的访问速度。正是 RADSL 的这些特点,使 RADSL 成为用于网上高速冲浪、视频点播和远程局域网络访问的理想技术。目前,我国的深圳地区使用的就是 RADSL。通常把 ADSL 和 RADSL 统称为 ADSL,因为两者在技术上是一致的。

ADSL 调制解调器或 ADSL 调制解调卡是分离数字信号和语音信号的。分离的数字信号通过解调和解码后传送到用户的计算机中,而语音信号则传送到电话机上,两者互不干扰。ADSL 在安装时包括局端线路调整和用户端设备安装两部分。

局端方面:将用户原有的电话线接入 ADSL 局端的专用设备,用户原有的电话号码保持不变,这比 ISDN 要好得多(ISDN 安装要改变用户原有的电话号码),因为操作简单很多。

用户端方面:只需进行 ADSL 调制解调器或 ADSL 调制解调卡的安装。

**4.无线接入因特网**

随着 Internet 以及无线通信技术的迅速普及,使用手机、移动电脑等设备随时随地上网已成为移动用户的迫切需求,随之而来的是各种使用无线通信线路上网技术的出现。

(1)GSM 接入技术　GSM 技术是目前个人移动通信使用最广泛的技术,使用的窄带 TDMA,允许在一个射频(即"蜂窝")同时进行 8 组通话。GSM 是根据欧洲标准而确定的频率范围在 900～1 800 MHz 的数字移动电话系统,频率为 1 800 MHz 的系统也被美国采纳。GSM 是 1991 年开始投入使用的。到 1997 年底,已经在一百多个国家运营,成为欧洲和亚洲实际上的标准。GSM 数字网也具有较强的保密性和抗干扰性,音质清晰,通话稳定,并具备容量大、频率资源利用率高、接口开放、功能强大等优点。GSM 网络手机用户可以通过 WAP (Wireless Application Protocol,无线应用协议)上网。

(2)CDMA 接入技术　CDMA 与 GSM 一样,也是属于一种比较成熟的无线通信技术,CDMA 是利用扩频技术,将所要传递的信息加入一个特定的信号后,在一个比原来信号还大的宽带上传输。当基站接收到信号后,再将该特定信号删除并还原原来的信号。这样做的好处在于其隐蔽性与安全性好。与 GSM 不同,CDMA 并不给每一个通话者分配一个确定的频率,而是让每一个频道使用所能提供的全部频谱。CDMA 数字网具有以下几个优势。高效的频带利用率和更大的网络容量、简化网络规划、提高通话质量、增强保密性、提高覆盖特性、延长用户通话时间、软音量和软切换,另外,CDMA 手机话音清晰,接近有线电话,信号覆盖好,不易掉线。CDMA 系统采用编码技术,其编码有 4.4 亿种数字排列,每部手机的编码还随时变化,使盗码只能成为理论上的可能,一部 CDMA 手机与其他手机并机的可能性是微乎其微的。

(3)GPRS 接入技术　相对原来 GSM 拨号方式的电路交换数据传送方式,GPRS 是分组交换技术。由于使用"分组"的技术,用户上网可以免受断线的痛苦。此外,使用 GPRS 上网的方法与 WAP 并不相同,用 WAP 上网就如在家中上网,先"拨号连接",上网后便不能同时使用该电话线,而 GPRS 就较为优越,下载资料和通话是可以同时进行的。从技术上来说,声音的传送(即通话)继续使用 GSM,而数据的传送则使用 GPRS,这样就把移动电话的应用提升到了一个更高的层次。而且发展 GPRS 技术也十分"经济",因为只需沿用现有的 GSM 网络来发展即可。GPRS 的用途十分广泛,包括通过手机发送及接收电子邮件,在互联网上浏览信息等。

使用了 GPRS 后,数据实现分组发送和接收,意味着用户总是在线且按流量计费,迅速降低了服务成本。目前 GSM 移动通信网的传输速度为每秒 9.6 kb,GPRS 手机在推出时已达到 56 kb/s 的传输速度,到现在更是达到了 115 kb/s。

(4)蓝牙技术　蓝牙(Bluetooth)技术,实际上是一种短距离无线电技术。利用蓝牙技术,能够有效地简化掌上电脑、笔记本电脑和手机等移动通信终端设备之间的通信,也能够成功地简化以上设备与 Internet 之间的通信,从而使这些现代通信设备与因特网之间的数据传输变得更加迅速高效,为无线通信拓宽道路。蓝牙技术使得一些携带的移动通信设备和电脑设备,不必借助电缆就能联网,并且能够实现无线上因特网,其实际应用范围还可以拓展到各种家用电器产品、消费电子产品和汽车等信息家用电器,组成一个巨大的无限通信网络。蓝牙技术是一种能够实现语音和数据无线传输的开放性方案。

蓝牙和 Wi-Fi(使用 IEEE 802.11 标准的产品的品牌名称)有些类似的应用:设置网络、打印或传输文件。Wi-Fi 主要是用于替代工作场所一般局域网接入中使用的高速线缆的。这类应用有时也称作无线局域网(WLAN)。蓝牙主要是用于便携式设备及其应用的。这类应用也被称作无线个人域网(WPAN)。蓝牙可以替代很多应用场景中的便携式设备的线缆,能够应用于一些固定场所,如智能家庭能源管理(如恒温器)等。

Wi-Fi 和蓝牙的应用在某种程度上是互补的。Wi-Fi 通常以接入点为中心,通过接入点在路由网络里形成非对称的客户机-服务器连接。而蓝牙通常是两个蓝牙设备间的对称连接。蓝牙适用于 2 个设备通过最简单的配置进行连接的简单应用,如耳机和遥控器的按钮,而

Wi-Fi更适用于一些能够进行稍复杂的客户端设置和需要高速的应用中,尤其像通过存取节点接入网络。但是,蓝牙接入点确实存在,而Wi-Fi的点对点连接虽然不像蓝牙一般容易,但也是可能的。Wi-Fi Direct是最近开发的,为Wi-Fi添加了类似蓝牙的点对点功能。

(5)3G通信技术　3G是英文3rd Generation的缩写,指第三代移动通信技术。相对第一代模拟制式手机(1G)和第二代GSM、CDMA等数字手机(2G),第三代手机一般地讲,是指将无线通信与国际互联网等多媒体通信结合的新一代移动通信系统。它能够处理图像、音乐、视频流等多种媒体形式,提供包括网页浏览、电话会议、电子商务等多种信息服务。为了提供这种服务,无线网络必须能够支持不同的数据传输速度,也就是说在室内、室外和行车的环境中能够分别支持至少2 Mbps(兆比特/秒)、384 kbps(千比特/秒)以及144 kbps的传输速度。三项技术标准:

W-CDMA:英文名称是Wideband Code Division Multiple Access,中文译名为宽带码分多址,它可支持384 kbps到2 Mbps不等的数据传输速率,支持者主要是以GSM系统为主的欧洲厂商。

CDMA2000:亦称CDMA Multi-Carrier,由美国高通北美公司为主导提出,摩托罗拉、Lucent和后来加入的韩国三星都有参与,韩国现在成为该标准的主导者。

TD-SCDMA:该标准是由中国独自制定的3G标准,由于中国庞大的市场,该标准受到各大主要电信设备厂商的重视,全球一半以上的设备厂商都宣布可以支持TD-SCDMA标准。

(6)4G通信技术　第四代移动电话行动通信标准,指的是第四代移动通信技术。该技术包括TD-LTE和FDD-LTE 2种制式(严格意义上来讲,LTE只是3.9G,尽管被宣传为4G无线标准,但它其实并未被3GPP认可为国际电信联盟所描述的下一代无线通信标准IMT-Advanced,因此在严格意义上其还未达到4G的标准。只有升级版的LTE Advanced才满足国际电信联盟对4G的要求)。4G是集3G与WLAN于一体,并能够快速高质量传输数据、音频、视频和图像等。4G能够以100 Mbps以上的速度下载,比目前的家用宽带ADSL(4M)快25倍,并能够满足几乎所有用户对于无线服务的要求。此外,4G可以在DSL和有线电视调制解调器没有覆盖的地方部署,然后再扩展到整个地区。很明显,4G有着不可比拟的优越性。

### 5.2.3　网络互联设备

根据互联层次的不同,常用的网络互联设备有中继器、集线器、网桥、局域网交换机、路由器和网关等。

中继器和集线器工作在物理层,主要功能就是对信号进行放大和转发,而不是改变。它们是网络连接设备,可将多个LAN网段连接起来,构成更大范围的LAN。图5.11所示为中继器连接两段线缆的示意。

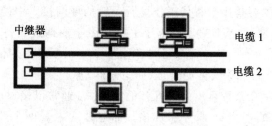

图5.11　用中继器连接两段线缆

网桥工作在数据链路层,是一种网络间的存储转发设备,具有帧的存储、处理和转发,帧寻址,通信隔离和差错控制功能。网桥可用来互联两个或两个以上同类型的 LAN 和不同类型的 LAN,构成互联网。图 5.12 为两个局域网通过网桥互联的结构示意。

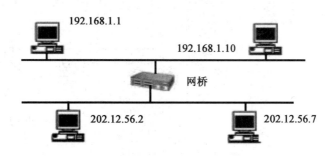

**图 5.12　网桥互联局域网的结构示意图**

路由器工作在网络层,它也是一种网络间的存储转发设备,具有存储转发、路由选择、流量控制、通信隔离和协议转换等功能。路由器是典型的网络互联设备,可用来互联两个或两个以上的 LAN 和 WAN。路由器比网桥复杂,成本高,但其路由选择、流量控制和网络管理功能更优秀;网桥只能互联 LAN,而路由器既可互联 LAN,也可互联 WAN。图 5.13 所示为校园网接入 Internet 的示意。

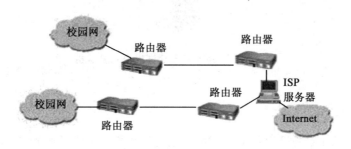

**图 5.13　校园网接入 Internet 示意**

交换机是主要用来增加网络带宽(提高网络速度)的网络连接和转发设备。交换机可连接多个网络站点和其他网段,组成以其为中心的交换式网络。第二层交换机:工作于数据链路层,具有信息流通和差错控制能力,类似于网桥(传统交换机是基于网桥技术);第三层交换机:工作于网络层,具有路径选择能力,类似于路由器(基于路由器技术)。新型的交换机与路由器设备的功能都相互渗透,技术也都有所兼容。图 5.14 所示为交换机连接两个局域网构建局域网的拓扑结构。

网关工作于传输层及以上各层,具有协议转换、网络操作系统转换、数据格式转换等功能,可实现多个协议差别较大网络的互联。网关的功能复杂,通常无通用网关,一般都是为执行特殊功能而设计的。图 5.15 所示为使用网关无线连接 ISP 服务器的示意。

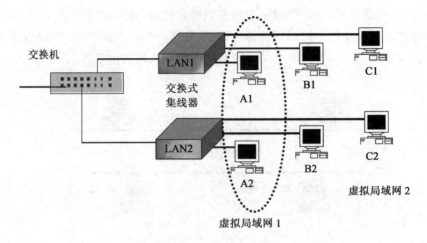

**图 5.14　虚拟局域网的构成**

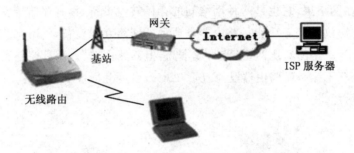

**图 5.15　使用网关无线连接 ISP 服务器**

### 5.2.4　Internet 提供的服务

Internet 提供了许多的手段和工具,为广大用户服务。这些手段和工具可以归纳为信息查询、电子邮件、文件传输和远程登录。

**1. 信息查询服务**

信息查询服务包括 WWW 服务、网络新闻组(UseNet)、电子公告板(BBS)等。WWW 通过超文本方式将 Internet 上不同地址的信息有机地组织在一起,它提供了一个友好的界面,可以用来浏览文本、图像、声音、动画等多种信息。UseNet 是全球性的网上自由论坛。BBS 是一种电子信息服务系统,它向用户提供了一块公共电子白板,每个用户都可以在上面发布信息或提出看法。

**2. 电子邮件服务**

电子邮件(E-mail)是一种通过网络实现 Internet 用户之间快速、简便、廉价的现代化通信手段,也是 Internet 上使用最频繁的一种服务。电子邮件使网络用户能够发送和接收文字、图像和声音等多种形式的信息。

**3. 文件传输服务**

文件传输协议(File Transfer Protocol,FTP)是 Internet 文件传输的基础,通过该协议用户可以从一台 Internet 主机向另一台 Internet 主机复制文件。下载(Download)就是从远程主机复制文件到本地计算机上。上载(Upload)就是将本地计算机的文件复制到远程主机上,也叫上传。

### 4.终端仿真服务

终端仿真服务(Telnet)是远程登录协议,用户可以从自己的计算机登录到远程主机上,登录上之后,用户的计算机就好像是远程计算机的终端,可以用自己的计算机直接操作远程计算机。

## 5.2.5　网络信息检索

21 世纪,人类社会已经进入信息时代,计算机和互联网的应用与人们的日常生活、工作、学习密切相关,人类社会步入了一个全新的发展阶段。大学生是信息技术的接收者和使用者,甚至也是创造者,对多元的信息和技术充满兴趣,具有强烈的接受意愿。运用手机、电脑进行信息交流和通信是大学生课余生活的一个重要内容。

大学生是信息时代网络的主要使用群体,是未来国家乃至整个世界建设发展的主要参与者,是国家信息能力的骨干力量,他们的信息素养程度直接关系到我国信息社会发展的潜力。然而信息社会需要的不是信息的简单传递者或使用者,而是具有较强信息意识和能够熟练运用现代信息技术手段,将大量支离破碎的信息与数据进行归纳与综合,使之条理化的有较高信息素养的人才。信息素养是信息时代的人才特征。开展大学生信息教育、培养大学生信息意识和信息能力是当今信息时代的必然趋势。

### 5.2.5.1　网络文献数据库检索

目前网络文献数据库主要有数据型数据库、事实型数据库、文献型数据库和全文型数据库4 种。

#### 1.数据型数据库

数据型数据库是一种计算机可读的数据集合,它以自然数值来表示,记录和提供的是特定事物的性能和数量等信息,可以直接提供人们解决问题时所需要的数据,是人们进行统计分析、管理决策、预算、定量研究等不可缺少的工具。数据型数据库包括纯数值型数据库和数值-文本型数据库 2 种类型。

数据型数据库在现实生活、工作和研究方面都有着广泛的应用。比如价格趋势、国家经济增长、科学技术试验数据、各类统计数据等。

【例 5.1】　中华人民共和国国家统计局信息网数据型数据库的数据检索。

操作步骤如下:

(1)在 IE 浏览器的地址栏输入地址"http://www.stats.gov.cn",打开中华人民共和国国家统计局主页,如图 5.16 所示。

(2)点击"统计数据"超链接,打开统计数据检索页面,如图 5.17 所示。

(3)点击"部门数据"超链接,打开"部门数据"页面,如图 5.18 所示。

(4)在"财政"项中单击"财政部",打开"财政数据"页面,如图 5.19 所示。

图 5.16　中华人民共和国国家统计局主页

图 5.17　统计数据检索页面

图 5.18　"部门数据"页面

**图 5.19　"财政数据"页面**

**2. 事实型数据库**

在人们的日常生活和工作中往往需要事实型的信息。事实是指已经存在的,已经完成的现实。事实型数据库是指计算机存储的某种具体的事实、知识数据库,比如人物、产品、机构等非文献信息源的一般指示性描述的参考性、指南性数据库。事实型数据库主要作用是为用户提供查询有关某一事件的发生时间、地点、过程或一些简要情况。

事实型数据库有很多种类。按照不同种类的信息来源可以分为科技发明和工业成果数据库,存储各种人物名录信息的人物名录数据库,存储公司机构名称、地址和联系方式的指南数据库,收录各种产品信息及性能的数据库,用于记录人物指纹的指纹数据库,存储各种技术标准和规程的技术标准数据库等。

【例 5.2】　万方事实型数据库数据检索。

万方数据商务信息子系统以十多年来在信息收集、加工和服务领域的强大优势,面向广大工商、企业用户提供全面的商务信息和解决方案。商务信息子系统面向企业用户推出工商资讯、经贸信息、成果专利、商贸活动、咨询服务等栏目。万方数据最新推出企业热线,它是架构于万方数据拳头产品——中国企业、公司及产品数据库(CECDB)之上的综合性商业交易平台,可以进行网上洽谈、发布商务业信息,而且还可以通过其独有的自动撮合功能进入一种全新的电子商务模式。

操作步骤如下:

(1)通过网址 http://www.wanfangdata.com.cn 进入万方数据主页面,选择资源分类下的"机构"。如图 5.20 所示。

(2)在机构名称文本框中输入"腾讯",点击"检索"按钮,打开查询结果页面。如图 5.21所示。

(3)点击"深圳市腾讯计算机系统有限公司",打开深圳市腾讯计算机系统有限公司相关信息介绍页面。

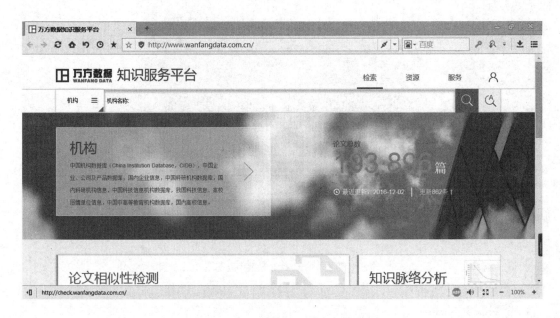

图 5.20　万方数据知识服务平台页面

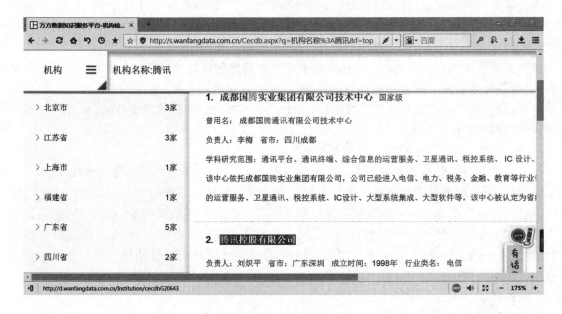

图 5.21　检索结果

**3. 文献型数据库**

　　文献型数据库为用户提供与所查询信息相关的文献信息。文献信息主要包括相关文献的主题、学科、作者、文种、年代、出处、收藏处所等,文献型数据库为检索用户提供相关文献的线索或原文。文献检索是信息检索的核心部分,其内容丰富、方法多样。根据检索的内容不同,文献型数据库检索分为书目检索和全文检索 2 类。

#### 4. 全文型数据库

全文型数据库是用于存储文献全文或其中主要部分,以一次文献的形式直接提供文献的源数据库。用户检索信息时,只需提供一个短语或词汇,系统就会检索出含有该词汇或短语的原始文献的全文。全文数据库有着别的类型数据库无可比拟的优势,快速、方便、详尽可靠、不受时空限制。现在大量的图书、报纸、期刊等通过数字化技术,实现通过互联网的全文检索。全文检索正逐步成为当今信息存储和检索的主要发展方向。

### 5.2.5.2　常用中文网络数据库及其检索

#### 1. 中国期刊网全文数据库检索系统

中国期刊网(http://www.cnki.net)亦可解读为"中国知网"(China National Knowledge Infrastructure,CNKI),是以实现全社会知识资源传播共享与增值利用为目标的信息化建设项目,由清华大学、清华同方公司共同发起,始建于 1999 年 6 月。

该库是目前世界上最大的连续动态更新的中国期刊全文数据库,收录国内 8 200 多种重要期刊,以学术、技术、政策指导、高等科普及教育类为主,同时收录部分基础教育、大众科普、大众文化和文艺作品类刊物,内容覆盖自然科学、工程技术、农业、哲学、医学、人文社会科学等各个领域,全文文献总量 2 200 多万篇。

CNKI 的数据库主要有中国期刊全文数据库(CJFD)、中国重要报纸全文库(CCND)、中国优秀博硕士论文全文库(CDMD)、中国基础教育知识库(CFED)、中国医院知识库(CHKD)、中国期刊题录数据库(免费)和中国专利数据库(免费)等。这 8 种数据库都提供免费题录检索,用户直接点击数据库名后的"免费题录"按钮,进入题录检索,检索结果只显示到文献的题录,看不到全文。由于 CNKI 的全文数据库均为收费检索数据库,对于购买了使用权的用户可以从中国期刊网中心网站注册得到账号和密码。在首页填入正式注册的账号和密码,选中购买了使用权的全文数据库,点击"登录"按钮确认,进入全文数据库检索界面。

【例 5.3】　中国期刊全文数据库信息检索。

《中国学术期刊(网络版)》是世界上最大的连续动态更新的中国学术期刊全文数据库,是"十一五"国家重大网络出版工程的子项目,是《国家"十一五"时期文化发展规划纲要》中国家"知识资源数据库"出版工程的重要组成部分。以学术、技术、政策指导、高等科普及教育类期刊为主,内容覆盖自然科学、工程技术、农业、哲学、医学、人文社会科学等各个领域。截至 2012 年 6 月,收录国内学术期刊 7 900 多种,其中创刊至 1993 年 3 500 余种,1994 年至今 7 700 余种,全文文献总量 3 400 多万篇。

操作步骤如下:

(1)在 IE 浏览器的地址栏输入地址 http://www.cnki.net/(仲恺农业工程学院校内读者可以输入 http://lib.zhku.edu.cn,从图书馆主页进入 CNKI 访问入口)打开主页,如图 5.22 所示。

(2)分别输入"账号"和"密码",单击"登录"按钮,打开 CNKI 检索欢迎页面。

(3)选择"《中国学术期刊(网络版)》";检索项选择"题名";匹配方式选择"精确";时间选择"从 2010 年到 2016 年";检索词输入相关主题的关键词,如"大数据";单击"检索文献"按钮,打开检索结果页面,如图 5.23 所示。

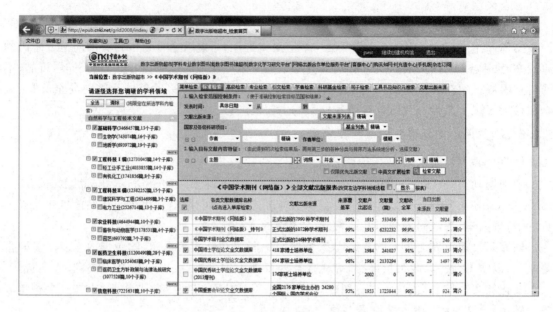

图 5.22 "中国期刊全文数据库"主页

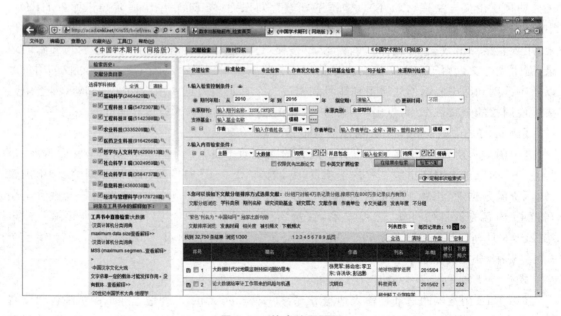

图 5.23 检索结果页面

(4)如果想在搜索的结果中进一步缩小范围(如某作者、某刊物来源等),检索项选择"来源",检索词输入"计算机科学",并勾选"在结果中检索",单击"检索"按钮,显示检索结果页面,如图 5.24 所示。

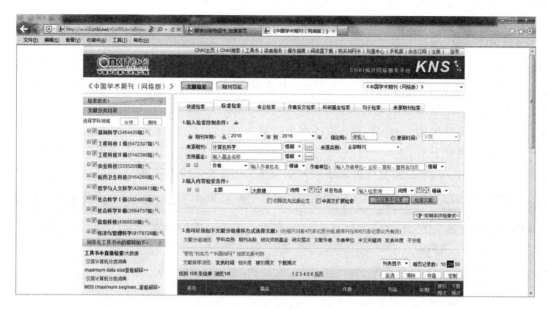

图 5.24　缩小范围检索结果页面

（5）单击检索结果"大数据环境下的电子数据审计：机遇、挑战与方法"超链接，打开文献相关信息页面，如图 5.25 所示。

图 5.25　检索文献相关信息页面

（6）CNKI 提供了 CAJ（利用阅读器 CAJviewer 阅读）格式和 PDF（利用阅读器 Adobe Acrobat Reader 阅读）格式的文件下载。单击"下载阅读 PDF 格式全文"，打开文件下载对话框。

（7）单击"保存"按钮，打开"另存为"对话框，选择文件保存路径，下载保存。

**2. 中文科技期刊全文数据库**

中文科技期刊数据库是重庆维普资讯有限公司(Vipinfo)的主导数据库产品,收录中文期刊 14 000 余种,全文 5 700 余万篇,引文 4 000 余万条,分 3 个版本(全文版、文摘版、引文版)和 8 个专辑(社会科学、自然科学、工程技术、农业科学、医药卫生、经济管理、教育科学、图书情报)定期出版,广泛应用于高等院校图书馆、公共图书馆、信息研究机构、信息咨询中心、科研院所、公司企业、医疗机构、中小学图书馆等多个领域。

可以通过网址 http://www.cqvip.com/(仲恺农业工程学院校内读者可以输入 http://lib.zhku.edu.cn,从图书馆主页进入维普网访问入口)进入维普网主页,如图 5.26 所示。

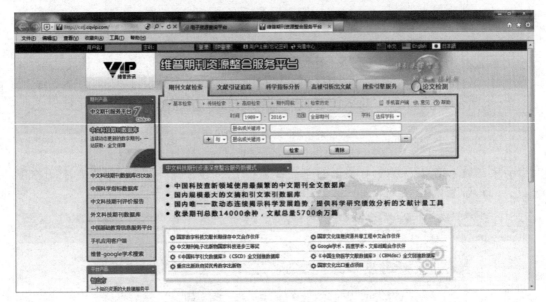

**图 5.26　"中文科技期刊数据库"主页面**

**3. 国务院发展研究中心信息网**

国务院发展研究中心信息网(简称"国研网")由国务院发展研究中心主管、国务院发展研究中心信息中心主办、北京国研网信息有限公司承办,创建于 1998 年 3 月,并于 2002 年 7 月 31 日正式通过 ISO 9001:2000 质量管理体系认证,2005 年 8 月顺利通过 ISO 9001:2000 质量管理体系换证年检,是中国著名的专业性经济信息服务平台。国研网以国务院发展研究中心丰富的信息资源和强大的专家阵容为依托,与海内外众多著名的经济研究机构和经济资讯提供商紧密合作,全面汇集、整合国内外经济金融领域的经济信息和研究成果,为中国各级政府部门、研究机构和企业准确把握国内外宏观环境、经济金融运行特征、发展趋势及政策走向,从而进行管理决策、理论研究、微观操作提供有价值的参考。

国研网已建成了内容丰富、检索便捷、功能齐全的大型经济信息数据库集群:国研视点、宏观经济、金融中国、行业经济、世经评论、国研数据、区域经济、企业胜经、高校参考、基础教育等 10 个数据库,同时针对金融机构、高校用户、企业用户和政府用户的需求特点开发了金融版、教育版、企业版及政府版 4 个专版产品。这些数据库及信息产品赢得了政府、企业、金融机构、高等院校等社会各界的广泛赞誉,成为用户在政策设计、经济研究、人才培养、投资决策过程中的重要辅助工具。

在 IE 浏览器地址栏中输入地址 http：//www.drcnet.com.cn，进入"国研网"主页，如图 5.27 所示。

**图 5.27　国务院发展研究中心信息网主页**

### 5.2.5.3　搜索引擎

1.搜索引擎概述

Internet 提供了人类有史以来最多、最广泛的信息资源，但是如何从 Internet 的海量信息中搜索对自己有用的资源是发挥 Internet 用途的一个重要方面。在互联网发展初期，网站相对较少，信息查找比较简单。然而伴随互联网爆炸性的发展，普通网络用户想找到所需的资料简直如同大海捞针，这时为满足大众信息检索需求的专业搜索网站便应运而生了。

现代意义上的搜索引擎的祖先，是 1990 年由蒙特利尔大学学生 Alan Emtage 发明的 Archie。虽然当时 World Wide Web 还未出现，但网络中文件传输还是相当频繁的，而且由于大量的文件散布在各个分散的 FTP 主机中，查询起来非常不便，因此 Alan Emtage 想到了开发一个可以以文件名查找文件的系统，于是便有了 Archie。

Archie 工作原理与现在的搜索引擎已经很接近，它依靠脚本程序自动搜索网上的文件，然后对有关信息进行索引，供使用者以一定的表达式查询。由于 Archie 深受用户欢迎，受其启发，美国内华达 System Computing Services 大学于 1993 年开发了另一个与之非常相似的搜索工具，不过此时的搜索工具除了索引文件外，已能检索网页。

当时，"机器人"一词在编程者中十分流行。电脑"机器人"（Computer Robot）是指某个能以人类无法达到的速度不间断地执行某项任务的软件程序。由于专门用于检索信息的"机器人"程序像蜘蛛一样在网络间爬来爬去，因此，搜索引擎的"机器人"程序被称为"蜘蛛"程序。

世界上第一个用于监测互联网发展规模的"机器人"程序是 Matthew Gray 开发的 World

wide Web Wanderer。刚开始它只用来统计互联网上的服务器数量,后来则发展为能够检索网站域名。与 Wanderer 相对应,Martin Koster 于 1993 年 10 月创建了 ALIWEB,它是 Archie 的 HTTP 版本。ALIWEB 不使用"机器人"程序,而是靠网站主动提交信息来建立自己的链接索引。

随着互联网的迅速发展,使得检索所有新出现的网页变得越来越困难,因此,在 Matthew Gray 的 Wanderer 基础上,一些编程者将传统的"蜘蛛"程序工作原理做了些改进。其设想是,既然所有网页都可能有链向其他网站的链接,那么从跟踪一个网站的链接开始,就有可能检索整个互联网。到 1993 年底,一些基于此原理的搜索引擎开始纷纷涌现,其中以 Jump Station、The World Wide Web Worm(Goto 的前身,也就是今天 Overture)和 Repository-Based Software Engineering (RBSE)spider 最负盛名。然而 Jump Station 和 WWW Worm 只是以搜索工具在数据库中找到匹配信息的先后次序排列搜索结果,因此毫无信息关联度可言。而 RBSE 是第一个在搜索结果排列中引入关键字串匹配程度概念的引擎。

最早现代意义上的搜索引擎出现于 1994 年 7 月。当时 Michael Mauldin 将 John Leavitt 的蜘蛛程序接入到其索引程序中,创建了大家现在熟知的 Lycos。同年 4 月,斯坦福(Stanford)大学的两名博士生,David Filo 和美籍华人杨致远(Gerry Yang)共同创办了超级目录索引 Yahoo,并成功地使搜索引擎的概念深入人心。从此搜索引擎进入了高速发展时期。目前,互联网上有名有姓的搜索引擎已达数百家,其检索的信息量也与从前不可同日而语。

根据 CNNIC(2014)统计,我国搜索引擎的使用人数达到了 50 749 万人,在整体上网人数中,有 80.3% 的网民都会使用搜索引擎,搜索引擎已成为中国网民的第二大互联网应用。同时,使用手机搜索引擎进行搜索的用户达到了 40 583 万人,77% 的手机网民也都会使用搜索引擎,手机搜索引擎也是除了手机即时通信外的第二大手机应用。从中国用户最经常使用的搜索引擎品牌来看,百度、360 搜索、腾讯搜搜和搜狗搜索已占据超过 90% 的用户。

与全国网民总体的年龄分布相比,搜索引擎的用户年龄结构趋于低龄化。其用户的主要群体多集中在 30 岁下的年轻人。搜索引擎已成为年轻群体了解信息、获取知识的重要渠道,这将深刻影响着年轻群体在未来生活中探求未知领域的学习能力。大学生作为搜索引擎的庞大使用群体,也无时无刻不被其影响着。

2. 搜索引擎分类

按照不同的技术特点,可以把搜索引擎分为网页级搜索、垂直搜索、元搜索引擎、目录搜索和其他非主流搜索引擎形式。

(1)网页级搜索　网页级搜索引擎是名副其实的搜索引擎,国外代表有 Google、Ask,国内则有著名的百度搜索、搜狗等。它们从互联网提取各个网站的信息(以网页文字为主),建立起数据库,并能检索与用户查询条件相匹配的记录,按一定的排列顺序返回结果。网页级搜索引擎也是目前常规意义上的搜索引擎。

根据搜索结果来源的不同,网页级搜索引擎可分为 2 类:一类拥有自己的网页抓取、索引、检索系统(Indexer),有独立的"蜘蛛"(Spider)程序或"爬虫"(Crawler)或"机器人"(Robot)程序(这 3 种称法意义相同),能自建网页数据库,搜索结果直接从自身的数据库中调用,上面提到的 Google 和百度就属于此类;另一类则是租用其他搜索引擎的数据库,并按自定的格式排列搜索结果,如 Lycos 搜索引擎。

(2)垂直搜索　　垂直搜索引擎为 2006 年后逐步兴起的一类搜索引擎。不同于通用的网页搜索引擎,垂直搜索专注于特定的搜索领域和搜索需求(例如机票搜索、旅游搜索、生活搜索、小说搜索、视频搜索等),在其特定的搜索领域有更好的用户体验,它将网页库中某类专门的信息进行一次整合,定向分字段抽取需要的数据进行处理,然后再以某种形式返回给用户。

垂直搜索引擎与普通网页搜索引擎的最大区别是对网页信息进行了结构化的抽取,网页搜索是以网页为最小单位,基于视觉的网页块分析是以网页块为最小单位,而垂直搜索是以结构化数据为最小单位。

相比通用搜索动辄数千台检索服务器,垂直搜索需要的硬件成本低、用户需求特定、查询的方式多样。

(3)元搜索引擎　　元搜索引擎(META Search Engine)接受用户查询请求后,同时在多个搜索引擎上搜索,并将结果返回给用户。元搜索引擎并不直接抓取网页,而是抓取多个搜索引擎的索引数据库,并根据自己的算法对抓取结果重新筛选排序。著名的元搜索引擎有比比猫、Dogpile、Vivisimo 等,中文元搜索引擎中具代表性的是搜星搜索引擎。在搜索结果排列方面,有的直接按来源排列搜索结果,如 Dogpile;有的则按自定的规则将结果重新排列组合,如 Vivisimo。

(4)目录搜索　　目录搜索虽然有搜索功能,但严格意义上不能称为真正的搜索引擎,只是按目录分类的网站链接列表,并提供站内搜索。用户完全可以按照分类目录找到所需要的信息,不依靠关键词(Keywords)进行查询。Yahoo 和搜狐都提供分类目录功能,其他知名的目录还有 DMOZ ( www. dmoz. org )、Looksmart(www. looksmart. com)等。

(5)其他非主流搜索引擎

集合式搜索引擎:该搜索引擎类似元搜索引擎,区别在于它并非同时调用多个搜索引擎进行搜索,而是由用户从提供的若干搜索引擎中选择,如 Hoffiot 在 2002 年底推出的搜索引擎。

门户搜索引擎:AOL Search 等虽然提供搜索服务,但自身既没有分类目录也没有网页数据库,其搜索结果完全来自其他搜索引擎。

免费链接列表(Free For All Links 简称 FFA):一般只简单地滚动链接条目,少部分有简单的分类目录。

3. 国内外著名的搜索引擎

(1)主要的英文搜索引擎　　目前,Internet 上的搜索引擎有数百个,比较有影响的英文搜索引擎有 Google、Ask、Yahoo!、Altavista、Excite、Infoseek、Lycos 等。掌握它们的使用方法,对快速有效地查询网上信息资源会有很大帮助。

①Ask(又名 askjeeves,http://www.ask.com)　　Ask 是国外比较出名的一款搜索引擎,其规模虽然不大,但很有特色。Ask 是 Direct Hit 的母公司,于 2001 年收购 Teoma 搜索引擎,并全部采用 Teoma 搜索结果,Ask 是美国第三大、世界第六大公网搜索引擎。

Ask 是一个支持自然提问的搜索引擎,它的数据库里储存了超过一千万个问题的答案,只要你用英文直接输入一个问题,它就会给出问题答案,如果你的问题答案不在它的数据库中,那么它就会列出一串跟你的问题类似的问题和含有答案的链接供选择。

②Lycos(http：∥www.lycos.com/)　Lycos 创立于 1995 年,是 Internet 上资格最老的搜索引擎之一。它的特点是功能强大,搜索范围广。Lycos 几乎覆盖了 Internet 上 90％的主页,可以进行包括 WWW、FTP 与 Gopher 等多种服务的搜索。由于 Lycos 的学术背景,它可以搜索到其他搜索引擎找不到的偏僻站点,比如一些面向教育或非盈利组织的站点。2000 年被网络集团 Terra Lycos Network 以 125 亿美元收购,Lycos 是目前最大的西班牙语门户网站,Terra Lycos 公司还有 HotBot 搜索引擎。Lycos 整合了搜索数据库、在线服务和其他互联网工具,提供网站评论、图像及包括 MP3 在内的压缩音频文件下载链接等。

③Excite(http：∥www.excite.com)　Excite 是由斯坦福大学于 1993 年 8 月创建的 Architext 扩展而成的万维网搜索引擎,它能简单搜索返回很好的结果,并能提供一系列附加内容。它的主页强调新闻和个性化,用户可以设立个性化的新闻提示,其他的诸如体育比赛和电视节目,也都可以由用户选择,显示在个性化主页上。Excite 提供分类目录浏览和关键词 2 种检索方式。

Excite 的优点是采用了概念检索的技术。概念检索是指在检索文件的过程中,不仅能够检索到含有用户提供的关键词的文件,还能检索到与用户的检索主题密切相关、但没有包括这些主题词的文件。Excite 的缺点是它的相关性排序质量一般。

④Yahoo!（http：∥www.yahoo.com)　雅虎搜索是一个由 Yahoo! 运营的互联网搜索引擎。在 Yahoo! 成立的初期并没有自己的搜索引擎,从 1996 年到 2004 年,Yahoo! 先后选用 AltaVista、Inktomi 等第三方搜索引擎作为自己网页搜索的后台服务提供商。2004 年雅虎先后收购了 Inktomi 和 Overture 等著名搜索引擎公司,并通过集成自己的搜索技术,推出 Yahoo! Search Technology(YST),2004 年 3 月,雅虎开始推出独立的搜索服务,迅速成长为全球第二大搜索引擎。

2013 年 9 月 1 日中国雅虎将不再提供资讯及社区服务,中国雅虎原有团队转做阿里集团公益项目。这意味着,中国雅虎旗下的主要业务都将停止运作,但中国雅虎的搜索服务依然被保留。

⑤Google（http：∥ww.google.com)　1998 年,两位斯坦福大学的博士生 Larry Page 和 Sergey Brin 创立了 Google,它的使命就是要为用户提供网上最好的查询服务,促进全球信息的交流。Google 开发出了世界上最大的搜索引擎,提供了最便捷的网上信息查询方法。Google 允许以多种语言进行搜索,在操作界面中提供多达 30 余种语言供用户选择。主要搜索服务有：网页、图片、音乐、视频、地图、新闻、问答等。

(2)主要的中文搜索引擎　由于网上的中文信息迅速膨胀,世界级的网站都纷纷涉足中文信息市场。据统计,目前已有中文搜索引擎 200 多个。美国一些著名的搜索引擎公司,如 Google、Yahoo、Altavista、Lycos、Excite 等先后推出中文版的搜索引擎,全面进军中国的搜索引擎市场。

①百度(http：∥www.baidu.com)　百度公司(Baidu.com,Inc)于 1999 年底成立于美国硅谷。2000 年 1 月,百度公司在中国成立了她的全资子公司百度网络技术(北京)有限公司。百度是国内最大的商业化全文搜索引擎,总量超过 2 亿页面以上,占国内 80％的市场份额,并且还在保持快速的增长。百度搜索引擎具有高准确性,高查全率,更新速度快以及服务稳定的特点。除数据库的规模及部分特殊搜索功能外,其他方面可与当前的搜索引擎业界领军人物

Google 相媲美,在中文搜索支持方面有些地方甚至超过了 Google,是目前国内技术水平最高的搜索引擎。

百度目前主要提供中文(简/繁体)网页搜索服务。如无限定,默认以关键词精确匹配方式搜索。支持"-"号、"."号、"|"号、"link:"、书名号"《》"等特殊搜索命令。在搜索结果页面,百度还设置了关联搜索功能,方便访问者查询与输入关键词有关的其他方面的信息,以及提供"百度快照"查询。其他搜索功能包括新闻搜索、MP3 搜索、图片搜索、Flash 搜索等。

②搜狗(http://www.sogou.com)　搜狗公司是搜狐公司旗下的子公司,搜狗是全球首个第三代互动式中文搜索引擎,是 2004 年 8 月 3 日推出的一个中文搜索引擎。其网页收录量已达到 100 亿,并且每天以 5 亿多的速度更新。搜狗使用的 Sogou Rank 技术及人工智能算法,为广大用户提供了最快、最准、最好的服务。近年来,搜狗先后与阿里巴巴、腾讯合作,搜狗有望成为仅次于百度的中文搜索工具。

③必应 (http://cn.bing.com)　Bing(中文名称"必应"),是一款微软公司于 2009 年 5 月 28 日推出的用以取代 Live Search 的搜索引擎。为了符合中国人的使用习惯,必应使用中国成语"有求必应"作为中文产品品牌,与其对应的英文品牌是 UQBing。

Bing 集成了搜索首页图片设计,崭新的搜索结果导航模式,创新的分类搜索、相关搜索用户体验模式,视频搜索结果无须单击直接预览播放,图片搜索结果无须翻页等功能。Bing 还推出了专门针对中国用户需求而设计的必应地图搜索和公交换乘查询功能。同时,搜索中还融入了微软亚洲研究院的创新技术,增强了专门针对中国用户的搜索服务和快乐搜索体验。

④新浪网(http://www.sina.com.cn)　新浪中文网站于 1998 年 12 月月底推出,新浪搜索于 2000 年开始。新浪提供关键词搜索和主题分类目录(下设 18 个大类),其中关键词检索可按新闻、图片、博客、地图、微博等多种类别所辖检索范围。

4. Google 搜索引擎的使用方法

(1)启动 Google 搜索引擎　启动 IE 浏览器,在地址栏输入网址"http://www.google.com.hk",单击 Enter 键进入 Google 搜索引擎主页面(图 5.28)后,它会根据操作系统,确定语言界面。主页面结构可分为:

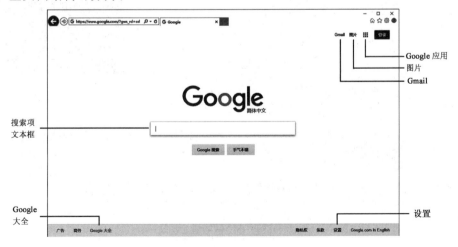

**图 5.28　Google 主页**

- Gmail　Google 提供的免费存储空间和电子邮件服务。
- 图片　Google 图片搜索。
- Google 应用　包括 Google 地图、YouTube、云端硬盘、Google＋、翻译等。
- 设置　搜索设置、高级搜索、历史记录等。
- 搜索项文本框　输入搜索对象(关键字)。
- Google 大全　Google 信条、Google 新闻等。
- Google 搜索按钮　单击此按钮提交一个搜索请求(也可以通过 Enter 键来提交)。
- 手气不错　系统自动进入 Google 查询到的第一个网页。使用"手气不错"进行搜索表示用于搜索网页的时间较少而用于检查网页的时间较多。
- 网页语言选择　可选择中文(繁体)、中文(简体)、English。

(2)Google 的检索方法

①关键词检索　Google 关键词检索分为基本检索和高级检索。利用 Google 高级检索可以缩小搜索范围。例如,将搜索范围限制在某个特定的网站中;排除某个特定网站的网页;搜索限制于某种指定的语言;查找链接到某个指定网页的所有网页;查找与指定网页相关的网页。高级检索页面可通过 Google 主页面点击"高级搜索"超链接进入。

当 Google 对网页进行分析时,它也会考虑与该网页链接的其他网页上的相关内容。Google 还会先列出与搜索关键词相距较近的网页。

A. Google 单关键字检索　简单专题信息检索,最直截了当就是在搜索框内输入一个关键词。例如"赤壁",选中"网页"和"搜索所有中文网页",并单击"Google 搜索"或直接按 Enter 键确定,显示结果页面,如图 5.29 所示。其中包括:

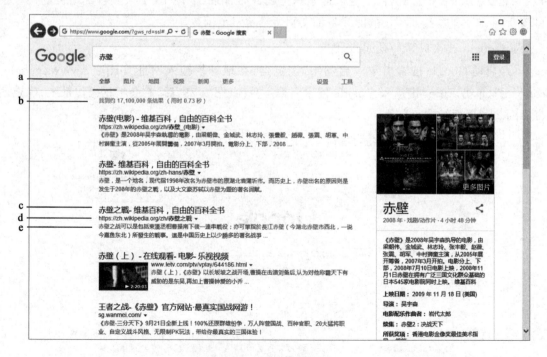

图 5.29　搜索结果页面

a. 常用链接　单击欲使用的 Google 服务进行网页搜索,图片搜索或资讯搜索。

b. 统计行　有关查询结果及搜索时间的统计数字。

c. 网页标题　第一行是查询到的网页标题,有时会显示为网址。只显示网址表明 Google 还未将此页编入索引,或此页作者还没给它设定标题。但该页与其他网页之间具有链接,而 Google 已为那些网页建立了索引,因此可保证信息的完整和网页的质量。

d. 网页快照 & 类似结果　单击选择网页快照时可以查看 Google 已编入索引的网页的内容。如果因为某种原因,通过站点链接无法访问当前的网页,就可以通过检索网页快照来查找需要的信息。搜索词在网页快照中同样突出显示。单击选择类似结果时,Google 可寻找与这一网页相关的网页。

e. 标题下文本　该文本是网页摘要,搜索关键词以粗体显示。单击查选结果之前,可以通过这些网页摘要浏览关键词在该网页中的上下文。

B. Google 多关键字检索　使用单关键字检索,获得的信息浩如烟海,而且绝大部分并不符合要求。为了精确地获得内容,增加搜索的关键字,建立多关键字的“与”、“或”、“非”搜索方式,可以进一步缩小搜索范围和结果。除此之外,也可通过“高级搜索”页面进行多关键字检索。

“与”关系表示搜索的每一个结果必须同时包含关键字。一般搜索引擎需要在多个关键字之间加上“+”,而 Google 无须用明文的“+”来表示逻辑“与”,只需空格就可以了。关系式“A+B”表示搜索的结果中同时包含 A 和 B。

Google 用大写的“OR”表示逻辑“或”操作(注意:小写的“or”,在查询的时候将被忽略;这样上述的操作实际上变成了一次“与”查询)。关系“A OR B”表示搜索的结果中要么包含 A,要么包含 B,要么 A 和 B 同时包含。

Google 用减号“-”表示逻辑“非”操作。关系式“A-B”表示搜索的结果中包含 A 但不包含 B。

“与”、“或”、“非”的运算次序在不同的检索系统中有不同的规定,在有括号的情况下,括号内的逻辑运算先执行;在无括号的情况下,一般是:“非”最高,“与”次之,“或”最低。也有的检索系统根据实际的需要将逻辑算符的运算次序进行了调整,但这并不影响上述内容的一般性。

【例 5.4】　搜索“勇士 73 胜”相关信息的网页。如图 5.30 所示。

**图 5.30　多关键字“与”操作**

搜索方式:勇士 73 胜

搜索结果:找到约 1,460,000 条结果(用时 0.40 秒)

【例 5.5】 搜索包含"勇士 73 胜",但不包含"乔丹"相关信息的网页。如图 5.31 所示。

搜索方式:勇士 73 胜 -(乔丹)

搜索结果:找到约 1,360,000 条结果(用时 0.36 秒)

**图 5.31 多关键字"与"和"非"操作**

【例 5.6】 搜索包含"勇士",也可包含"科比"的相关信息网页。如图 5.32 所示。

搜索方式:勇士 OR 科比

搜索结果:找到约 24,300,000 条结果(用时 0.44 秒)

**图 5.32 多关键字"或"操作**

②Google 的通配符搜索　Google 不支持通配符,如"＊"、"?"等,只能做精确查询,关键字后面的"＊"或者"?"会被忽略掉。

Google 对英文字符大小写不敏感,"GOOGLE"和"gooGle"搜索的结果是一样的。Google 的关键字可以是词组(中间没有空格),也可以是句子(中间有空格),但是,用句子做关键字,必须加英文引号("　")。

【例 5.7】　搜索歌曲"doll of clay"页面。如图 5.33 所示。

搜索方式:"doll of clay"

搜索结果:找到约 18,500 条结果(用时 0.27 秒)

**图 5.33　搜索句子**

③Google 的网站搜索　"site"表示搜索结果局限于某个具体网站或者网站频道,如"163.com"、"blog.sina.com"或者是某个域名,如"com.cn"、"com"等。如果是要排除某网站或者域名范围内的页面,只需用"-网站/域名"。

注意:site 后的冒号为英文字符,而且冒号后不能有空格,否则,"site:"将被作为一个搜索的关键字。此外,网站域名不能有"http"以及"www"前缀,也不能有任何"/"的目录后缀,否则搜索结果将受局限。

【例 5.8】　搜索包含"云计算"和"大数据"的中文新浪网站页面。如图 5.34 所示。

搜索方式:云计算 大数据 site:sina.com.cn

搜索结果:找到约 800,000 条结果(用时 0.44 秒)

④Google 的 link 搜索　使用"link"语法,将搜索到所有链接到某个 URL 地址的网页。

【例 5.9】　搜索所有含指向网易"www.163.com"链接的网页。如图 5.35 所示。

搜索方式:link:www.163.com

搜索结果:找到约 11,400 条结果(用时 0.24 秒)

注意:"link"不能与其他语法相混合操作,所以"link:"后面即使有空格,也将被 Google 忽略。

**图 5.34　指定网站搜索**

**图 5.35　link 搜索**

　　⑤Google 的 inurl 和 allinurl 搜索　　使用 inurl 语法，返回的网页链接中包含第一个关键字，后面的关键字则出现在链接中或者网页文档中。

　　有很多网站把某一类具有相同属性的资源名称显示在目录名称或者网页名称中，比如"MP3"、"GALLARY"等，于是，就可以用 inurl 语法找到这些相关资源链接，然后，用第二个关键词确定是否有某项具体资料。inurl 语法和基本搜索语法的最大区别在于，前者通常能提供非常精确的专题资料。

【例5.10】　查找腾讯网站上关于 security 课题资料。如图 5.36 所示。

搜索方式：inurl：security site：qq.com

搜索结果：找到约 359 条结果（用时 0.37 秒）

**图 5.36　inurl 搜索**

注意："inurl："后面不能有空格，Google 也不对 URL 符号如"/"进行搜索。Google 将 "cgi-bin/phf"中的"/"当成空格处理。

使用 allinurl 语法，返回的网页链接中包含所有查询关键字，这个查询的对象只集中于网页的链接字符串。

⑥Google 的 allintitle 和 intitle 搜索　allintitle 和 intitle 的用法类似于上面的 allinurl 和 inurl，只是后者对 URL 进行查询，而前者对网页的标题栏进行查询。网页标题，就是 HTML 标记语言中<title>和</title>标签之间的部分。网页设计的一个原则就是要把主页的关键内容用简洁的语言表示在网页标题中。因此，只查询标题栏，通常也可以找到高相关率的专题页面。

【例5.11】　搜索广州新建地铁。如图 5.37 所示。

搜索方式：intitle：广州 新建地铁

搜索结果：找到约 157,000 条结果（用时 0.43 秒）

⑦Google 的 related 搜索　related 用来搜索结构内容方面相似的网页。例如：搜索所有与中文搜狐网主页相似的页面（如网易首页，新浪首页，中华网首页等），"related：www.sohu.com/index.htm"。

⑧Google 的 cache 搜索　cache 用来搜索 Google 服务器上某页面的缓存，这个功能同 "网页快照"，通常用于查找某些已经被删除的死链接网页，相当于使用普通搜索结果页面中的 "网页快照"功能。

⑨Google 的 info 搜索　info 用来显示与某链接相关的一系列搜索，提供 cache、link、related 和完全包含该链接的网页的功能。

**图 5.37　intitle 搜索**

⑩搜索结果翻译　Google 支持搜索结果翻译功能,可以把非英文的搜索结果翻译成英文或其他语言。在 Google 主页面点击"Google 应用"选择"翻译",可以进入"Google 翻译"页面。

⑪图像文件搜索　Google 提供了 Internet 上图像文件的搜索功能,地址是"images.google.com"。你可以在关键字栏位内输入描述图像内容的关键字。Google 给出的搜索结果具有一个直观的缩略图,以及对该缩略图的简单描述,如图像文件名称以及大小等。

⑫查找 PDF 文件　除一般网页外,Google 现在还可以查找 Adobe 的可移植文档格式(PDF)文件。虽然 PDF 文件不像 HTML 文件那样多,但这些文件通常会包含一些别处没有的重要资料。如果某个搜索结果是 PDF 文件而不是网页,它的标题前面会出现以蓝色字体标明的[PDF]。这样,用户就知道需要启动 Acrobat Reader 程序才能浏览该文件。单击[PDF]右侧的标题链接就可以访问这个 PDF 文档。

⑬网页快照　Google 在访问网站时,会将看过的网页复制一份网页快照,以备在找不到原来的网页时使用。单击"网页快照"时,将看到 Google 将该网页编入索引时的页面。Google 依据这些快照来分析网页是否符合用户的需求。在显示网页快照时,其顶部有一个标题,用来提醒这不是实际的网页。符合搜索条件的词语在网页快照上突出显示,便于快速查找所需的相关资料。尚未编入索引的网站没有"网页快照",另外,如果网站的所有者要求 Google 删除其快照,这些网站也没有"网页快照"。

⑭手气不错　按下"手气不错"按钮将自动进入 Google 查询到的第一个网页。您将完全看不到其他的搜索结果。使用"手气不错"进行搜索表示用于搜索网页的时间较少而用于检查网页的时间较多。例如,要查找仲恺农业工程学院教务系统,只需在搜索字段中输入"仲恺",然后单击"手气不错"按钮。Google 将直接带您进入仲恺教务系统主页 http://jw.zhku.edu.cn。

⑮Maps 搜索　Maps 搜索,输入要查询的关键字可以查询地址、搜索地区周边及规划路线等。

⑯Books 搜索　Books 搜索,输入要查询的关键字可以搜索图书全文并发现新书。

⑰Scholar 搜索　Google Scholar 搜索的每一个搜索结果都代表一组学术研究成果,其中可能包含一篇或多篇相关文章甚至是同一篇文章的多个版本。可能有文章的预印版本、学术会议上宣读的版本、期刊上发表的版本以及编入选集的版本等,Google 还为每一搜索结果提供了文章标题、作者以及出版信息等编目信息。

⑱Google＋　Google＋是一个 SNS 社交网站,可以通过 Gmail 账号登录。Google＋的目的是让 Google 在线资产在日常生活中更普及,而不只是网上冲浪时偶然单击、搜索的一个网站,Google＋于 2011 年 6 月 28 日亮相。

⑲Panoramio　Panoramio 是一个基于地理位置的摄影分享网站,上传并标注了地理位置的照片,会从每月的月底开始展示在 Google 地球和 Google 地图上。Panoriamio 的宗旨是让 Google 地球的用户凭借观看其他用户的摄影对特定的区域有更多的了解。目前,网站已支持多种语言。

⑳Google 云打印　Google 云打印是 Google 公司推出的一项基于云计算技术的服务。Google 云打印于 2010 年 4 月推出,为未来的 Google Chrome OS 提供远程打印服务。这项技术能使客户端设备和打印机进行远程连接,并完成打印操作。

㉑Google 代码　Google 代码是 Google 公司利用自身服务器资源提供的开发人员主页。其最初目的是为 Google 自身的开源软件提供开发平台,以及协助开发者扩展 Google 产品的功能。随着 Google 开源之夏等项目的推进,Google 代码正在成为一个开放的项目托管平台,类似 SourceForge 提供的版本控制、问题跟踪、Wiki、下载托管等工具。

5.百度搜索引擎

百度的起名源于辛弃疾《青玉案·元夕》"众里寻他千百度"。百度公司于 1999 年年底成立于美国硅谷,它的创建者是资深信息检索技术专家、超链分析专利的唯一持有人李彦宏及其好友徐勇博士。2000 年 1 月百度回国发展,在北京中关村成立百度中国公司。作为第一个为中国人写的商业化的互联网搜索引擎,百度具有信息量大、相关性好、刷新率高、速度快等特点。目前已拥有世界上最大的中文信息库,网页已超过 12 亿个,网页数量每天以千万级的速度增长;同时,百度在中国各地分布的服务器,能直接从最近的服务器上把所搜索的信息返回给当地用户,使用户享受极快的搜索传输速度。从创立之初,百度致力于为用户提供"简单,可依赖"的互联网搜索产品及服务,其中包括:以网络搜索为主的功能性搜索,以贴吧为主的社区搜索,针对各区域、行业所需的垂直搜索,MP3 搜索,以及门户频道、IM 等,全面覆盖了中文网络世界所有的搜索需求,根据第三方权威数据,百度在中国的搜索份额超过 80％。

(1)检索方式　百度提供基本检索和高级检索。基本检索简单方便,只需在搜索框内输入需要查询的内容,敲回车键,或者用鼠标点击搜索框右侧的"百度一下"按钮,就可以得到最符合查询要求的网页内容。多个检索词之间支持逻辑组配检索,"空格"、"＋"或"&"表示逻辑与的关系;"|"表示逻辑或的关系;"-"表示逻辑非的关系。如果对百度的各种查询语法不熟悉,可以使用百度集成的高级搜索界面,只搜索符合以下要求的网页:

- 包含以下全部的关键词;
- 包含以下的完整关键词;
- 包含以下任意一个关键词;
- 不包含以下关键词。

还可以根据自己的习惯,在搜索框进行语音、时间、搜索结果数量等的限制。

(2)检索技巧 百度以关键词搜索为核心,支持布尔逻辑检索、指定范围检索等基本方法。

①关键词检索 百度会自动寻找所有符合全部查询条件的网页站点资料,并把最相关的站点页排在最前面。如果要查的关键词较长,最好将其拆分为几个关键词来搜索,词与词之间用空格间隔,如此可提高查全率。百度关键词可以是任何中文、英文、数字,或它们的混合词,中文关键词的智能化处理是技术核心。百度支持主流的中文编码标准,包括 GBK(汉字内码扩展规范)、GB2312(简体)、BIG5(繁体),能够进行不同的编码转换,如关键词为繁简混合体,则统一为简体进行搜索;同时,百度基于字、词结合的信息处理方式,巧妙地解决了中文信息的理解问题,极大地提高了搜索的查准率和查全率。

②布尔逻辑搜索 "与"运算。增加搜索范围,运算符可以是"空格",也可以是"+"或"&"。

"或"运算。并行搜索,运算符为 OR(|)。使用 A OR B(A|B)来搜索"或者包含关键词 A,或者包含关键词 B,或者同时包含 A、B"的网页。

"非"运算。排除无关资料,运算符为"-"。减号前必须留一空格,减号后关键字放入英文括号内,语法是 A -(B)。利用"非"运算,可以排除含有某些词语的资料,有利于缩小查询范围。

③使用双引号精确搜索 大多数搜索引擎会对检索词进行分词搜索,并返回大量无关信息。解决方法是将检索词用双引号括起来(使用英文输入状态下的双引号,有些搜索引擎对双引号不进行区分,中文的和英文的都可以,如 sogou 等),这样得到的结果最少,最精确。

④使用书名号检索 在百度中,加上书名号的查询词,有两层特殊功能,一是书名号会出现在搜索结果中,二是被书名号括起来的内容不会被拆分。书名号在某些情况下特别有效果,例如,查电影"手机",如果不加书名号,很多情况下出来的是通信工具——手机,而加上书名号后,其结果就都是关于电影、小说方面的。

⑤在指定站点中检索 如果想查找某个站点中的资料,可以把搜索范围限定在这个站点中以提高查询效率。"site"表示搜索结果局限于某个具体网站或者网站频道,如"163.com"、"blog.sina.com",或者是某个域名,如"com.cn"、"com"等。如果是要排除某网站或者域名范围内的页面,只需用"-网站/域名"。

⑥指定文档类型搜索 百度支持特定文档类型的检索,包括对 Office 文档(Word、Excel、PowerPoint)、Adobe PDF 文档、RTF 文档的全文搜索。在搜索关键字后面加一个"filetype:文档类型"限定文档类型,其中文档类型可以是:DOC、XLS、PPT、PDF、RTF、ALL。其中 ALL 包含所有文件类型。

⑦限定在网页标题中搜索 网页标题,就是 HTML 标记语言中<title>和</title>标签之间的部分。网页设计的一个原则就是要把主页的关键内容用简洁的语言表示在网页标题中。因此,只查询标题栏,通常也可以找到高相关率的专题页面。在查询内容中用"intitle:"限定在网页标题范围内。

⑧搜索范围限定在 URL 链接中 使用 inurl 语法,返回的网页链接中包含第一个关键字,后面的关键字则出现在链接中或者网页文档中。有很多网站把某一类具有相同属性的资源名称显示在目录名称或者网页名称中,比如"MP3"、"GALLARY"等,于是,就可以用 inurl 语法找到这些相关资源链接,然后,用第二个关键词确定是否有某项具体资料。inurl 语法和基本搜索语法的最大区别在于,前者通常能提供非常精确的专题资料。

⑨百度快照　每个被收录的网页,在百度的服务器上都存有一个纯文本的备份,称为"百度快照"。当遇到检索到的链接网页打开速度较慢,或者网站服务器暂时中断或堵塞、网站已经更改链接、该网页无法显示(找不到网页的错误信息)等情况时,可以通过"百度快照"快速浏览页面内容。

(3)检索结果　检索结果能表示丰富的网页属性(如标题、网址、时间、大小、编码、摘要等),并具有命中词标红功能,突出用户的查询串,便于用户判断是否阅读原文。在输出结果排序方面,百度采取基于内容和基于链接分析的智能化相关性算法进行相关度评价,其排序技术能够较客观地分析网页包含的信息,最大限度地保证搜索结果与用户的查询串相一致。

(4)百度特色检索功能

①网页搜索　作为全球最大的中文搜索引擎公司,百度一直致力于让网民更便捷地获取信息,找到所求。用户通过百度主页,可以瞬间找到相关的搜索结果,这些结果来自百度超过数百亿的中文网页数据库。

②新闻搜索　百度新闻是一种 24 h 的自动新闻服务,与其他新闻服务不同,不含任何人工编辑成分,没有新闻偏见。它从上千个新闻源中收集并筛选新闻报道,将最新最及时的新闻提供给用户,突出新闻的客观性和完整性,真实地反映每时每刻的新闻热点。

③图片搜索　百度图片库是世界最大的中文图片库,百度从数十亿中文网页中提取各类图片,到目前为止,百度图片搜索引擎可检索的图片已经近亿张。

④百度知道　百度知道是一个基于搜索的互动式知识问答分享平台,于 2005 年 6 月 21 日发布,并于 2005 年 11 月 8 日转为正式版。"百度知道"是用户自己提出针对性问题,通过积分奖励机制鼓励其他用户来解决该问题的搜索模式。同时,这些问题的答案又会进一步作为搜索结果,提供给其他有类似疑问的用户,达到分享知识的效果。

百度知道的最大特点在于和搜索引擎完美结合,让用户拥有的隐性知识转化为显性知识,用户既是百度知道的使用者,同时又是百度知道内容的创造者,在这里累积的知识数据可以反映到搜索结果中。通过用户和搜索引擎的相互作用,实现搜索引擎的社区化。

⑤百度百科　百度百科是一部内容开放、自由的网络百科全书,旨在创造一个涵盖所有领域知识、服务所有互联网用户的中文知识性百科全书。

百度百科提供给大家的是一个互联网所有用户均能平等地浏览、创造、完善内容的平台。在百度百科中,可以浏览自然、文化、地理、历史等各门学科。所有中文互联网用户在百度百科都能找到自己想要的全面、准确、客观的定义性信息。

⑥百度文库　百度文库是供网友在线分享文档的开放平台,用户可以在线阅读和下载涉及课件、习题、考试题库、论文报告、专业资料、各类公文模板、法律文件、文学小说等多个领域的资料。平台上所积累的文档,均来自用户的积极上传。"百度"不编辑或修改用户上传的文档内容。

百度文库"课程专区"于 2012 年 10 月 23 日上线,通过课程化、体系化的梳理和展现方式,将文档资源向体验更佳的多媒体方向拓展,文库课程是百度文库资源的一次集中"蜕变"和"优化"。目前已引入课程资源一千多份,资源覆盖基础教育、专业技能、职场提升、兴趣爱好等多个领域。文库课程采用了"视频＋文档"的形式,易于快速学习。

⑦百度空间　百度空间是百度家族成员之一,是中国最大的在线交友社区。于 2006 年 7 月 13 日正式开放注册,用户可以拥有独具个性的个人主页,聚集网络人气。

⑧百度贴吧　贴吧是百度旗下的独立品牌,全球最大的中文社区。贴吧的创意来自于百度首席执行官李彦宏,是结合搜索引擎建立的一个在线交流平台。贴吧是一个基于关键词的主题交流社区,它与搜索紧密结合,准确把握用户需求。截至 2013 年,百度贴吧历经 10 年沉淀,已拥有 6 亿注册用户,800 万个兴趣贴吧,日均话题总量近亿,浏览量超过 20 亿次。

⑨百度词典　百度词典是百度公司推出的一套有着强大英汉互译功能的在线翻译系统,包含中文成语的智能翻译,非常实用。百度词典搜索支持强大的英汉、汉英词句互译,中文成语的智能翻译,还可以进行译后朗读。

⑩百度经验　百度经验是百度于 2010 年 10 月推出的一款生活知识系列产品。它主要解决用户"具体怎样做"的问题,重在解决实际问题。在架构上,整合了百度知道的问题和百度百科的格式标准。

# 5.3　云计算

比尔·盖茨 1989 年在谈论"计算机科学的过去现在与未来"时曾经说"把你的计算机当作接入口,一切都交给互联网吧"。这句话在现在看来正在逐渐成为现实。自谷歌 CEO 埃里克· 施密特在 2006 年首次公开提出"云计算"(Cloud Computing)以来,云计算的概念迅速风靡了整个互联网,并在短短的时间内形成了全球性的商业研究和开发的热潮。自 2006 年亚马逊推出弹性计算云(EC2)服务让中小型企业能够按照自己的需要购买亚马逊数据中心的计算能力之后,云计算时代正式来临。

云计算是一种基于互联网的超级计算模式,即把存储于个人电脑、移动终端和其他设备上的大量信息和处理器资源集中在一起,协同工作。用户所需的应用程序并不需要运行在用户的个人电脑等终端设备上,而是运行在互联网的大规模服务器集群中。用户所处理的数据也并不存储在本地,而是保存在互联网的数据中心里面。这些数据中心正常运转的管理和维护则由提供云计算服务的企业负责,并由他们来保证足够强的计算能力和足够大的存储空间来供用户使用。在任何时间和任何地点,用户都可以任意连接至互联网的终端设备来通过云实现随需随用。它的目标是把一切都拿到网络上,云就是网络,网络就是计算机。

## 5.3.1　云计算的定义

云计算中所指的"云"起初只是一个图形化的比喻和象征,就像网络从业者经常使用云的形状来比喻网络,这种比喻来源于一种业内长久形成的共识。因此,云计算描绘的是一种新的把资源从本地计算机转移到互联网上的表现形式。它用云描绘网络、计算机、存储设备等在内的信息服务基础设施,以及操作系统、应用平台、网页服务等在内的软件基础架构,云强调的是对这些资源的运用,而不是如何去实现的细节。

至今学术界并未对云计算的定义达成统一的观点。很多研究机构和专家学者都对云计算有着自己的理解和不同的定义。

维基百科(Wikipedia.com)认为云计算是一种能够将动态伸缩的虚拟化资源通过互联网以服务的方式提供给用户的计算模式,用户不需要知道如何管理那些支持云计算的基础设施。

商业周刊和 Whatis.com 都指出云计算是提供任何用户在这个资源池内使用庞大的计算能力,来处理大数据的查询和检索,甚至于上升到科学级的计算的服务。这些系统全部由服务形式提供,并按照处理的量来收取费用。

在 IBM 看来,云计算是一种使用者看不到相关基础设施,只能看到服务的计算模式。云计算革新了人们习以为常的传统 IT 运用模式。不管是人、设备和程序都连接着互联网。这些客体就是云,而使用者却无法一睹庐山真面目。

我国的云计算网白皮书(2009)则认为云计算其实是并行计算(Parallel Computing)、分布式计算(Distributed Computing)和网格计算(Grid Computing)的发展,或者说是这些计算机科学概念的商业实现。云计算是虚拟化(Virtualization)、效用计算(Utility Computing)、IaaS(基础设施即服务)、PaaS(平台即服务)、SaaS(软件即服务)等概念混合演进并跃升的结果。

1. 狭义的云计算

狭义的云计算是指 IT 基础设施的交付和使用模式,指通过网络以按需、易扩展的方式获得所需的资源(硬件、平台、软件)。提供资源的网络被称为“云”。“云”中的资源在使用者看来是可以无限扩展的,并且可以随时获取、按需使用、随时扩展、按使用付费,如同像使用水电一样使用 IT 基础设施。之所以称之为云,主要是因为它在某些方面具有现实中云的特征:云一般都很大,其规模可以动态伸缩且边界是模糊的;云在空中飘忽不定,无法也不需要确定它的具体位置,但它确实存在于某处。

2. 广义的云计算

广义云计算,不但包括 IT 基础设施的交付和使用,同时也包括各种云服务的交付和使用模式。这种服务既可以是 IT 基础设施,也可以是与计算平台相依托的软件和平台服务。

## 5.3.2　云计算的特点

云计算可以认为是一种特殊分布式计算,同时也融合了并行计算,效用计算和网格计算等多种技术。它的主要特点有:

(1)大规模计算能力　云计算是一种新型计算模式,能带动规模经济。大多数云计算服务提供商的数据中心都是相当庞大的。拥有超过 100 万台服务器的谷歌数据中心,拥有几十万台服务器的亚马逊、IBM、微软以及雅虎的数据中心。即使是普通的企业私有云也部署了若干台服务器。大规模的云计算数据中心为大规模的计算提供了物质基础。

(2)虚拟化　云计算借助虚拟化技术屏蔽底层实现细节,呈现给用户一种透明的计算模式,用户在不了解其运行的具体位置和具体实现方式的情况下,可以使用各种终端通过网络访问云来获取相应的服务。

(3)高可靠性服务　云计算的可靠性是云计算可持续发展的基础保障。云计算中采取各种措施,这些措施主要有多副本容错技术,计算节点同构复制,操作互换措施等。

(4)可扩展性　云计算能够满足用户应用和规模的增长,源于它支持动态扩展。不仅如此,云平台还提供能够动态伸缩的云服务,满足不同用户不断变化的需求。

(5)按需提供服务,按使用支付费用　云计算平台拥有巨大的资源池,用户从中选择所需的服务并根据实际使用量支付费用。类似于日常支付水费和电费,支付标准就是按使用量付费。

(6)低成本　云计算实现了规模经济,根据经济理论知识可知道规模经济带来的是低成本优势。

（7）通用性　在云计算环境中既能够构造各种不同类型的应用程序,同一个云计算平台也可以同时运行不同的应用程序。云计算平台具有很强的普遍性,而不是只针对专用的应用。

### 5.3.3　云计算的分类

云计算现如今在业界内主要有 2 种分类形式,如图 5.38 所示,分别是按照服务类型和服务对象划分。

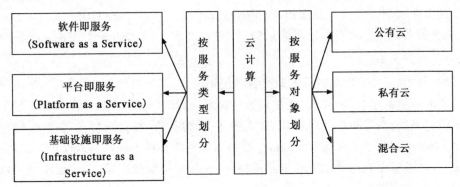

图 5.38　云计算的分类

1. 按服务类型划分

按服务类型自底向上被分为基础设施即服务、平台即服务和软件即服务,是云计算被广泛接受的一种划分。

（1）软件即服务 SaaS(Software as a Service)　在互联网的帮助下用户使用该服务,这里用户通过租用软件而不必购买软件来获得所需服务。SaaS 作为一种互联网服务模式,它的发展最为迅速,应用最为广泛。例如谷歌较早推出的 SaaS 云计算服务 Google Docs,它的使用类似于微软的 Office 在线办公软件,能够编辑和搜索文档,制作电子表格和幻灯片,还可以设置共享权限通过 Internet 与他人分享。发展比较好的 SaaS 服务还有 Salesforce.com 和 Oracle CRM on Demand 等。

SaaS 最终提供给用户的服务是用户定制的应用程序,这些应用程序是运行在云计算基础设施之上的,也就是云服务提供商按照用户的要求,将特定软件租借给用户使用。SaaS 有以下 3 个特征:

● 用户无须在本地安装该软件,也不必花费精力与时间去管理维护软件。软件在云计算平台运行,服务提供商负责日常维护;

● 软件应用通过网络交付给用户,用户使用时摆脱了时间和地域的限制。只要能够访问互联网,用户就可以通过客户端接口获得服务;

● SaaS 提供的是虚拟化的服务,使用一种服务的用户可能很多,但他们之间却互相感觉不到对方的存在。

SaaS 的交付模式是一个巨大的革新。从用户角度来说,用户无须关心软件的安装、升级、打补丁和维护这一系列的流程,也无须购买软件许可证。只是通过租用,用户就能完成和自己购买软件一样的工作;从 SaaS 服务提供商角度来说,对部署的软件进行安全、高效的升级,这些操作对用户是透明的,改善了用户体验。

（2）平台即服务 PaaS(Platform as a Service)　把开发环境作为一种服务提供给用户,就是平台即服务模式。借助 PaaS 提供的开发环境,用户可以开发自己的应用程序。通过互联网 PaaS 用户进入服务提供商平台,将获得操作系统及相应服务还有编程接口和运行平台来开发和构建自己的应用。与传统的软件开发模式比较,PaaS 的优势是:

- 提供了一个简单的编程接口,界面友好使用方便,对加快开发人员的工作大有帮助;
- 开发者可以大大节省开发的费用,因为无须购买支持开发环境的软硬件资源;
- 开发、测试和运行在同一平台进行,能够减少不兼容问题。

谷歌的 App Engine(GAE)作为一种典型的 PaaS 应用,是 Google 在 2008 年初发布的,GAE 是一个 Web 应用开发平台。在这个平台中用户既可以采用 Python 语言,也可以选择 Java 语言,调用 GAE SDK 来开发自己的 Web 应用程序。系统实时记录用户使用的资源量(如存储空间、网络流量、CPU 时间等)并据此收取费用。其他的 PaaS 服务,如 Sina App Engine 和 Force.com 都在商业上获得了用户的认可,它们提供的服务类似 GAE 服务。

（3）基础设施即服务 IaaS(Infrastructure as a Service)　IaaS 就是云计算服务商把虚拟硬件资源,例如虚拟主机、存储硬盘、数据库管理等资源打包成服务形式提供给用户。这样用户不再需要购置相关硬件设备,通过互联网租赁 IaaS 服务提供商的服务就可以搭建自己基础硬件平台。IaaS 的显著优势是:

- 允许用户动态申请和释放资源,依据实际使用情况支付所产生的费用。
- 因为基础设施是可以共享的,IaaS 服务平台可以实现高效率的同时节约能源。

较早面向市场的 IaaS 服务是亚马逊的弹性云服务(EC2)和简单存储(S3)服务。其他知名 IT 公司也不甘落后,IBM 推出的蓝云(Blue Cloud)计划开发中国市场,在中国无锡成立了云计算中心。国际国内的电信运营商也逐步进入 IaaS 领域,如国际 AT&T 推出了自己的 IaaS 服务,国内中国移动推出了大云(Big Cloud)计划。

### 2. 按服务对象划分

（1）私有云　私有云是由单一机构,例如金融、军队或政府部门所拥有的。这种云主要为企业内部提供服务,日常操作和维护也是由企业自身管理。私有云安全性方面要比公有云高很多,但是由于私有云是由机构自身负责配置和维护,所以建设成本相对较高。

（2）公有云　这种类型的云服务对整个因特网开放,致力于为数量众多的使用者提供服务。无论是软件,应用基础设施,或物理硬件资源,都是由云提供商负责购买、安装、管理和维护。用户的付费方式仍是只为其使用的资源买单。一般公有云由第三方运营,它将来自不同用户的任务需求运行在云的基础设施之上,在整个过程中任务运行在哪个服务器,中间结果保存在哪个硬盘上等这些对用户是透明的。这种形式服务存在诸多安全隐患。

（3）混合云　混合云兼具公有云和私有云的特点,可以认为是二者的有机组合。一部分是某个机构独自拥有,其余部分是与其他的机构联合拥有。

## 5.3.4　云计算的关键技术

### 1. 数据存储技术

云计算采用分布式存储的方式来存储数据以保证高可用、高可靠和经济性,采用冗余存储的方式来保证存储数据的可靠性,即为同一份数据存储多个副本。另外,由于云计算系统需要同时满足大量用户的需求,并行地为大量用户提供服务,所以云计算的数据存储技术必须具有高吞吐率和高传输率的特点。

云计算的数据存储技术主要有 Google 的非开源的 GFS(Google File System)和 Hadoop 开发团队开发的 GFS 的开源实现 HDFS(Hadoop Distributed File System)。以 GFS 为例,GFS 是一个管理大型分布式数据密集型计算的可扩展的分布式文件系统。它使用廉价的商用硬件搭建系统并向大量用户提供容错的高性能的服务。在 GFS 系统中为了保证数据的可靠性,每份数据保存 3 个以上的备份。为了保证数据的一致性对于数据的所有修改需要在所有备份上进行,以保持一致的状态。

### 2. 数据管理技术

云计算系统需要对大数据集进行处理、分析,并向用户提供高效的服务,因此数据管理技术必须能够高效地管理大数据集。其次,如何在规模庞大的数据云中找到特定的数据,也是云计算数据管理技术所必须解决的问题。

云计算需要对海量的数据存储、读取后进行大量的分析,数据的读操作频率远大于数据的更新频率,云中的数据管理是一种读优化的数据管理。因此,云系统的数据管理往往采用数据库领域中列存储的数据管理模式。目前云计算的数据存储技术主要是谷歌的 Big Table 数据管理技术。

### 3. 编程模型技术

为了高效地利用云计算的资源,使用户能更轻松的享受云计算带来的服务,云计算的编程模型必须保证后台复杂的并行执行和任务调度向用户和编程人员透明,并且编程模型简单。云计算采用 Map-Reduce 编程模式,现在大部分 IT 厂商提出的“云”计划中采用的编程模型,都是基于 Map-Reduce 的思想开发的编程工具。该编程模型将任务自动分成多个子任务,通过 Map 和 Reduce 两步实现任务在大规模计算节点中的调度与分配。Map-Reduce 不仅仅是一种编程模型,同时也是一种高效的任务调度模型。

### 4. 分布式资源管理技术

在多节点并发执行环境,分布式资源管理系统是保证系统状态正确性的关键技术。系统状态需要在多节点之间同步,关键节点出现故障时就需要迁移服务,而分布式资源管理技术通过锁机制来进行协调多任务对于资源的使用,从而保证数据操作的一致性。谷歌的 Chubby 是目前最著名的分布式资源管理系统。

### 5. 云计算平台管理技术

云计算资源规模庞大,服务器数量可能会高达几十万台、甚至跨越几个坐落于不同物理地点的数据中心,同时还会运行成百上千种应用。因此如何有效地管理这些服务器,保证这些服务器组成的系统能够提供全年无休不间断的服务是一个巨大的技术挑战。云计算平台管理技术是云计算的“神经网络”,通过这些技术能够使大量的服务器进行协同工作,快速发现和恢复系统故障,通过自动化、智能化的手段实现大规模系统的正常安全运营。

### 5.3.5  云计算应用实例

1. Google 云计算平台

Google 搜索引擎基于一套专属的云计算平台,处理着海量请求与数据,这个平台现在也已经扩展到 Google 的其他应用中。Google 的云计算基础平台由 3 个主要部分组成:Google 文件系统 GFS,适于 Google 应用的 Map-Reduce 编程模式,以及 Google 的大规模分布式数据库 Big Table。

2. Amazon 云计算平台

Amazon 是最早提供远程云计算平台服务的公司,它提供了另一种与 Google 不同的典型的云计算运行模式。Amazon 以云计算形式提供多种不同形式的基础设施服务,包括:弹性计算云(Elastic Compute Cloud,EC2),简单存储服务(Simple Storage Service,S3),简单队列服务(Simple Queue Service,SQS),SimpIeDB 结构化数据库等。其中最具代表性的是 EC2 和 S3。

3. Windows Azure Platform 云计算平台

Windows Azure Platform 平台是由 Microsoft 的大型数据中心所运行的一个云计算平台,它提供的云计算平台服务包括 Windows Azure 云计算操作系统、SQL Azure 云计算数据库与.NET 服务。Windows Azure Platform 云计算平台的客户端用户,在 Windows 操作系统上安装 Windows Visual Studio、Windows SQL Server、IIS7 与 Windows Azure Tools & SDK 等开发工具所开发的云计算应用程序时,可以通过安全机制与 Azure 云计算平台联机,并取用 Windows Azure 操作系统、Azure SQL 云计算数据库与微软提供的.NET 服务。

4. 企业私有的云计算平台

除了 Google、Amazon 和 Microsoft 等云计算运营企业以外,IBM、Sun、HP、Dell、Oracle 等企业则通过提供软件和硬件产品,以及云计算的相关解决方案,加入到云计算的行列,并提出企业私有云的概念。以 IBM 为例,IBM 的动态基础设施云(Dynamic Infrastructure)结合了 IBM 自身软、硬件,以及 Internet 上使用的主流云计算技术,并将其应用于企业数据中心。

## 5.4  物联网

1995 年,比尔·盖茨在《未来之路》一书中提出了物联网的概念,当时受限于无线网络、硬件及传感设备的发展,并未引起世人的重视;1998 年,美国麻省理工学院(Massachusetts Institute of Technology,MIT)创造性地提出了当时被称作 EPC 系统的"物联网"的构想;1999 年,美国 Auto-ID 首先提出"物联网"的概念,称物联网主要是建立在 EPC、RFID 技术、数据通信和互联网的基础上,从而实现物品信息实时共享的实物网络,简称物联网(Internet of Things,IOT)。2005 年,国际电信联盟(International Telecommunication Union,ITU)在信息社会世界峰会(World Summit on the Information Society,WSIS)上发布了《ITU 互联网报告 2005:物联网》,综合上述两者的内容,正式提出了"物联网"的概念,并阐述了物联网的特征、涉及的技术以及机遇挑战。物联网的出现使得信息与通信的世界里产生一个新的连接维度,将 3A 通信扩展到 4A 通信。

### 5.4.1　物联网的概念

近年来,随着物联网概念的深入,各国政府为寻找新的经济发展纷纷推出物联网发展战略,美国政府于 2008 年接受 IBM 的建议提出"智慧地球"战略,随后欧盟提出"物联网行动计划"以加快物联网产业的发展,中国政府也于 2010 年提出"感知中国"计划,物联网已经成为21 世纪一个新兴的产业市场。

目前,物联网并没有一个统一的定义,广义地讲,物联网是指物体具有全面感知能力,对信息具有可靠传送和智能处理能力的连接物体与物体的信息网络。其实质是把新一代 IT 技术及通信技术充分运用在各行各业之中,具体地说,就是把感应器嵌入或装备到电网、铁路、桥梁、隧道、公路、建筑、供水系统、大坝、油气管道等各种物体中,然后将"物联网"与现有的互联网或移动通信网整合起来,实现人类社会与物理系统的整合,在这个整合的网络当中,存在能力超级强大的中心计算群或业务控制平台,能够对整合网络内的人员、机器、设备和基础设施进行实时的管理和控制,在此基础上,人类可以以更加精细和动态的方式管理生产和生活,达到"智慧"状态,提高资源利用率和生产力水平,改善人与自然间的关系。

由于物联网应用覆盖到各行各业,很多应用都是跨行业、跨领域的应用,各行各业应用特点和用户需求不同,因而关于物联网还没有统一的标准和规范。目前,ITU-T SG13 工作组在泛在网络(即广泛存在的,无所不在的网络)的整体架构需求和架构设计方面进行了研究,ET-SI M2M TC 工作组在 M2M 技术的需求和功能架构上也展开了研究工作,IEEE、IETF 分别在无线传感器网络方面进行深入研究。在移动通信发展领域,3GPP 的 SA1 工作组定义了MTC(Machine-Type Communications)的业务需求,SA2 工作组根据 MTC 业务需求对现有移动通信网络架构进行了部分改进,SA3 工作组则对 MTC 通信的安全进行了跟踪研究;GS-MA SCAG、OMA DM 工作组也分别在自己的领域对物联网进行研究。

### 5.4.2　物联网主要技术

#### 1. 射频识别技术(RFID)

物联网的最前端是感知层。在物联网系统中,感知层要感知虚拟世界和现实世界的信息。感知现实世界的物体,就需要标志和识别每个物体。无线射频识别就可以通过射频信号自动识别物体并且获取有效实用的信息,这期间无须人工干预,可以应用于多种场景。所以该技术是一种十分有效的感知手段,是物联网感知层的决定性技术支撑。

射频识别技术是指利用射频信号通过空间耦合实现无接触信息传递并通过所传递的信息通道自动识别的技术。其相关原理在第 2 章已经讨论。RFID 技术最早是在军事领域内开发,最早应用在如何区分识别敌我飞机。在 20 世纪 60 年代,人们开始探索 RFID 技术应用到其他领域,在此它也只是防止被标识目标被盗,而无法区分被标识物体的区别。20 世纪 70 年代,各个领域内的学者、公司和政府等都开始积极研究开发 RFID 技术,挖掘其经济价值。20世纪 80 年代,RFID 技术得以完善,开始应用到不同的领域内。欧洲特殊的工业市场最早应用它来跟踪、定位不能使用条码技术的产品;美国主要应用于运输业和访问控制;挪威电子收费系统中应用,得到很好的效果。随后开始在世界范围内普及。由于 RFID 技术使用较晚,到目前仍没有统一的国际标准。

RFID 技术在国外起步较早,而中国却起步较晚,但是中国在短短的时间内取得了显著的成绩,不但掌握了高频芯片的设计技术,并成功实现产业化,而且超高频芯片也已经开发完成。当前中国在许多领域已经开始使用 RFID 技术,例如中国的二代身份证、火车管理系统、智能交通、城市建设、移动支付等。如今,RFID 技术已经融入人们生活的方方面面,它给我们带来的方便和快捷已经让我们深有感触。

射频识别技术是一门以微电子技术、微波技术和计算机软件技术等作为核心支持的综合技术。该项技术作为物联网的核心技术,应用已经十分广泛,在物联网研究和发展领域发挥了巨大作用,是不可替代的。

**2. 传感器和传感网技术**

1861 年最早的传感器作为连接物理世界和电子世界的中介出现。传感器可以获取到人类无法感知的世界的信息,这弥补了人类生理上的限制,扩大了人类认识未知世界的范围。例如,人类无法感觉出温度微小的变化,更不能去感觉上千度高温的变化,而传感器则可以帮助我们实现。到了信息时代,由于科学技术的进步,传感器已经出现在我们生活中的各个角落,包括热水器的控温、电视机的遥控器、空调的温度传感器等,当然,它也应用在其他的领域如工农业生产、医疗卫生、环境保护、军事国防等。可以看出,通过传感器我们已经大大改善了生活水平和提高了改造世界的能力。

传感器是一种具有感受和检测相关信息功能的设备,其通过自主的一定规律把信息转换成有用信号原件或装置。传感器的作用是可以完成各种信号到电信号的变换,是实现测试和自主控制的第一步。随着信息产业的发展,传感器已经结合了高端信息技术,形成了兼备信息检测和信息处理的多功能智能传感器。

传感网是指各种信息传感设备与互联网结合在一起所形成的大型网络,它是为了让各类物品能够被感知和控制,形成一个完善的信息服务体系,传感网应用了传感器技术,嵌入式技术以及分布式信息处理等技术,通过多个集成化微型传感器协同工作对每一对象的具体信息进行感知,通过嵌入式技术对所获取的信息进行处理和加工,然后通过有线或者无线通信网络把加工后的信息传送到用户终端,终端用户对数据进行操作和管理,实现泛在计算的理念。

目前,绝大部分计算机处理的都是数字信号,传感器技术就是计算机应用中的关键技术,它把模拟信号转换成数字信号后计算机才能进一步处理。传感器技术的发展,可以使计算机的计算能力更强,并且更加智能。在物联网时代,通过感知识别技术,可以实现物与物之间的信息交互,是融合物理世界和信息世界的重要一环,是物联网区别于其他网络的最独特的部分。可以说,传感器技术给物联网带来新的发展契机。在中国,传感器技术要落后于西方发达国家,为了推进物联网的全面发展和实践,这就要求中国在传感器技术方面得到突破。

**3. 嵌入式系统**

物联网所要实现的物物相连,不仅仅要获得每一物的信息,还要实现对每一物的具体控制与操作,这就需要在相连的物体中嵌入智能化部件。嵌入式技术是物联网技术实现具体功能的核心技术支撑。

　　嵌入式系统是一种对相关机器和设备具有控制和监视功能旳装置,它是一个软件和硬件的结合体,一般情况下还附带机械装置以完成辅助功能。嵌入式系统是在计算机技术的基础上发展和延伸的应用技术,形成了软硬件结合的计算机系统,通过配置嵌入式系统,可以完成特定的客户需求,对于不同功能、成本、体积等因素的物体进行智能化管理和控制。

　　随着物联网技术的发展,信息家电的普及化,嵌入式操作系统不断从弱功能向强功能方向发展和完善。其已经在系统实时高效性,硬件的依赖性,软件固化的专用性等多方面具备突出特点。嵌入式操作系统十分适合物联网应用环境中物与物相连的场景,同时也是优秀的技术手段。

　　现如今嵌入式系统在物联网中应用领域十分广阔,已经初步从科研实验扩展到工业、交通、军事等诸多领域。嵌入式系统已经逐渐成为物联网新兴产业不可或缺的技术手段。

4. M2M 技术

　　M2M(Machine-To-Machine)技术是指机器对机器的通信,即 M2M 是无线通信和信息技术的整合,它使系统、感应终端设备、后台信息系统及操作者之间实现信息共享。它提供这四者之间的无线连接,是实现数据传送的必要条件。这个词在国外用得较普遍,侧重于末端设备的互联和集控管理。在 M2M 中,主要的远距离连接技术是 GSM、GPRS 和 UMTS,其近距离连接技术主要有 802.11b/g、蓝牙技术、Zigbee、射频识别技术和无线传感技术。此外,还有一些其他技术,如超文本语言和 Corba,以及基于全球定位系统、无线终端和网络的位置服务技术。M2M 的重点是在于机器间的无线通信,存在的方式有以下 3 种:机器对机器、机器对移动电话、移动电话对机器。业内人士曾预计在未来 M2M 的通信将会占通信业务的 2/3,这巨大的潜在市场不仅仅局限在通信业内,而且还可以用于双向通信。M2M 综合了信息获取、卫星导航系统、通信技术、传感器终端、操作者、各种网络等技术。能够使业务流程自动化,集成信息处理系统和设备的实时状态,并创造增值服务。这一平台可在安全监测、自动抄表、机械服务和维修业务、自动售货机、公共交通系统、车队管理、工业流程自动化、电动机械、城市信息化等环境中运行并提供广泛的应用和解决方案。中国主要是三大通信营运商在推进 M2M 建设。2010 年中国移动拥有 400 万台 M2M 终端设备。随着接入网络的 M2M 终端数量不断增加,目前的移动通信网络必须做出适应性的调整,区分出 M2M 通信流量后再进一步满足其特定的需求。在 M2M 通信发展过程中,它的交互模式分为 3 个阶段。第一阶段以数据采集为主,如各种指标采集应用、定位跟踪应用、环境监测应用等;第二阶段涉及在数据采集基础上的远程控制和信息发布,此阶段前向流量将逐渐增加;第三阶段是机器与机器之间的直接通信,此阶段前反向流量将走向均衡化。中国当前仍以数据采集为主阶段,面临着诸多困难。在 M2M 应用与市场需求联系紧密,但到具体行业应用层面,出现了诸多问题如产业链不完善、没有统一技术标准、不能形成产业集群等。

　　由于支撑的技术水平不断提高,物联网的应用领域也越来越广。除了上述介绍的几种核心技术,还有信息物理融合系统,无线通信网络,海量数据处理等在物联网中也得到了充分的利用。这些技术是相互结合,共同发挥作用的。如果没有统一的技术标准,物联网是无法实现的,如果没有安全保护措施,物联网也是无法部署和应用的。

### 5.4.3　物联网的应用领域

物联网最为明显的特征是物物相连,而无须人为干预,从而极大程度地提升了效率,降低了人工带来的不稳定性。因此,物联网在行业中应用将非常广泛,可以说是无处不在。在工业领域、农业领域、医疗领域、城市安保领域、环境监测领域、金融与服务业领域等都得到广泛的应用。国家"十二五"规划明确提出,物联网将会在智能电网、智能交通、智能物流、金融与服务业、国防军事等十大领域中重点部署。

#### 1.智慧电力

长期以来靠人的自觉性节能,不能根据实际需求的量度,有目标性地进行能源供给,并且还需要靠人的积极性进行相应的需求管理。

在即将到来的物联网时代,能够在人们的生活质量不受影响甚至更好的情况下,通过使用进步的信息技术将能源节约下来。将这种管理需求融入电器产品设计和系统的构建上,并使用户终端与电网和分布式能源进行交流和响应,在由分布式能源系统构筑的智能电网中,我们能够通过调节用电的秩序,例如关闭或启动燃气或小水电等灵活机组,有效地控制需求和蓄电设备调节等多种技术手段,很好地解决如何自由接入分布式可再生能源。

#### 2.智能家居

人们活动的大部分时间是家里,所以物联网技术应用得以实现的最广泛的地方便是智能家居。现在家居的智能应用,仅存在一些简单的应用方式,例如自动开关的电灯,自动调节温度的电暖气等。在未来的物联网时代,各种家居设备都将可以通过智能家庭网络联网实现完全自动化,我们可以通过固定电话、电信宽带以及无线网络等设备实现对家庭设备的远程管理及控制。比如照明灯和空调等电器设备会通过自动感知、学习主人的生活习惯,从而自动调节室内的光线和温度,以减少能源的不必要浪费,智能家居将会为人们提供舒适且高品位的家庭生活环境,并且能够实现更加智能化的家庭安全防护系统,还可进一步为用户提供全方位的信息交互功能。

#### 3.智能交通

通过射频识别技术可以自动检测到道路基本信息,并且实时更新,以方便驾驶者掌握路况,也可以通过信息的采集和处理为驾驶者提供最优行驶线路。除了路况信息的采集,物联网还可以向用户传递实时交通工具信息,可以在每个公交站台设置公交车实时线路图,方便用户掌握等待时间。由于交通工具近年来的迅猛增加,导致了停车问题的产生。智能化设备可以指引人们如何方便快捷地找到停车地点,高效管理停车场资源。

#### 4.医疗健康

将物联网技术应用于医疗健康领域,可以解决医疗资源紧张、医疗费用高、人口老龄化压力等各种问题。例如,借助实用的医疗传感设备,可以实时的感知、处理和分析重大医疗事件,从而快速、有效地做出响应;乡村卫生所、乡镇医院和社区医院可以无缝地连接到中心医院,从而实时地获取专家的建议、安排转诊和接受培训;通过联网整合并且共享各个医院单位的医疗信息记录,从而构建一个综合的专业医疗网络。

5.食品溯源

给放养的牲畜都贴上一个二维码,这个二维码会一直保持到超市出售的肉品上,消费者可通过手机阅读二维码,知道该牲畜的成长历史,确保食品安全。我国已有 10 亿存栏动物贴上了这种二维码。

6.公共安全

公共安全问题是社会关注的问题。我们可以利用物联网开发出高度智能化的安全防范产品或系统,进行智能分析判断及控制,最大限度降低因传感器问题及外部干扰造成的误报,并且能够实现高精度定位,完成由面到点的实体防御与精确打击,进行高智能化的人机对话等功能。弥补传统安全系统的缺陷,确保人民的生命财产安全。

此外,物联网还可以用于烟花爆竹销售点监测、危险品运输车辆监管、火灾事故监控、气候灾害预警、智能城管、平安城市建设;还可以用于对残障人员、弱势群体(老人、儿童等)、宠物进行跟踪定位,防止走失等;还可以用于井盖、变压器等公共财产的跟踪定位,防止公共财产的丢失。

7.环境监测

环境保护监测网是天然的物联网,所以环境保护是物联网应用的优先战场。智能环境保护产品通过对地表、森林、湿地或江河湖泊等的自动监控,可以及时掌握监控区域的状况,进行灾险或污染事故的预警预报。通过建立环境物联网,可以推动环境保护工作实现新的跨越,迈上新台阶。

### 5.4.4　物联网、云计算与大数据的融合

1.物联网与云计算

物联网与云计算是近年来兴起的 2 个不同的概念。它们之间尽管互不隶属,却有着千丝万缕的联系。没有云计算的发展,物联网也不能顺利实现,而物联网的发展,又会推动云计算的进步,两者将相互推动,缺一不可。

云计算提供的分布式系统、并行计算、负载均衡、网络存储、数据挖掘、弹性计算等热点技术,都能够与物联网系统紧密融合。

(1)分布式和并行计算　分布式是一种基于网络的计算机处理技术,大规模的服务器集群,可以解决物联网服务器节点不可靠的问题;并行计算指一次可执行多个指令的算法,物联网本身需要进行大量快速的运算,分布式和并行计算可以显著提高运行效率,解决大型复杂的计算问题,为物联网提供良好的应用基础。

(2)负载均衡　负载均衡指的是原本独立的应用被分配到多个操作单元上执行,从而解决单个操作单元或模块的性能瓶颈问题。负载均衡技术在物联网系统的数据采集模块、存储模块、计算模块及 API 接口模块都有深入的应用,可以为物联网平台提供稳定、可靠的技术支撑。

(3)弹性计算　计算能力是支撑 IT 应用系统的基本单位,不同的应用需要不同的计算能力。随着物联网的发展,感知层的数据将呈现快速增长,而有限的服务器使得节点出错的概率大大增加,服务器面临随时崩溃的风险,而单纯增加服务器增加费用开支,在数据量小的时候

造成资源浪费,因此云计算的弹性计算能力可以完美解决这个问题。

(4)网络存储　即分布式存储技术,可以提供海量的存储空间,支持系统灵活扩展和高性能访问。物联网中不计其数的终端设备在收集、传输和交换数据,庞大的数据量需要一个强有力的云存储平台来满足应用需求。

(5)数据挖掘　云计算提供基于人工智能、模式识别、机器学习、统计学、可视化技术的数据挖掘能力,可以高度自动化地分析数据,做出归纳性的推理,物联网可以运用该技术迅速地从海量的数据中提取出有用的、可理解的信息。

(6)服务模式　云计算创新型的服务交付模式,IaaS、PaaS、SaaS 服务模型可以加强物联网和互联网的互联互通,促进物联网和互联网的智能融合。云计算能够使物联网的信息得到最大程度的共享,结合云计算分布在全球各地的大规模服务器集群,物联网的信息可以不受地理位置的限制,最大程度实现"云"端信息的共享。

**2. 云计算、大数据与物联网**

云计算与大数据都是基于互联网发展到一定阶段的产物,都是依托信息通信技术的创新而发展,也可以理解为同一事物的不同表象。云计算就是依托网络进行商业化分布式计算技术,同时提供海量数据的存储能力即是云存储。云计算提供了安全可靠的数据处理和存储中心,用户不用再担心数据丢失或计算机病毒入侵等安全隐患,而且它还能轻松实现不同设备间的数据共享,为用户使用互联网提供了无限的可能。云计算是物联网的核心技术,推动着物联网发展。云计算的数据计算和存储是物联网的初级发展阶段表现形式,当物联网发展到高级阶段时则需要虚拟化云计算技术与互联网融合形成泛在服务网络。

在物联网传感器不断的嵌入世界范围内所有物体中,必然会产生越来越多的数据。移动终端数量激增的同时与其他通信设备的交互性信息联通,这就形成无法计量的数据。这些数据处理量巨大、结构复杂、类型繁多,若没有云计算技术支撑下的互联网是无法对其进行利用而获取价值。因此大数据是依托云计算技术的数据处理整合下,形成的商业价值和知识服务能力。2012 年美国政府将大数据上升为国家战略,推动挖掘数据中蕴藏的巨大价值,可以认为大数据是知识经济的一个表现,蕴含着巨大的价值。美国麦肯锡咨询公司预测在中国大数据产品的潜在市场规模可达 1.57 亿万元,将会开拓一个新兴的巨大市场。

云计算是物联网存在的核心环节;大数据则是由物联网的扩展领域而逐渐形成的海量数据,大数据依托于云计算的分布式数据处理、整合,以挖掘其潜在的价值。可以看到未来世界发展方向是数据成为核心消费品,在商业上将会影响企业的业务模式和决策并改变其组织结构,提高管理运营效率;在公众领域,人们的生活方式将会改变,生活质量将会提高,个人既是信息的消费者也是生产者。

**本章小结**:本章讲述计算机网络相关概念和 Internet 及其应用,包括计算机网络的构成、计算机网络软件分类、IP 与域名、网络互联设备、网络信息检索、云计算和物联网等内容。重点掌握 IP 与域名和网络信息检索。

## ❓思考题

1.什么是计算机网络？它的主要功能是什么？

2."点分十进制"地址的格式是什么？

3.简述 IP 地址与域名系统 DNS 的关系。

4.网络互联主要有哪几种形式？目前常用的网络之间的互联设备有哪些？

5.Internet 有哪些接入方式？

6.如何使用 Internet Explore 收藏网页与保存图片？

7.怎样使用 Google 搜索引擎？

8.云计算的分类有哪些？

9.云计算的关键技术有哪些？

10.物联网的关键技术有哪些？

# 第6章 数据与数据库

> **本章导读:**人类社会已经进入海量信息时代,信息资源已成为各类社会组织部门的重要资源,建立有效地管理信息资源的信息系统已经成为企事业单位生产和发展的重要基础。数据库是数据管理的有效技术,能够帮助用户更好地管理数据。本章先讲述了数据库技术的发展概况,引入了关系数据库系统的概念和结构。以 Access 2010 的数据库工具,引入了 SQL 语句对数据库的操作。最后分析了数据库技术发展的趋势,特别分析了大数据技术在现代社会中的应用及意义。

## 6.1 数据库技术概述

数据库系统就是实现有组织地、动态地存储大量相关数据,方便用户访问的计算机软、硬资源组成的系统。而数据库技术是研究数据库的结构、存储、设计和使用的一门软件学科。因此,数据库技术主要是研究如何存储、使用和管理数据。在计算机应用中,数据处理占的比重最大,而数据库系统是数据处理的核心机构,所以它的效能往往决定了整个计算机应用的经济效益。

### 6.1.1 数据库技术特点

在应用计算机进行数据处理的技术发展过程中,历经了程序数据处理技术、文件数据处理技术和数据库数据处理技术 3 个阶段。发展至今,绝大多数的数据处理应用系统都是采用数据库数据处理技术实现的。

采用数据库数据处理技术实现的数据处理应用系统,称为"数据库应用系统",而相关的应用技术,则称其为"数据库技术"。

采用数据库技术开发数据处理应用系统,应该充分应用数据库技术特点,合理地规划数据库,有效地组织数据,编写功能完备、结构清晰、方便应用的数据处理程序。

从应用的角度看,数据库技术具有以下主要特点。

1. 实现数据集成

在一个数据处理应用系统中,数据往往来源于各个相关的应用,而这些数据本身又相互关联着。例如,在一个教材征订管理信息系统中,课程特征数据来源于教学管理应用,每一个学期的教学课堂安排数据来源于教务管理应用,教材预订数据来源于教学院系管理应用,教材征订数据来源于教材管理应用等。所有这些数据之间存在着紧密的相互关联。只有集中管理所有这些数据,保持各项数据间的正确关联,才能完成必需的综合数据处理功能。

因此,所谓数据集成,就是采取统一的方法集中管理数据及其数据之间的关联。采用数据库技术实现数据集成,可以利用数据库管理系统(Database Management System,DBMS)提供的数据管理功能,对数据处理应用系统中的各项数据实施有效的集中管理。

### 2. 提供数据共享

在一个数据库应用系统中,集中管理的数据必须提供给各项应用共同使用,这就是所谓的数据共享。

例如,在教材征订管理信息系统中,教学院系管理应用必须根据教学管理应用提供的课堂特征数据和教务管理应用制定的教学课堂安排数据,确定教材预订数据集合;而教材管理应用则必须依据一个教学院系制定的教材预订数据,完成教材征订工作。诸如此类,就形成了数据共享的要求。

利用数据库技术提供的数据共享功能,就可以在数据集中管理的基础上为各项应用提供必要的共享数据。

### 3. 减少数据冗余

如果不采用数据库技术,数据处理应用系统中的每一项应用都必须拥有自己的数据文件。而一项应用所拥有的数据文件中的若干数据项可能也会为另一项应用所使用,因此,就有必要将这些数据同时存储在另一项应用所拥有的数据文件中。即有些数据会在若干不同应用的数据文件中分别保存,这种情况称为"数据冗余"。大量冗余数据的存在将导致应用系统维护上的困难。

可以设想,在一个非数据库方式的教材征订管理信息系统中,教材管理应用必须单独保存一份属于自己的教学课堂安排数据文件。在这种情况下,教务管理应用在每进行一次调整课堂安排时,除了必须改写自己的教学课堂安排数据文件以外,还必须记住去改写由教材管理应用保存着的那一份教学课堂安排数据文件,这将给应用系统中的数据维护带来很大的麻烦。

正是由于数据库技术实现了应用系统中所有数据的集中管理,并提供了有效的数据共享功能,从而不再需要各项应用单独保存自己的数据文件,也就减少了大量的数据冗余。

注意,在数据库应用系统中,不必要的数据冗余是有害的,而必要的数据冗余又是不可避免的、有时还是必需的。例如,在教材征订管理信息系统中,数据库中的"课堂编号"和"课程代码"数据将在相关应用的数据集中各自保存一份,显然,这两项数据属于冗余数据,而这一类冗余数据的存在却是必需的。

### 4. 保证数据一致性

所谓数据一致性,是指保存在数据库中不同数据集合中的相同数据项必须具有相同的值。显然,这是必要的。数据一致性概念的存在,是由于数据库中存在着必需的数据冗余。通常将冗余数据中的某一份称为"数据正本",其余各份则称为"数据副本"。在采用数据库技术实现的数据处理应用系统中,冗余数据是受控的。当数据正本发生变更时,必须保证所有数据副本得到相同的变更,这就是数据一致性的概念。

数据库应用系统中的很多项应用都是基于不同的数据副本获得数据处理结果的,因此必须保证这些数据副本与数据正本的一致性。可以想象当一个公司的两位经理分别基于不同的数据副本查看同一时期的销售报表时,看到的销售数据不同,他们会是一种什么感受,就可以理解保证数据一致性的重要性。

### 5.统一数据标准

所谓数据标准,是指数据项的名称、数据类型、数据格式、有效数据的判定准则等数据项特征值的取值规则。在数据库应用系统中,实施统一的数据标准有利于数据共享和数据交换的实现,有利于避免数据定义的重叠,有利于解决数据使用上的冲突,有利于应用系统扩展更新时的数据扩充与更改。

### 6.控制数据安全

针对数据库所进行的各项操作都必须根据操作者所拥有的权限进行鉴别,鉴别机制由数据库管理系统(Database Management System)提供,各个操作者的权限设定则由数据库管理员(Database Administrator,DBA)负责建立。由此,数据库应用系统的数据安全、保密和完整性就得到了可靠的保障。

### 7.保持数据独立性

所谓数据独立,是指存储在数据库中的数据独立于处理数据的所有应用程序而存在。也就是说,既然数据是客观实体的符号化标识,它就是一个客观存在,不会因为某一项应用的需要而改变它的结构,因此是独立于应用而存在着的客观实体。而某一项应用是处理数据获取信息的过程,也就是应用程序,它只能根据客观存在着的数据来设计所需要的数据处理方法,而不会去改变客观存在着的数据本身。

### 8.减少应用程序开发与维护工作量

正是由于在数据库应用系统中很好地实现了数据的独立性,这就使得在进行应用程序开发时,不再需要考虑所处理的数据组织问题,因而减少了应用程序的开发与维护工作量。

但是要注意,在数据库应用系统开发初期,必须完善地规划数据库、设计数据库中的各个数据集、规范数据库中相关数据间的关联,这是一项极其重要的工作。只有一个满足规范化设计要求的数据库,才能够真正实现各类不同的应用需求。

### 9.方便应用系统用户的使用

数据库应用系统是要交付给用户使用的,作为系统的开发设计者,必须充分地认识到这一点。因此,数据库应用系统设计者有义务使自己所设计的数据库应用系统能够充分满足用户应用的需要。并且,必须保证数据库应用系统的运行与操作符合各类用户的操作习惯,方便用户的使用,容忍并提示用户的误操作。

## 6.1.2　数据库系统的组成

简单讲信息是消息,人们通过获得、识别自然界和社会的不同信息来区别不同的事物。数据库系统(Database Systems,缩写为 DBS)是指引入数据库技术的计算机系统,它是由数据库、数据库管理系统(Database Management System,DBMS)、数据库应用程序和用户组成的,如图 6.1 所示,它是用于完成数据存储、管理、处理和维护的系统。

### 1.信息与数据

简单的数据就是数字,比如 12、3.141 592 6、3.6×10⁸ 等,这是数据传统的、狭义的理解。对数据概念延伸,数据就是描述事物的符号记录,不仅有整数、实数等数值型数字,还有符号、文字、图形、图像、音频、视频等很多种非数值型数据。

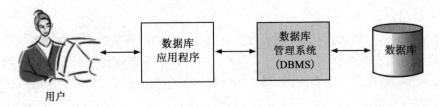

用户

**图 6.1　数据库系统的组成**

　　数据是信息的表现形式和载体。数据和信息是不可分离的,数据是信息的表达,信息是数据的内涵。数据本身没有意义,数据只有对实体行为产生影响时才成为信息。比如仅仅只有一个整数 60,它即可以解释为 60 min,或 60 s,或数据库成绩的 60 分,或椅子的高度 60 cm,或房子的面积 60 $m^2$。所以仅仅在数据库中存储数据意义不大,还需要存储数据的解释,说明数据的含义,即数据的语义。

　　数据是数据库中存储的基本对象,数据需要组织、编码数字化后再存入计算机。如表 6.1 所示一组 12 个学生的成绩,每个学生都有学号、姓名和大学英语、高等数学、信息技术基础成绩等信息。采用一个二维表格组织数据,把每个学生的整数型学号、字符串型姓名、3 个整数型成绩组织在一起,构成一个记录,一个一个地存储到计算机中。例如徐成波同学的成绩情况表示为:

　　　　(20160101,'徐成波',79,83,95)

　　在数据库中的数据是有结构的,用来表示复杂的信息。从数据库中读出上面的记录,可以由数据库解释为徐成波的学号、姓名、大学英语、高等数学、信息技术基础 3 门成绩的信息。记录是一个复合数据结构体,描述现实世界中的事务及其特征,也可以是计算机中表示和存储数据的一种格式或一种方法。为了进一步表示学生的详细信息,把各个学院的学生基本信息也进行管理,如表 6.2 所示。

**表 6.1　学生成绩单**

| 学号 | 姓名 | 大学英语 | 高等数学 | 信息技术基础 |
| --- | --- | --- | --- | --- |
| 20160101 | 徐成波 | 79 | 83 | 95 |
| 20160102 | 黄晓君 | 91 | 87 | 68 |
| 20160103 | 林宇珊 | 82 | 78 | 82 |
| 20160104 | 张茜 | 73 | 60 | 78 |
| 20160201 | 黄晓君 | 94 | 68 | 96 |
| 20160202 | 陈金燕 | 88 | 79 | 67 |
| 20160203 | 张顺峰 | 61 | 86 | 94 |
| 20160204 | 洪铭勇 | 77 | 96 | 67 |
| 20160301 | 朱伟东 | 86 | 62 | 78 |
| 20160302 | 叶剑峰 | 93 | 79 | 72 |
| 20160303 | 林宇珊 | 68 | 72 | 85 |
| 20160304 | 吴妍娴 | 97 | 82 | 87 |

**表 6.2　学生基本信息**

| 学号 | 姓名 | 性别 | 院系编码 | 院系 | 籍贯 |
|------|------|------|----------|------|------|
| 20160101 | 徐成波 | 男 | 01 | 计算机科学与技术学院网络工程系 | 广东广州 |
| 20160102 | 黄晓君 | 女 | 01 | 计算机科学与技术学院网络工程系 | 湖南衡阳 |
| 20160103 | 林宇珊 | 女 | 02 | 计算机科学与技术学院计算机系 | 河南新乡 |
| 20160104 | 张茜 | 女 | 02 | 计算机科学与技术学院计算机系 | 广东中山 |
| 20160201 | 黄晓君 | 男 | 04 | 自动化学院电气自动化系 | 河北保定 |
| 20160202 | 陈金燕 | 女 | 04 | 自动化学院电气自动化系 | 江苏徐州 |
| 20160203 | 张顺峰 | 男 | 04 | 自动化学院电气自动化系 | 河南洛阳 |
| 20160204 | 洪铭勇 | 男 | 04 | 自动化学院电气自动化系 | 河北邯郸 |
| 20160301 | 朱伟东 | 男 | 05 | 管理学科学院商业管理系 | 山东青岛 |
| 20160302 | 叶剑峰 | 男 | 05 | 管理学科学院商业管理系 | 陕西西安 |
| 20160303 | 林宇珊 | 女 | 06 | 管理学科学院会计系 | 湖北襄阳 |
| 20160304 | 吴妍娴 | 女 | 06 | 管理学科学院会计系 | 浙江诸暨 |

**2. 数据库**

数据库是计算机存储设备中存放数据集合的仓库,如表 6.1 所示的数据存放到计算机硬盘之中,可以永久性地存储。数据库中不仅要存放数据,也要存放数据的自描述信息,即对存放数据结构的描述,如学生的学号、姓名、3 门成绩等属性数据,以及各自数据类型分别是整数、字符串、整数、整数、整数。有了这个特性,从数据库中获得的数据结构信息,然后再决定是否存取数据库的数据,而不用四处寻找。类似使用图书馆自身的分类信息再定位藏书。

一般在数据库中需要更改表 6.1 和表 6.2 为 4 个表,如表 6.3 至表 6.6 所示,数据内容也做了调整,这样比如通过学号和院系编码把分散到 3 个数据集合中关于同一个学生的成绩、学籍、院系信息整合起来,这样数据库可以很容易表明 3 个记录是关于同一个学生的信息;这样数据库可以存放一个具体应用的全部数据都有结构,不仅可以大大减少数据冗余,节省存储空间,更加方便了数据的管理和使用,同时也可以容纳更多的信息。

**表 6.3　学校院系信息表**

| 院系编号 | 学院名称 | 系部名称 |
|----------|----------|----------|
| 01 | 计算机科学与技术学院 | 网络工程系 |
| 02 | 计算机科学与技术学院 | 计算机系 |
| 03 | 计算机科学与技术学院 | 软件工程系 |
| 04 | 自动化学院 | 电气自动化系 |
| 05 | 管理科学学院 | 商业管理系 |
| 06 | 管理学科学院 | 会计系 |

表 6.4　学生基本信息

| 学号 | 姓名 | 性别 | 院系编号 | 籍贯 |
| --- | --- | --- | --- | --- |
| 20160101 | 徐成波 | 男 | 01 | 广东广州 |
| 20160102 | 黄晓君 | 女 | 01 | 湖南衡阳 |
| 20160103 | 林宇珊 | 女 | 02 | 河南新乡 |
| 20160104 | 张茜 | 女 | 02 | 广东中山 |
| 20160201 | 黄晓君 | 男 | 04 | 河北保定 |
| 20160202 | 陈金燕 | 女 | 04 | 江苏徐州 |
| 20160203 | 张顺峰 | 男 | 04 | 河南洛阳 |
| 20160204 | 洪铭勇 | 男 | 04 | 河北邯郸 |
| 20160301 | 朱伟东 | 男 | 05 | 山东青岛 |
| 20160302 | 叶剑峰 | 男 | 05 | 陕西西安 |
| 20160303 | 林宇珊 | 女 | 06 | 湖北襄阳 |
| 20160304 | 吴妍娴 | 女 | 06 | 浙江诸暨 |

表 6.5　课程信息表

| 课程编号 | 课程名称 | 课程编号 | 课程名称 |
| --- | --- | --- | --- |
| 01 | 英语 | 04 | 大学物理 |
| 02 | 高等数学 | 05 | 生物基础 |
| 03 | 信息技术基础 | 06 | 哲学 |

表 6.6　学生成绩表(部分)

| 学号 | 课程编号 | 成绩 |
| --- | --- | --- |
| 20160101 | 01 | 79 |
| 20160101 | 02 | 83 |
| 20160101 | 03 | 95 |
| 20160102 | 01 | 91 |
| 20160102 | 02 | 87 |
| 20160102 | 03 | 68 |
| 20160103 | 01 | 82 |
| 20160103 | 02 | 78 |
| 20160103 | 03 | 82 |
| 20160104 | 01 | 73 |
| 20160104 | 02 | 60 |
| 20160104 | 03 | 78 |

续表 6.6

| 学号 | 课程编号 | 成绩 |
| --- | --- | --- |
| 20160201 | 01 | 94 |
| 20160201 | 02 | 68 |
| 20160201 | 03 | 96 |
| 20160202 | 01 | 88 |
| 20160202 | 02 | 79 |
| 20160202 | 03 | 67 |
| 20160304 | 01 | 97 |
| 20160304 | 02 | 82 |
| 20160304 | 03 | 87 |

关于数据库结构的数据称为数据字典,也称为元数据。在关系数据库中元数据为表名、列名和列所属的表、表和列的属性等。为了提升数据库的性能,数据库中还包含索引和其他改进数据库性能的结构,如图 6.2 所示。

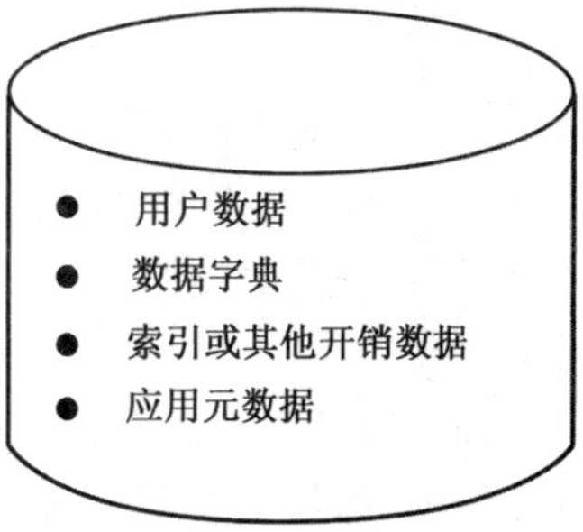

数据库是长期存储在计算机内的、有组织的、可共享的大量数据集合。数据库中的数据按一定的数据模型进行组织、描述和存储,具有较小的数据冗余、较高的数据独立性和易扩展性,并可以为各种用户共享。

- 用户数据
- 数据字典
- 索引或其他开销数据
- 应用元数据

图 6.2 数据库内容

### 3. 数据库管理系统

数据库管理系统(DBMS)是用于创建、处理和管理数据库的系统软件,它处于数据库应用程序和数据库之间,接收数据库应用的程序逻辑处理和商业处理的命令请求,转化为数据库的操作作用于数据库,再把数据库命令处理结果返回给应用程序。DBMS 是由软件供应商授权的一个庞大而且复杂的程序,普通的公司几乎无法编写自己的 DBMS 程序。最为典型 DBMS 商业软件:Oracle 公司的 Oracle 和 MySQL、Microsoft 公司的 Access 和 SQL Serve、IBM 公司的 DB2 等。Access 是微软公司 Office 套件的一个组成部分,主要是应用于桌面数据库,处理个人或者中小企业的数据,MySQL 的免费版本也分为个人版和企业版,可以进行选择,其他的 DBMS 都是企业版数据库系统。

操作系统是计算机硬件的最为底层的抽象,数据库管理系统也是运行在操作系统之上的程序,需要操作系统提供的文件、安全、网络通信、网络服务的功能,为数据库应用程序和终端用户提供丰富的功能,例如数据定义,数据组织、存储和管理,数据操纵,数据库事务管理和运行控制,数据库建立、初始化和维护等功能。

### 4. 数据库应用系统

数据库应用系统是在数据库管理系统(DBMS)支持下建立的计算机应用系统(Database Application System,DBAS),通常为使用数据库的各类信息系统。例如现代企业中,以数据库为基础的生产管理系统、财务管理系统、办公自动化管理系统、人力资源管理系统、客户关系管理系统、销售管理系统、仓库管理系统等各类信息系统。无论是面向企业内部业务和管理的管理信息系统,还是面向外部,提供信息服务的开放式信息系统,从实现技术角度而言,都是以数据库为基础和核心的计算机应用系统,它们接收用户界面的用户操作,按照信息系统的应用逻辑处理要求,向 DBMS 发出数据操纵请求,以实现用户的查询、增加、删除、修改、统计报表等操作,DBMS 完成数据库操作之后,再向应用程序返回操作结果,格式化显示到程序界面。

例如关系数据库应用程序有 5 个主要功能:

(1)创建并处理表单;

(2)处理用户查询;

(3)创建并处理报表;

(4)执行应用逻辑;

(5)控制应用。

### 5. 数据库用户

数据库用户为开发、管理和使用数据库系统的人员,主要包括数据库管理员(Database Administrator,DBA)、系统分析员、数据库设计人员、应用程序员和最终用户。其中数据库管理员 DBA 是最为重要的核心用户,涉及信息系统整个生命周期,负责全面管理和控制数据库。最终用户为通过数据库应用程序的用户接口使用信息系统的人员,为生产管理、财务管理、市场管理等基本业务管理人员,以及中级经理级管理人员和总经理董事长为代表的高级管理人员,他们是使用数据库系统的主体人员。其他为数据库系统开发人员,开发完成数据库系统之后就撤离。

数据库系统不仅有数据库、数据库管理系统、数据库应用程序和用户,还有应用程序运行的计算机、通信网络等硬件,以及操作系统、编译开发工具等系统软件的支撑,这样才是一个完整的数据库系统。

## 6.1.3　数据库管理系统的功能

数据库管理系统从字面来说是一套管理数据库的软件工具,它是由一组程序模块来分别负责组织、管理、存储和读取数据库的数据,用户对于数据库的任何操作,都需要通过数据库管理系统来处理。DBMS 是数据库系统的核心,它的功能决定了 DBMS 商业软件的价值,它的技术基本上决定了数据库技术的发展。

### 1. 数据定义功能

数据库不仅要存储数据,还要存储元数据。数据库管理系统提供数据库定义语言(Data Definition Language,DDL),可以方便地定义面向某个应用的数据对象以及数据结构,比如关系数据库中的数据库创建、表创建、索引创建等,通过数据定义功能,把数据字典保存到数据库中,为整个系统提供数据结构信息。另外 DBMS 通过 DDL 来维护所有数据库结构,例如关系数据库中有时要改变表或其他支持结构的格式。

### 2. 数据操纵功能

数据库管理系统提供读取和修改数据库中的数据的基本功能,为此数据库管理系统提供数据操作语言(Data Multipulation Language,DML),用户使用 DML 操纵数据,完成按条件查询、插入、修改和删除等功能。在关系数据库中,DBMS 接收用户或应用程序发过来的 SQL 语句或其他请求,并将这些请求转化为对数据库文件的实际操作。

3.基于逻辑模型和物理模型的数据组织、存储和管理功能

按照数据之间不同的联系类别划分,逻辑模型有层次模型(Hierarchical Model)、网状模型(Network Model)、关系模型(Relation Model)、面向对象数据模型(Object Oriented Data Model)等,DBMS 选择不同的逻辑模型对数据进行组织和管理,据此展开 DBMS 软件的设计与实现,DBMS 也是根据逻辑模型进行基本分类的,分别为层次型 DBMS、网状型 DBMS、关系型 DBMS、面向对象 DBMS。

物理模型是对数据最底层的抽象,描述数据在计算机存储系统中表示方法和存取方法,实现非易失性存储器上数据的存储和管理,达到提高存储空间利用率和存取效率。

4.数据库的运行管理

只有通过事务管理,数据库操纵才能正确进行,才能保障数据库中数据反映了现实世界。为此 DBMS 提供统一事务管理和并发控制,实现数据库的正确建立、正确运用和维护,使得多用户同时访问数据库时,提供一个安全系统,用于保证只有授权用户对数据库执行授权活动;同时提供一个防止错误数据、无效数据进入数据库的完整性保障。为了应付各种错误、软硬件问题或自然灾难,DBMS 提供备份数据库和恢复数据库功能,确保没有数据丢失,保护企事业单位的高价值信息资源。这些都是 DBMS 运行时的核心部分,它包括如下内容:

(1)数据的并发(Concurrency)控制　当多个用户的并发进程同时存取、修改或访问数据库时,可能会发生相互干扰而得到错误的结果或使得数据库的完整性遭到破坏,因此必须对多用户的并发操作加以控制和协调。

(2)数据的安全性(Security)保护　数据的安全性保护是指保护数据以防止不合法的使用造成的数据泄密和破坏。因此每个用户只能按规定,对某些数据以某些方式进行使用和处理。

(3)数据的完整性(Integrity)控制　数据的完整性控制是指设计一定的完整性规则以确保数据库中数据的正确性、有效性和相容性。例如,当输入或修改数据时,不符合数据库定义规定的数据系统不予接受。

(4)数据库的恢复(Recovery)　计算机系统的硬件故障、软件故障、操作员的失误以及故意的破坏也会影响数据库中数据的正确性,甚至造成数据库部分或全部数据的丢失。DBMS必须具有将数据库从错误状态恢复到某一已知的正确状态(亦称为完整状态或一致状态)的功能,这就是数据库的恢复功能。

数据库是个通用的综合性的数据集合,它可以供各种用户共享,并且具有最小的冗余度和较高的数据与程序的独立性。

另外 DBMS 还提供数据库维护功能,通过性能监视、分析等功能,判断当前数据库的运行状况,根据实际情况进行数据库参数修改、数据库重新组织达到数据库的维护。当前 DBMS还提供网络通信功能,让数据库应用程序或者用户终端通过企业内部网、互联网访问 DBMS管理的数据库。也提供不同 DBMS 数据转换、异构数据库互操作等丰富的功能。

5.数据字典

数据字典(Data Dictionary,DD)中存放着对实际数据库各级模式所做的定义,也就是对数据库结构的描述。这些数据是数据库系统中有关数据的数据,称为元数据(Metadata)。因此,数据字典本身也可以看成是一个数据库,只不过它是系统数据库。

　　数据字典是数据库管理系统存取和管理数据的基本依据,主要由系统管理和使用。数据字典描述了对数据库数据的集中管理手段,并且还可以通过查阅数据字典来了解数据库的使用和操作。数据字典经历了人工字典、计算机文件、专用数据字典系统和数据库管理系统与数据字典一体化 4 个发展阶段。专用的数据字典在系统设计、实现、运行和扩充各个阶段是管理和控制数据库的有力信息工具。

## 6.2　关系数据库基本理论

### 6.2.1　概念模型

　　数据库技术是计算机领域发展最快的技术之一,数据库技术的发展是沿着数据模型为主线推进的。数据模型(Data Model)是对现实世界数据特征的抽象,用来描述数据、组织数据和对数据进行操作。只有通过数据模型才能把现实世界的具体事务转换到计算机数据世界之中,才能为计算机存储和处理,所以数据模型是数据库系统的核心和基础。

　　在数据库系统开发的不同阶段,使用不同的数据模型,如图 6.3 所示。按照数据库系统开发流程,分别为概念模型、逻辑模型和物理模型 3 种。概念模型也是信息模型,即把现实世界的客观对象抽象为某种信息结构,它是一种概念模型,是按照用户的观点对信息建模。逻辑模型和物理模型为机器世界中 DBMS 所支持的数据模型,它们是计算机中数据组织、存储和管理的基础。逻辑模型是面向 DBMS 软件开发的,主要用于 DBMS 的实现,关系数据库的模型是关系模型。概念模型到逻辑模型的转换由数据库设计人员完成;物理模型是面向计算机系统的,主要用于选择逻辑模型数据与联系在计算机内部的表示方式和存取方法,物理模型的具体实现是 DBMS 的任务,即逻辑模型转换为物理模型由 DBMS 完成。

图 6.3　数据模型在信息系统
开发中的不同阶段

　　概念模型是现实世界到机器世界的一个中间层,它不依赖于数据的组织结构,而是反映现实世界中的信息及其关系。它是现实世界到信息世界的第一层抽象,也是用户和数据库设计人员之间进行交流的工具。这类模型不但具有较强的语义表达能力,能够方便、直接地表述应用中各种语义知识,而且概念简单、清晰,便于用户理解。

　　数据库设计人员在设计初期应把主要精力放在概念模式的设计上,因为概念模型是面向现实世界的,与具体的 DBMS 无关。目前,被广泛使用的概念模型是 P. P. S. Chen 于 1976 年提出的 E-R 数据模型(Entity-Relationship Data Model),即实体-联系数据模型,涉及的主要概念有实体、属性、关键字(码)、实体集、联系等。

　　1.基本概念

　　(1)实体(Entity)　客观存在,可以相互区别的现实世界的事物称为实体。实体可以是具体的人、事、物,即具体的对象,例如一名学生、一名教师、一个课程。实体也可以是抽象的概念和联系,例如一次借书、一次羽毛球比赛等。

（2）属性（Attribute）　实体所具有的某一特性或性质称为属性。实体有很多属性，可以通过实体的属性来刻画实体，来认识实体，认识客观世界。比如表 6.2 的学生实体是由学号、姓名、院系和籍贯等属性组成，属性组合值（20160203，张顺峰，男，04，自动化学院电气自动化系，河南洛阳）代表了一名自动化学院电气自动化系的学生。每个实体的每个属性值都有确定的数据类型，可以是简单数据类型，例如整数型、实数型、字符串型、布尔类型；也可以是复杂数据类型，例如表示人照片的图像数据类型、富格式文本（RTF）类型等。

（3）关键字（Key）　唯一地标识实体的属性或属性集合称为关键字，也称为码（或键）。例如学号是学生实体的关键字，学生姓名不能作为关键字，因为有可能重名。例如学生选课关系中，学号和课程号联合在一起才能唯一地标识某个学生某门课程的考试成绩。

（4）实体型（Entity Type）　在数据库设计中，常常关心具有相同属性的实体集合，它们具有相同的特征和性质，用实体型来抽象和刻画同类实体，具体做法为用实体名及其属性名集合，比如表 6.2 的学生实体型——学生（学号，姓名，性别，院系编码，院系，籍贯）。

（5）实体集（Entity Set）　具有实体型的实体集合称为实体集，如全校男学生的集合组成学生实体集。

（6）联系（Relationship）　在现实世界中，事务之间以及事务内部是有联系的，这种联系在信息世界中反映为实体（集）之间或实体（集）内部联系。例如由学生实体组成的一个班级实体集中，班长由一位同学担任，这样班长这个实体与班级这个实体集的联系为实体内部联系。学生实体与学院实体之间的联系为二元联系，一个学院拥有多名学生，一个学生必定而且只属于一个学院。通常的联系为实体之间的联系，根据与一个联系有关实体集的个数，联系可以分为一元联系、二元联系、三元联系等。常用的二元联系又分为一对一联系、一对多联系和多对多联系 3 种。

2.E-R 图

E-R 数据模型就是用 E-R 图（E-R Diagram）来描述现实世界的概念模型，采用直观的图形准确地表示出实体、属性、联系等信息。

（1）实体（型）。用矩形表示，矩形框内写明实体名。

（2）属性。用椭圆形表示，椭圆内注明属性名称，并用无向边将其与相应的实体连接起来。如果属性较多时，可以将实体与其相应的属性另外单独用列表表示。

（3）联系。用菱形表示，菱形框内写明联系名，并用无向边将其与有关实体连接起来，同时在无向边上标注联系的类型（1∶1，1∶n 或 m∶n）。

例如，学生信息的概念模型中，学生实体具有学号、姓名、性别、籍贯等属性，用 E-R 图表示如图 6.4 所示。

例如，院系实体具有院系编号、学院名称、系名称等属性，用 E-R 图表示如图 6.5 所示。

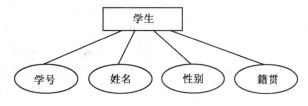

图 6.4　学生基本信息的 E-R 图

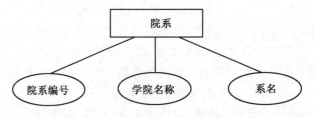

图 6.5　院系信息的 E-R 图

学生与院系实体之间的隶属联系为 1∶n,即一名学生只能属于一个院系,一个院系可以拥有多名学生,两个实体之间的联系用 E-R 图表示如图 6.6 所示。

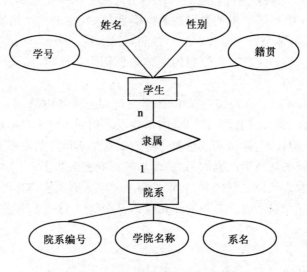

图 6.6　学生隶属院系的 E-R 图

实体-联系方法是抽象和描述现实世界的有力工具。用 E-R 图表示的概念模型独立于具体的 DBMS 所支持的数据模型,它是各种数据模型的共同基础,因而比数据模型更一般、更抽象、更接近现实世界。

### 6.2.2　关系模型

关系模型是目前应用最广泛,也是最重要的一种数据模型。关系数据库是采用关系模型作为数据的组织形式。关系模型出现以前是树形模型和网状模型,因为这两种模型的局限性,通常现有的数据库系统都不采用这两个非关系模型。

关系模型是 1970 年在 E. F. Codd 发表的题为《大型共享数据库数据的关系模型》的论文中首次提出的,并开创了数据库关系方法和关系数据理论的研究,进而创建了关系数据库系统(Relational Database System,RDBS)。更重要的是 RDBS 提供了结构化查询语言(Structured Query Language,SQL),它是在关系数据库中定义和操纵数据的标准语言。SQL 大大增加了数据库的查询功能,是 RDBS 普遍应用的直接原因。为了便于理解,本书选用了 Microsoft Access 2010 作为 RDBS 示例,展示数据库技术及其应用。

1. 数据结构

关系模型中基本的数据结构是二维表。每个实体集可以看成一个二维表,它存放若干实体本身的数据,例如表 6.3 存放了所有的院系信息。实体之间的联系也用二维表来表达,例如表 6.6,表示了学生选课的 m:n 的联系。在关系模型中,每个二维表称为一个关系,并且有一个名字,称为关系名,通常与逻辑模型中实体的名字相同。对关系的描述称为关系模式,一个关系模式对应一个关系的结构,其表示格式如下:

关系名(属性名 1,属性名 2,…,属性名 n)

例如表 6.3 至表 6.6 的 4 个关系模式可以分别表示为:

院系关系(院系编号、学院名称、系部名称)

学生基本关系(学号、姓名、性别、院系编号、籍贯)

课程关系(课程编号、课程名称)

学生成绩关系(学号、课程编号、成绩)

采用英文名称可以表示为:

Department(DeptNo、SchName、MajorName)

StudentInfo(Sno、SName、Sex、DeptNo、Hometown)

Course(Cno、CName)

StudentPoint(Sno、Cno、Point)

为了便于后面的描述,Department、StudentInfo、Course、StudentPoint 分别简写为 DR、SIR、CR 和 SPR。

一个关系的二维表是由行列组成的,每行称为一个元组或一个记录,一个关系可以包含若干个元组,但不允许有完全相同的元组,如表 6.3 至表 6.6 的 4 个关系模式中表的内容。有的时候一个记录也称作关系的一个实例。

一个关系的二维表也可以分为若干列,关系中的列称为属性,每一列都有一个属性名,一般采用 E-R 图中属性名称英文简写。在同一个关系中不允许有重复的属性名,允许采用不同的列表顺序,只要属性集合相同即可。在 Access 2010 中,属性也称为字段,一个关系可以包含多个字段。

域指属性的取值范围。如学生信息表的学号字段为 8 位数字串,姓名字段为 6 或 10 位的字符串,性别字段只能是"男"或"女"的字串,或者采用布尔数据类型来等价替换。在关系数据库中,属性一般定义为指定的数据类型,再进行限制,比如性别字段为长度为 2 位的字符串。在 Access 2010 中,允许 10 多种数据类型:文本、备注、数值、日期/时间、货币、自动编号、是/否、OLE 对象、超级链接、附件、查询向导,其解释如表 6.7 所示。

数字(Number):这种字段类型可以用来存储进行算术计算的数字数据,用户还可以设置"字段大小"属性定义一个特定的数字类型,任何指定为数字数据类型的属性可以设置成"字节"、"整数"、"长整数"、"单精度数"、"双精度数"、"同步复制 ID"、"小数"7 种类型。在 Access 中通常默认为"双精度数"。

OLE 对象:OLE 对象或其他二进制数据,用于存储其他 Microsoft Windows 程序中的 OLE 对象,例如 Word、Excel 等 OLE 对象。

**表 6.7　Microsoft Access 2010 中可用的数据类型**

| 数据类型 | 存储数据类型 | 存储大小限制 |
| --- | --- | --- |
| 文本 | 字母数字字符(不参与数学计算的数字) | 最大 255 字符 |
| 备注 | 字母数字字符(可以使用 Rich Text 格式文本) | 显示控件输入最大长度可超过 255 个字符,如果编程方式输入字符数则最大为 2 GB |
| 数字 | 数值(整数或浮点数) | 1、2、4 或 8 个字节(16 个字节时用于复制 ID) |
| 日期/时间 | 日期和时间类型 | 8 字节(日期和时间两部分) |
| 货币 | 货币类型 | 8 字节 |
| 自动编号 | 自动数据类型 | 4 个字节(同步复制 ID 时 16 个字节) |
| 是/否 | 是/否、真/假、开/关 | 1 位(8 位=1 字节) |
| OLE 对象 | OLE 对象或其他二进制数据 | 最大 1 GB |
| 附件 | 图片、图像、二进制文件、Office 文件 | 对于压缩附件为 2 GB。对于未压缩附件大约为 700 kB,具体取决于附件的可压缩程度,取决于附件 |
| 超链接 | 连接至 Internet 资源 | 最大 65 535 个字符 |
| 查阅向导 | 显示另一个表的数据 | |

附件:为存储数字图像和任意类型的二进制文件的首选数据类型。

超链接:用于存储超链接,以通过 URL(统一资源定位器)对网页进行单击访问,或通过 UNC(通用命名约定)格式的名称对文件进行访问。还可以链接至数据库中存储的 Access 对象。

查阅向导:不是实际数据类型,它仅仅是启动查阅向导,以便可以创建使用组合框来查找另一个表、查询结果或列表这三类中值的字段。

自动编号:表示添加记录时,Access 2010 会自动插入一个唯一数字值。用于生成可用作主键的唯一值。请注意,可以递增顺序或按指定的值,或随机分配的自动编号字段的值。

其实 Access 也可以自定义键,也称为关键字,它由一个或多个属性组成,用于唯一标识一个记录或元组。例如,关系 Department(DeptNo、SchName、MajorName)中"DeptNo"字段可以区别表中的各个记录,所以"院系编号"字段可作为关键字使用。一般在关系模式表示中,给关键字画上下划线以示区别。一个关系中可能存在多个关键字,用于标识记录的关键字称为主关键字,例如,StudentPoint(Sno、Cno、Point)中关键字是由学号和课程编号两个字段组成,来标识一个学生的成绩。

如果关系中的一个属性不是关系的主键,但它是另外一个关系的主键,则该属性称为外部键,也称为外部关键字。例如 StudentInfo(Sno、SName、Sex、DeptNo、Hometown)中院系编号属性 DeptNo 不是关系的主键,但它是 Department(DeptNo、SchName、MajorName)的主键,通过外键来表示两个关系之间的联系,这是关系数据库常用的方法。表示两个关系之间的联系也可以采用创建一个新的表来表示,比如 StudentPoint(Sno、Cno、Point)就是新建的一个表,通过两个外键 Sno 和 Cno 来表示学生选修课程的成绩。

2. 数据操纵与完整性约束

关系完整性指关系数据库中数据的正确性和可靠性,关系数据库管理系统的一个重要功能就是保证关系的完整性。关系完整性包括实体完整性、值域完整性、参照完整性和用户自定义完整性。

(1)实体完整性　实体完整性指数据表中记录的唯一性,即同一个表中不允许出现重复的记录。设置数据表的关键字可便于保证数据的实体完整性。例如,学生基本信息表中的"学号"字段为关键字,若编辑"学号"字段时出现相同的学号,数据库管理系统就会提示用户,并拒绝修改字段。

(2)值域完整性　值域完整性指数据表中记录的每个字段的值应在允许范围内。例如,可规定"学号"字段必须由数字组成。

(3)参照完整性　参照完整性指相关数据表中的数据必须保持一致。例如,学生信息表中的"学号"字段和成绩表中的"学号"字段应保持一致。若修改了学生信息表中的"学号"字段,则应同时修改成绩记录表中的"学号"字段,否则会导致参照完整性错误。

(4)用户自定义完整性　用户自定义完整性指用户根据实际需要而定义的数据完整性。例如,可规定"性别"字段值为"男"或"女","成绩"字段值必须是 0~100 范围内的整数。

3. 存储结构

关系模型中,实体及实体间的联系都用二维表来表示。在数据库的物理组织中,二维表以文件形式存储。在 Access 2010 数据库中,每个数据库可以包括多个数据表、查询对象等,采用一个 AccDB 为文件扩展名的文件来保存。也可以通过优化,把所有的数据表放到一个 AccDB 文件中,查询、报表对象放到另外一个 AccDB 文件中。

4. 优点

关系数据模型的主要优点如下:

(1)具有严格的数据理论基础,关系数据模型是建立在严格的数据概念基础上的。

(2)概念单一,不管是实体本身还是实体之间的联系都用关系(表)来表示,这些关系必须是规范化的,使得数据结构变得非常清晰、简单。

(3)在用户的眼中无论是原始数据还是结果都是二维表,不用考虑数据的存储路径。因此,提高了数据的独立性、安全性,同时也提高了开发效率。

## 6.2.3　关系运算基础

关系数据操作就是关系的运算。关系的基本运算有 2 类:传统的集合运算(并、交、差等)和专门的关系运算(选择、投影、联接),关系数据库进行数据查询时有时需要几个基本运算的组合。

### 6.2.3.1　传统的集合运算

并、差、交是集合的传统运算形式,进行集合运算的关系 $R$ 与 $S$ 必须具有相同的关系模式,即 $R$ 和 $S$ 必须具有相同的属性集。

1. 并运算

设有两个关系 $R$ 和 $S$,它们具有相同的结构,$R$ 和 $S$ 的并(Union)是由属于 $R$ 或属于 $S$ 的元组组成的集合,运算符为 $\cup$。记为 $T=R\cup S$。

例如,合并两个相同结构的数据表,就是两个关系的并集。

### 2.差运算

$R$ 和 $S$ 的差(Difference)是由属于 $R$ 但不属于 $S$ 的元组组成的集合,运算符为 $-$。记为 $T=R-S$。

例如,设有选修高等数学的学生关系 $R$,选修信息技术基础的学生关系 $S$。查询选修了高等数学而没有选修信息技术基础的学生,就可以使用差运算。

### 3.交运算

$R$ 和 $S$ 的交(Intersection)是由既属于 $R$ 又属于 $S$ 的元组组成的集合,运算符为 $\cap$。记为 $T=R\cap S$。 $R\cap S=R-(R-S)$。

例如,设有选修高等数学的学生关系 $R$,选修信息技术基础的学生关系 $S$。要查询既选修了高等数学又选修信息技术基础的学生,就可以使用交运算。

#### 6.2.3.2 专门的关系运算

在关系数据库中,查询是经常使用的数据操作,学习专门的关系运算有助于查询操作的设计与实现。

### 1.选择运算

选取关系中满足一定条件的元组,即从关系中找出满足给定条件 $F$ 的那些元组称为选择。其中的条件 $F$ 是以逻辑表达式给出的,值为真的元组将被选取。这种运算是从水平方向抽取二维表中的元组,关系模式没有发生改变。

$$\sigma_F(R) = \{t \mid t \in R \wedge F(t) = \text{"真"}\}$$

选择条件可以为列名的变量、常量或简单函数为元素的逻辑表达式,由逻辑运算符 $\neg$(非)、$\wedge$(与)、$\vee$(或)连接各个比较表达式组成。比较表达式的运算符为 $>$、$\geqslant$、$<$、$\leqslant$、$\neq$、$=$。

例如,从院系关系 $DR$ 中查询学院名称为"计算机科学与技术学院"院系信息,使用的查询操作就是选择运算,表达式为 $\sigma_{\text{DeptNo="计算机科学与技术学院"}}(R)$,其结果如表 6.8 所示。

表 6.8 计算机科学与技术学院的系部

| 院系编号 | 学院名称 | 系部名称 |
|---|---|---|
| 01 | 计算机科学与技术学院 | 网络工程系 |
| 02 | 计算机科学与技术学院 | 计算机系 |
| 03 | 计算机科学与技术学院 | 软件工程系 |

### 2.投影运算

选取关系中的某些列,并且将这些列组成一个新的关系。

从关系模式中挑选若干属性组成新的关系称为投影。这是从列的角度进行的运算,相当于对关系进行垂直分解,从给定的关系中保留指定的属性子集而删去其余属性。

设给定某关系 $R(X)$,$X$ 是 $R$ 的属性集,$A$ 是 $X$ 的一个属性子集,即 $A\subseteq X$,则 $R$ 在 $A$ 上的投影可以定义为:

$$\Pi_A(R) = \{t[A] \mid t \in R\}$$

例如,从学生基本关系 SIR 中仅仅显示"姓名"、"性别"和"籍贯"信息,用关系表达式可表达为 $\Pi_{\{SName, Sex, Hometown\}}(SIR)$,显示结果如表 6.9 所示。

表 6.9　学生简要信息

| 姓名 | 性别 | 籍贯 |
| --- | --- | --- |
| 徐成波 | 男 | 广东广州 |
| 黄晓君 | 女 | 湖南衡阳 |
| 林宇珊 | 女 | 河南新乡 |
| 张茜 | 女 | 广东中山 |
| 黄晓君 | 男 | 河北保定 |
| 陈金燕 | 女 | 江苏徐州 |
| 张顺峰 | 男 | 河南洛阳 |
| 洪铭勇 | 男 | 河北邯郸 |
| 朱伟东 | 男 | 山东青岛 |
| 叶剑峰 | 男 | 陕西西安 |
| 林宇珊 | 女 | 湖北襄阳 |
| 吴妍娴 | 女 | 浙江诸暨 |

3. 广义笛卡尔积运算

选择和投影运算都属于一目运算,它们的操作对象只是一个关系。广义笛卡尔积运算是二目运算,需要两个关系作为操作对象。广义笛卡尔积运算是将任意两个关系模式拼接成一个更宽的关系模式,生成的新关系中包含满足两个关系所有的信息,如果关系 $R$ 和 $S$ 分别有 $m$ 和 $n$ 个元组,则 $R$ 和 $S$ 的广义笛卡尔积运算需要访问 $m \times n$ 个元组,是非常耗时和消耗资源的操作。

例如设计学生成绩模式时,为了提高存储效率和可扩展性,学生成绩模式 SPR(学号、课程编号、成绩),每个记录都是采用学号和课程编号的形式,不易为人们直接读懂。为此需要通过广义笛卡尔积运算,使之包含更多的信息。为了减少篇幅仅仅选择 20160101 一名学生选修课信息参与广义笛卡尔积运算,共计 3×6 个记录,其结果如表 6.10 所示。

4. 联接运算

表 6.10 是学生成绩关系 SPR 与课程关系 CR 的广义笛卡尔积运算,它包括了所有可能的信息,但是里面很多信息是不存在的,不是用户所需要的运算,该运算在数据库系统中几乎不使用。通常使用简化版的联接运算,它是将两个关系模式通过满足某个条件的两个元组的联接,其他的元组不处理的联接运算,即生成的新关系中仅仅包含满足联接条件的元组。运算过程是通过联接条件来控制的,联接条件中将出现两个关系中的公共属性名,或者具有相同语义、可比的属性。关系 $R$ 的属性子集 $A$ 和 $S$ 的属性子集 $B$ 的个数相同而且可比,以 $\theta$ 作为比较运算符,则联接运算可以定义为:

$$R \underset{A\theta B}{\bowtie} S = \{(t_r t_s) \mid t_r \in R \land t_s \in S \land t_r[A]\theta t_s[B]\}$$

表 6.10　学生成绩综合表（部分）

| SIR.学号 | SIR.课程编号 | SIR.成绩 | CR.课程编号 | CR.课程名称 |
|---|---|---|---|---|
| 20160101 | 01 | 79 | 01 | 英语 |
| 20160101 | 02 | 83 | 01 | 英语 |
| 20160101 | 03 | 95 | 01 | 英语 |
| 20160101 | 01 | 79 | 02 | 高等数学 |
| 20160101 | 02 | 83 | 02 | 高等数学 |
| 20160101 | 03 | 95 | 02 | 高等数学 |
| 20160101 | 01 | 79 | 03 | 信息技术基础 |
| 20160101 | 02 | 83 | 03 | 信息技术基础 |
| 20160101 | 03 | 95 | 03 | 信息技术基础 |
| 20160101 | 01 | 79 | 04 | 大学物理 |
| 20160101 | 02 | 83 | 04 | 大学物理 |
| 20160101 | 03 | 95 | 04 | 大学物理 |
| 20160101 | 01 | 79 | 05 | 生物基础 |
| 20160101 | 02 | 83 | 05 | 生物基础 |
| 20160101 | 03 | 95 | 05 | 生物基础 |
| 20160101 | 01 | 79 | 06 | 哲学 |
| 20160101 | 02 | 83 | 06 | 哲学 |
| 20160101 | 03 | 95 | 06 | 哲学 |

联接运算从 $R$ 和 $S$ 的笛卡尔积 $R \times S$ 中选取 $R$ 关系在 $A$ 属性子集上值与 $S$ 关系在 $B$ 属性子集上的值满足比较关系 $\theta$ 的元组进行连接。联接是关系的横向结合，为投影运算的逆运算。联接运算中有两种最为重要的也最为常用的联接：等值联接和自然联接。

（1）等值联接运算　在联接运算中，按关系的属性值对应相等为条件进行的联接操作称为等值联接，即 $\theta$ 为"＝"的联接运算，例如学生成绩关系 SPR 与课程关系 CR 的等值联接运算可定义为：

$$\text{SPR} \underset{\text{SPR. Cno} = \text{CR. Cno}}{\bowtie} \text{CR} = \{(t_r t_s) \mid t_r \in \text{SPR} \wedge t_s \in \text{CR} \wedge t_r[\text{Cno}] = t_s[\text{Cno}]\}$$

只选择 SPR 关系中学号 20160101 和 20160102 两位学生的成绩参与运算，等值联接运算的结果如表 6.11 所示，这是我们需要的结果。

等值运算中 $A$ 属性子集合和 $B$ 属性子集合不需要属性名相同，仅仅需要的是集合元素个数相同、属性之间具有可比性。

（2）自然联接运算　观察表 6.11，里面有两个课程编号属性，去掉会变得更加自然，这就是自然联接，它是一种特殊等值联接。它要求等值联接中两个关系的比较属性子集是相等的，即属性名是相同的，这样就可以把结果中重复的属性列去掉。关系 $R$ 和 $S$ 中具有相同的属性子集 $A$，$U$ 是 $R$ 与 $S$ 的全体属性集合，则自然联接定义为：

$$R \bowtie S = \{(t_r t_s)[U-A] | t_r \in R \wedge t_s \in S \wedge t_r[A] = t_s[A]\}$$

**表 6.11　学生成绩综合表(部分,等值联接)**

| SIR.学号 | SIR.课程编号 | SIR.成绩 | CR.课程编号 | CR.课程名称 |
|---|---|---|---|---|
| 20160101 | 01 | 79 | 01 | 英语 |
| 20160101 | 02 | 83 | 02 | 高等数学 |
| 20160101 | 03 | 95 | 03 | 信息技术基础 |
| 20160102 | 01 | 91 | 01 | 英语 |
| 20160102 | 02 | 87 | 02 | 高等数学 |
| 20160102 | 03 | 68 | 03 | 信息技术基础 |

只选择 SPR 关系中学号 20160101 和 20160102 两位学生的成绩参与运算,自然联接运算的结果如表 6.12 所示,这样的结果更加清楚明了。

**表 6.12　学生成绩综合表(部分,自然联接)**

| 学号 | 课程编号 | 课程名称 | 成绩 |
|---|---|---|---|
| 20160101 | 01 | 英语 | 79 |
| 20160101 | 02 | 高等数学 | 83 |
| 20160101 | 03 | 信息技术基础 | 95 |
| 20160102 | 01 | 英语 | 91 |
| 20160102 | 02 | 高等数学 | 87 |
| 20160102 | 03 | 信息技术基础 | 68 |

上面介绍的关系代数运算中并、差、笛卡尔积、选择和投影 5 种运算为基本运算,可以通过这 5 种基本运算来表达集合的交、联接,以及扩展的集合除运算。在关系代数中,这些运算经过有限次复合后形成的表达式为关系代数表达式。

### 6.2.4　关系模式的规范化

模式的规范化用于数据库的设计过程中。一个好的数据库应该没有冗余、查询效率较高,其检验标准就是看数据库是否符合范式(Normal Forms,NF)。范式可分为第一范式、第二范式、第三范式、BCNF、第四范式,规范要求依次增高,相应地数据冗余也依次减少。本书只讲前 3 个范式。

1.第一范式

在表 6.3 院系信息表中增加了单位电话这个字段,即院系关系 DR(院系编号、学院名称、系部名称、单位电话)。院系可能有大小之分,办公室电话有的是 1 个,有的是 2 个,假定每个系部最多只有 2 个电话,如表 6.13 所示。

**表 6.13　院系信息表**

| 院系编号 | 学院名称 | 系部名称 | 单位电话 |
|---|---|---|---|
| 01 | 计算机科学与技术学院 | 网络工程系 | 89002301、89002306 |
| 02 | 计算机科学与技术学院 | 计算机系 | 89002300 |
| 03 | 计算机科学与技术学院 | 软件工程系 | 89002324、89002327 |
| 04 | 自动化学院 | 电气自动化系 | 89013001、89013309 |
| 05 | 管理科学学院 | 商业管理系 | 89006066、89006068 |
| 06 | 管理学科学院 | 会计系 | 89006071、89006073 |

第一范式(1NF)规定了关系表中任意字段的值必须是不可分的,即每个记录的每个字段中只能包含一个数据,不能将两个或两个以上的数据"挤入"到一个字段中。1NF 是关系模式应具备的最起码条件,从而关系 DR 变为 DR1(院系编号、学院名称、系部名称、单位电话1、电话2),如表 6.14 所示。

**表 6.14　院系信息表**

| 院系编号 | 学院名称 | 系部名称 | 单位电话1 | 单位电话2 |
|---|---|---|---|---|
| 01 | 计算机科学与技术学院 | 网络工程系 | 89002301 | 89002306 |
| 02 | 计算机科学与技术学院 | 计算机系 | 89002300 | |
| 03 | 计算机科学与技术学院 | 软件工程系 | 89002324 | 89002327 |
| 04 | 自动化学院 | 电气自动化系 | 89013001 | 89013309 |
| 05 | 管理科学学院 | 商业管理系 | 89006066 | 89006068 |
| 06 | 管理学科学院 | 会计系 | 89006071 | 89006073 |

**2. 第二范式**

仅仅满足第一范式是不够的,在满足 1NF 的基础上,当一个表中所有非主键字段完全依赖于主键字段时,称该表满足第二范式(2NF)。例如在学生成绩表中添加任课教师,则关系模式变为:学生成绩关系 CPR1(学号、课程编号、成绩、任课教师),记为:

StudentPoint1($\underline{Sno}$、$\underline{Cno}$、Point、TeacherName)

关系 StudentPoint1 的关键字为组合关键字 Sno 和 Cno,其中 TeacherName 的属性取决于 Cno 课程编号,而不是组合关键字 Sno 和 Cno,违反了表中非主关键字段完全依赖于主关键字字段,所以关系 StudentPoint1 仅仅满足 1NF,而违反 2NF。要修改这个模式,仅仅需要把 TeacherName 属性移动到 Course 关系中,Course1($\underline{Cno}$、CName、TeacherName),这样 StudentPoint 和 Course1 都满足了 2NF。

**3. 第三范式**

在满足第二范式的前提下,如果一个表的所有非主键字段均不传递依赖于主键,称该表满足第三范式。

假设表中有 A、B、C 3 个字段,所谓传递依赖是指表中 B 字段依赖于主键 A 字段,而 C 字段依赖于 B 字段,称 C 字段传递依赖于 A 字段,这种情况应该避免。观察表 6.2 所示的"学生基本信息"表,学号是主关键字,学号决定了院系编号;院系不取决于学号,而是取决于院校编号,这样院系传递依赖于主关键字"学号",会造成数据的冗余和更新异常,需要把表 6.2 所示的关系分解为两个关系 Department(<u>DeptNo</u>、SchName、MajorName)和 StudentBase(<u>Sno</u>、SName、Sex、DeptNo、Hometown)即可。

# 6.3　结构化查询语言 SQL

SQL(结构化查询语言,Structured Query language 的缩写)是关系数据库的标准语言,它是介于关系代数和关系演算之间的一种语言。目前,基本所有的关系数据库管理系统都支持 SQL,该语言是一种综合性的数据库语言,可以实现对数据库的定义、检索、操纵和控制等功能。利用 SQL 进行数据库操作可以分为 3 个阶段进行:

(1)库结构,定义关系模式;

(2)向已定义的数据库中添加、删除、修改数据;

(3)对数据库进行各种查询和统计。

## 6.3.1　SQL 的特点

虽然 SQL 是结构化查询语言的简称,但是 SQL 的功能远不止查询这么简单,而是集数据定义、数据查询、数据更新和数据控制功能于一体。其主要特点包括:

### 1.综合统一

数据库系统的主要功能是通过数据库支持的数据语言来实现的。在非关系数据模型的数据库中,其数据语言分为数据定义语言 DDL、数据存储有关的描述语言和数据操纵语言 DML,其中数据定义又按照内模式和外模式进行了划分,这些语言的划分导致的结果就是:正在使用的数据库,如果要修改模式,就必须停止现有数据库的运行,转储数据,修改模式并编译后再重装数据,为用户的使用带来很多不必要的麻烦。而 SQL 语句集数据定义语言、数据操纵语言、数据控制语言于一体,语言风格统一,可以独立完成数据库生命周期中的全部活动。

### 2.高度非过程化

非关系数据模型的数据操纵语言是"面向过程"的,即是"过程化"的语言,用户不但要知道"做什么",而且还应该知道"怎样做",而对于 SQL,用户只需要提出"做什么",无须具体指明"怎么做",例如,存取位置、存取路径选择、具体处理操作过程等均由系统自动完成。这种高度非过程化的特性大大减轻了用户的负担,使得用户更能集中精力考虑要"做什么"和所要得到的结果,并且存取路径对用户来说是透明的,有利于提高数据的独立性。

### 3.面向集合的操作方式

在非关系数据模型中,采用的是面向记录的操作方式,即操作对象是一条记录。操作过程非常冗长复杂。而 SQL 语言采用的是面向集合的操作方式,且操作对象和操作结果都可以是元组的集合。

4.统一的语法结构提供 2 种使用方式

SQL 可用于所有用户,通过自含式语言和嵌入式语言 2 种方式对数据库进行访问,前者是用户直接通过键盘键入 SQL 命令,后者是将 SQL 语句嵌入到高级语言(如 C,C++,C#,VC++,ASP. NET,Java 等)程序中。这两种方式使用的是统一的语法结构。

5.语言简洁,易学易用

尽管 SQL 的功能很强,但语言十分简洁,SQL 完成核心功能只用了 9 个动词,且容易学习,易于使用。

(1)数据定义　CREATE(创建),DROP(移除),ALTER(修改)。

(2)数据查询　SELECT(查询)。

(3)数据操纵　INSERT(插入),UPDATE(更新),DELETE(删除)。

(4)数据控制　GRANT(授权),REVOKE(取消授权)。

## 6.3.2　SQL 数据定义

在关系数据库实现过程中,第一步是建立关系模式,定义基本表的结构,即该关系模式是哪些属性组成的,每一属性的数据类型及数据可能的长度、是否允许为空值以及其他完整性约束条件。

1.定义基本表

CREATE TABLE ＜表名＞(　＜列名 1＞ ＜数据类型＞ ［列级完整性约束条件］

　　　　　　　　　　　［,＜列名 2＞ ＜数据类型＞ ［列级完整性约束条件］］…

　　　　　　　　　　　［,＜列名 n＞ ＜数据类型＞ ［列级完整性约束条件］］

　　　　　　　　　　　［,表列级完整性约束条件］);

说明:

①＜ ＞中是 SQL 语句必须定义的部分,［ ］中是 SQL 语句可选择的部分,可以省略的。

②CREATE TABLE 表示是 SQL 的关键字,指示本 SQL 语句的功能。

③＜表名＞是所要定义的基本表的名称,一个表可以由一个或若干个属性(列)组成,但至少有一个属性,不允许一个属性都没有的表,这样不是空表的含义。多个属性定义由圆括号指示其边界,通过逗号把各个属性定义分隔开,各个属性名称互不相同,可以采用任意顺序排列,一般按照实体或联系定义属性的顺序排列,关键字属性组在最前面,这样容易区分,也防止遗漏定义的属性。

④每个属性由列名、数据类型、该列的多个完整性约束条件组成。其中列名一般为属性的英文名缩写,在 Microsoft Access 2010 中也可以采用中文,建议不要这样做,编程开发时不方便;Microsoft Access 2010 的数据类型如表 6.7 所示。

⑤完整性约束条件,分为列级的完整性约束和表级的完整性约束,如果完整性约束条件涉及该表的多个属性列,则必须定义在表级上,否则既可以定义在列级也可以定义在表级。这些完整性约束条件被存入系统的数据字典中,当用户操作表中数据时由 RDBMS 自动检查该操作是否违背这些完整性约束,如果违背则 RDBMS 拒绝本次操作,这样保持了数据库状态的正确性和完整性,不需要用户提供检查,提高了编程的效率,降低了编程难度。列级的完整性通常为主关键字的定义、是否允许为空。表级的完整性约束条件一般为外码定义。

【例 6.1】　建立一个院系表"Department"。

```
CREATE TABLE Department
(    DeptNo        char(3)     PRIMARY KEY，    /＊院系编号，主键＊/
     SchName       char(24)    NOT NULL，        /＊学院名称，不为空＊/
     MajorName char(20))；                        /＊系部名称＊/
```

在 Microsoft Access 2010 中创建数据库表采用"设计视图"的方式，可以非常方便地创建出 Department 数据库表，如图 6.7 所示。虽然创建了 Department 表，但是该表仍然是一个空白表，里面没有数据，仅仅是把 Department 表的元数据存储到数据字典中，为今后的操作奠定基础，用户可以通过 RDBMS 很方便地使用 Department 表。

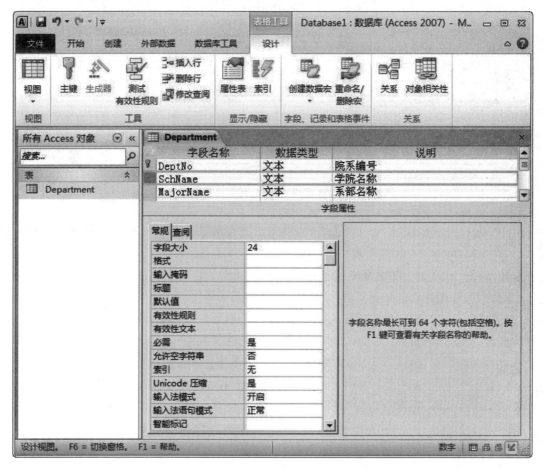

**图 6.7　Access 2010 设计视图形式创建数据库表**

在 Microsoft Access 2010 中没有直接通过 SQL 语句的方式来创建数据库表，但是可以通过"查询设计"功能中启动"SQL 视图"，其步骤如下：

（1）打开 Microsoft Access 2010 一个数据库文件；

（2）点击"创建"标签中的"查询设计"，会弹出一个"显示表"的对话框，点击"关闭"将其关闭；这时会有一个名为"查询＊"的窗口，还不能输入 SQL 语句；

（3）点击左上角的"SQL 视图"，这时就可在查询窗中输入 SQL 语句，如图 6.8 所示；

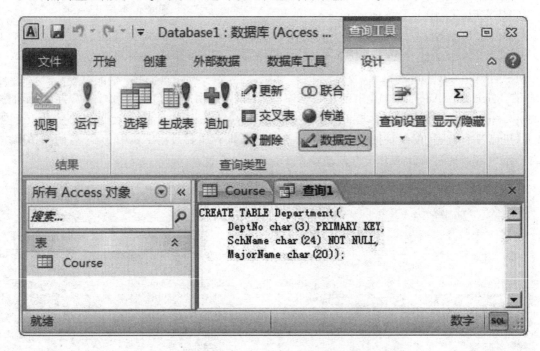

**图 6.8　Access 2010 的 SQL 视图创建数据库表**

（4）把例 6.1 的 SQL 语句编辑完成后，点击左上角的红色感叹号即可执行 SQL 语句，创建了一个空的 Department 关系表。

【例 6.2】　建立一个学生基本信息表"StudentInfo"。

CREATE TABLE StudentInfo

```
(  Sno        char(8)   PRIMARY KEY,/＊学号,主键＊/
   SName      char(10) NOT NULL,      /＊姓名＊/
   Sex        char(2)   NOT NULL,      /＊性别:男或女＊/
   DeptNo     char(3)   REFERENCES Department（DeptNo）,/＊院系编号,外键＊/
   Hometown char(24));                /＊籍贯＊/
```

学生基本信息表 StudentInfo 的 DeptNo 字段的列级完整性约束为已经建立的 Department 表的 DeptNo 字段，这个为参照性约束，该字段的值必须存在于 Department 的 DeptNo 字段域之中，否则不能填入到表中，两个表之间的关系如图 6.9 所示。有的 RDBMS 的外键约束为表级别的，例如 SQL Server 2012。

【例 6.3】　建立一个课程信息表"Course"表。

CREATE TABLE Course

```
(  Cno     char(3)   PRIMARY KEY, /＊课程编码,主键 ＊/
   CName char(20) NOT NULL);      /＊课程名称＊/
```

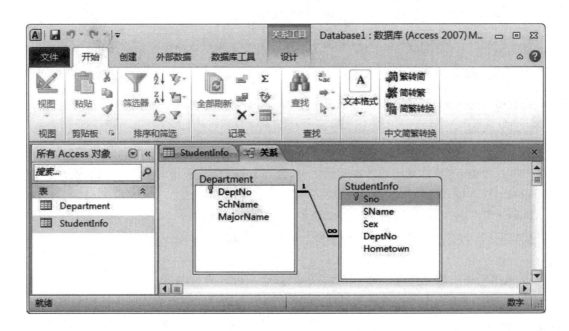

图 6.9 StudentInfo 的 DeptNo 参照了 Department 的主键

【例 6.4】 建立一个学生成绩表"StudentPoint"表。

CREATE TABLE StudentPoint

（ Sno char(8) REFERENCES StudentInfo(Sno)，/＊学号，为外键＊/

Cno char(3) REFERENCES Course(Cno)，/＊课程编码，为外键＊/

Point smallint， /＊成绩＊/

CONSTRAINT prikeys PRIMARY KEY(Sno,Cno))；/＊联合主键为 Sno 和 Cno＊/

2.修改基本表

随着应用环境和应用需求的变化，有时需要修改已经建立好的基本表，如：增加列、增加新的完整性约束条件、修改原有的列定义或删除已有的完整性约束条件等。SQL 语言用 ALTER TABLE 语句修改基本表，其语法格式为：

ALTER TABLE ＜表名＞

［ ADD ［COLUMN］＜新列名＞＜ 数据类型＞［完整性约束]］

［ DROP ［COLUMN］＜列名＞［RESTRICT｜CASCADE]］

［ MODIFY ［COLUMN］＜列名＞＜新数据类型＞]；

【例 6.5】在课程信息表 Course 表中增加教师"TeacherName"属性列，类型为 char(10)。

ALTER TABLE Course ADD TeacherName char(10)；

3.删除基本表

当某个基本表不再需要时，需要将其删除，以释放其所占的资源，删除基本表可以使用 DROP TABLE 语句实现，其格式为：

DROP TABLE 表名

需要注意的是,一旦对一个基本表执行了此删除操作后,该表中所有的数据也就丢失了,所以对于删除表的操作,用户一定要慎用。

### 6.3.3 SQL 数据操作

当表结构定义完毕,接下来就可以进行插入、删除和修改数据等操作。

#### 1. 插入数据

当一个表通过 SQL 语句或者 Access 的表设计视图创建后,表中是没有数据的,这时需要向表中插入数据,这是数据库的基本操作之一,保存数据,它是采用 INSERT 语句实现数据添加,其 SQL 基本格式为:

INSERT　INTO　＜表名＞　[(＜列名 1＞[,＜列名 2＞…])

VALUES　(＜常量 1＞[,＜常量 2＞]…);

说明:

① 该语句的功能是将 VALUES 后面的数据插入指定的表中。

② 若 INTO 子句中表名后有各属性列选项,则插入的新元组的属性列 1 的值为常量 1,属性列 2 的值为常量 2 等。如果某些属性列在 INTO 子句中没有出现,则新记录在这些列上将取空值。但必须注意的是,在表定义时说明了 NOT NULL 的属性列不能取空值,否则会出错。

③ 若属性列表和常量值表的顺序与表结构中的顺序相同,且给所有的属性列都指定值,则可以省略属性列表。

④ VALUES 子句提供的值,不管是值的个数还是值的类型必须与 INTO 子句匹配,否则系统会报错处理。

【例 6.6】 添加一个新的系部(院系编码:07;学院名称:自动化学院;系部名称:电力电子系)插入 Department 表中。

INSERT INTO Department (DeptNo,SchName,MajorName)

VALUES ('07','自动化学院','电力电子系');

执行 SQL 语句后,Microsoft Access 2010 则把数据作为一个记录追加到 Department 表中。我们可以通过 SQL 语句把表 6.3 至表 6.6 的数据输入到数据库 Department、StudentInfo、Course 和 StudentPoint 4 个数据表;最好是采用 Access 的数据表视图把数据准确地输入到相应的表中,为后面 SQL 练习使用。

#### 2. 修改数据

修改数据操作就是要对数据库中的某些记录做修改,用 UPDATE 语句完成,其格式如下:

UPDATE　＜表名＞

SET　＜列名 1＞＝＜表达式 1＞ [,＜列名 2＞＝＜表达式 2＞]…

[WHERE　＜条件＞];

该语句的功能是修改指定表中满足 WHERE 子句条件的元组。其中 SET 子句用于指定修改方式、要修改的列和修改后的取值,即用＜表达式＞的值取代相应的属性列值。如果省略 WHERE 子句,则表示要修改表中的所有元组。

【例 6.7】　将院系编码'07'的系部调整到"计算机科学与技术学院"。

UPDATE　　Department

SET　　SchName ＝ '计算机科学与技术学院'

WHERE DeptNo ＝ '07';

如果去掉了 WHERE 子句,则院系表 Department 中所有的学院名称都变成了"计算机科学与技术学院",所以要谨慎使用修改数据操作。

3. 删除数据

删除语句的一般格式为:

DELETE

FROM　　＜表名＞

［WHERE ＜条件＞］;

该语句的功能是删除指定表中满足 WHERE 子句条件的元组。

【例 6.8】　将院系编码'07'的系部删除。

DELETE

FROM　　Department

WHERE DeptNo ＝ '07';

如果 WHERE 子句缺省表示要删除表中的全部元组,但表的定义仍在数据字典中,即DELETE 语句删除的是数据库表中的数据,而不是表的定义。

### 6.3.4　SQL 数据查询

建立数据库的目的就是为了对数据库进行操作,以便能够从中提取有用的信息,数据被使用的频率越高,其价值就越大。所有数据库查询是数据操作中的核心操作,SQL 提供了SELECT 语句对数据库进行查询操作。其标准语法是:

SELECT［ALL｜DISTINCT］＜目标列表达式＞［,＜目标列表达式＞］…

FROM ＜表名或视图名＞［,＜表名或视图名＞］…

［WHERE ＜条件表达式＞］

［GROUP BY ＜列名 1＞［HAVING ＜条件表达式＞］］

［ORDER BY ＜列名 2＞［ASC｜DESC］］;

说明:

该语句的基本语义为,根据 WHERE 子句中的条件表达式,从 FROM 子句指定的基本表或视图中找出满足条件的元组,并按 SELECT 子句中指出的目标属性列,选出元组中的分量形成结果表。

实际上,语句中的 SELECT 子句的功能类似于关系代数中的投影运算,而 WHERE 子句的功能类似于关系代数中的选择运算。进行数据库查询时,并非上述语句中的每个子句都会用到,最简单的情况下,查询只需要一个 SELECT 和一个 FROM 子句。如果有 GROUP BY子句选项,则将结果按＜列名 1＞的值进行分组,该属性列值相等的元组为一个组,通常会在每组中使用集函数。如果 GROUP BY 子句带有 HAVING 短语,则结果只有满足指定条件的组。ORDER BY 子句是将查询的结果进行排序显示,ASC 表示升序,DESC 表示降序,默认为升序排列。可选项［ALL｜DISTINCT］的含义是,如果没有指定 DISTINCT 短语,则缺省为 ALL，即保留结果中取值重复的行，相反，如果指定了 DISTINCT 短语，则可消除重复的行。

1. 选择表中的若干列

使用 SELECT 子句选择一个表中的某些列，各列名之间用逗号分隔。

【例 6.9】 在 StudentInfo 表中查询出所有学生的学号、姓名和籍贯。

SELECT　Sno，SName，Hometown

FROM　StudentInfo；

2. 查询全部列

可以选择例 6.9 所采用的方式，把表的所有列名给出。也可以采用"＊"代替所有的列。

SELECT　＊

FROM　StudentInfo；

3. 消除结果集中的重复行

在关系数据库中，不允许出现完全相同的两个元组，但是当我们只选择表中的某些列时，就可能会出现重复的行。

【例 6.10】 从 Department 表中找出所有的学院。

SELECT　SchName

FROM　Department；

执行 SQL 语句，结果如图 6.10 所示。

图 6.10　Select 查询学院结果图

图 6.10 所示"计算机科学与技术学院"重复 3 次,"管理科学学院"重复 2 次,要消除重复仅仅需要在 SELECT 关键字的后面添加一个 DISTINCT 即可。

**4.查询满足条件的元组**

在 SQL 中,查询满足条件的元组利用 WHERE 子句实现。WHERE 子句常用的查询条件如表 6.15 所示。

**表 6.15  常用的查询条件**

| 查询条件 | 谓　词 |
| --- | --- |
| 比较 | $=,<>,>,<,>=,<=,!=,!>,!<$;NOT+上述比较运算符 |
| 算术运算 | $+,-,*,/$ |
| 确定范围 | BETWEEN AND,NOT BETWEEN AND |
| 确定集合 | IN,NOT IN |
| 字符匹配 | LIKE,NOT LIKE |
| 空值 | IS NULL,IS NOT NULL |
| 多重条件 | AND,OR,NOT |

查询条件的书写要正确理解查询要求,并将其用 SQL 语言正确表达出来。在 WHERE 子句中,如果有多个查询条件,可以通过逻辑运算符 AND、OR 和括号连接起来。

(1)简单条件查询

【例 6.11】 列出学院编码为'04'的"自动化学院电气自动化系"所有学生的学号和姓名。

SELECT　Sno,SName

FROM　StudentInfo

WHERE　DeptNo= '04';

使用 WHERE 子句说明查询的限制条件,SQL 的执行结果则只选择出满足条件的那些行长相应的列数据,如图 6.11 所示。

(2)复合条件查询

【例 6.12】 列出所有选修了"高等数学"的学生学号、姓名、学院、系部和成绩。

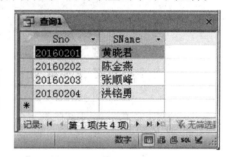

图 6.11　简单查询

SELECT　StudentInfo. Sno AS 学号,SName AS 姓名,SchName AS 学院,

　　　　　　MajorName AS 系部,Point AS 成绩

FROM　　StudentInfo,Course,StudentPoint,Department

WHERE　(Course. CName='高等数学')and (Course. Cno=StudentPoint. Cno)

　and (StudentPoint. Sno=StudentInfo. Sno)and (StudentInfo. DeptNo=Department. DeptNo);

SQL 语言同时提供了连接多个表的操作,从而大大增强了其查询能力。采用的方法是在 FROM 子句中添加多个表,通过逗号分开,然后在 WHERE 复合子句说明连接的条件。

对于多个表连接查询，很重要的是连接条件的正确性，为了保证字段使用的正确，通常在字段的前面加上关系表的前缀，通过“.”关联在一起，例如“Department. TeacherName”；如果一个字段名在所有的表内是独有的，可以不加前缀。Course. CName='高等数学'选择出高等数学的课程编号，用选择出的课程编码值子集通过 Course. Cno=StudentPoint. Cno 限定了选修课程的学生的学号，用选择出的学号值子集通过 StudentPoint. Sno=StudentInfo. Sno 限定了学生的院校编码，用选择出的院系编码值子集通过 StudentInfo. DeptNo=Department. DeptNo 限定了院系的名称。为了采用中文的列表表头显示信息，在 SELECT 的列表名称用 AS 关键字更改为中文名称；为了相同字段名的区别，需要在这些字段之前加上表名进行限定。SQL 的执行结果则只选择出满足条件的那些行长相应的列数据，如图 6.12 所示。

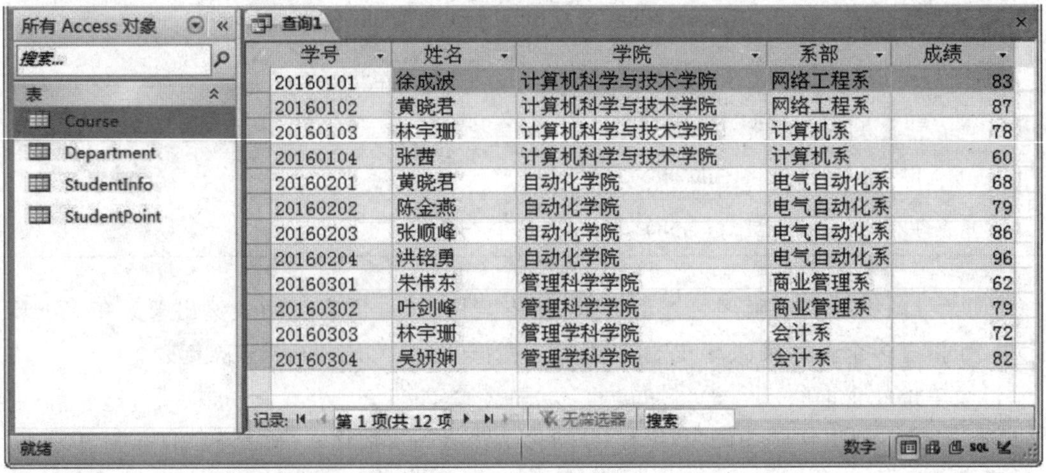


| 学号 | 姓名 | 学院 | 系部 | 成绩 |
|---|---|---|---|---|
| 20160101 | 徐成波 | 计算机科学与技术学院 | 网络工程系 | 83 |
| 20160102 | 黄晓君 | 计算机科学与技术学院 | 网络工程系 | 87 |
| 20160103 | 林宇珊 | 计算机科学与技术学院 | 计算机系 | 78 |
| 20160104 | 张茜 | 计算机科学与技术学院 | 计算机系 | 60 |
| 20160201 | 黄晓君 | 自动化学院 | 电气自动化系 | 68 |
| 20160202 | 陈金燕 | 自动化学院 | 电气自动化系 | 79 |
| 20160203 | 张顺峰 | 自动化学院 | 电气自动化系 | 86 |
| 20160204 | 洪铭勇 | 自动化学院 | 电气自动化系 | 96 |
| 20160301 | 朱伟东 | 管理科学学院 | 商业管理系 | 62 |
| 20160302 | 叶剑峰 | 管理科学学院 | 商业管理系 | 79 |
| 20160303 | 林宇珊 | 管理学科学院 | 会计系 | 72 |
| 20160304 | 吴妍娴 | 管理学科学院 | 会计系 | 82 |

**图 6.12　Access 的综合查询**

如果需要把成绩从高到低排序，只需要在最后一行添加 ORDER BY Point DESC 即可。

(3)模糊 LIKE 查询　在查询中，不仅仅是相等判断，有时需要对字符串进行比较，有时还要查找有不确定内容的信息。例如，在学生管理中，经常需要查找计算机专业的班级，例如计算机 151、计算机 166 等，这样的查找需要使用 LIKE 谓词进行模糊查找。LIKE 谓词与正规式字符串匹配，常用两种字符串匹配方式：一种是使用“?”匹配任意一个字符；另外一种是使用“*”匹配零个或任意多个字符的字符串(有的 RDBMS 的任意匹配符是不同，比如有的是下划线“_”和“%”)。例如 LIKE 查找“计算机”开头的字符串，LIKE '计算机*'。

【例 6.13】 列出所有成绩超过 80 分而且姓“黄”的学生的学号、姓名、课程名称、成绩和籍贯，并按照学分从低到高排列。

```
SELECT  StudentInfo.Sno AS 学号，SName AS 姓名，
        CName AS 课程名称，Point AS 成绩，Hometown AS 籍贯
FROM    StudentInfo，Course，StudentPoint
```

WHERE　　(Point＞80)and (Course. Cno＝StudentPoint. Cno)

　　　　　　　and (StudentPoint. Sno＝StudentInfo. Sno)and (SName LIKE '黄＊')

ORDER BY Point；

执行结果如图 6.13 所示。

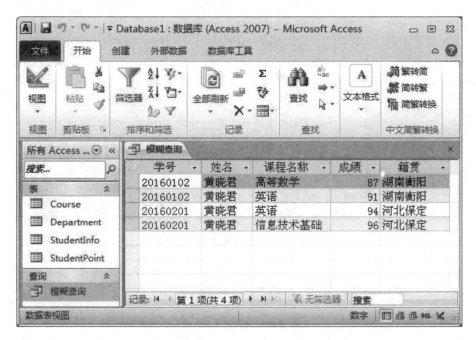

**图 6.13　模糊查询**

（4）统计查询　　SELECT 语句不仅可以通过 WHERE 子句查询满足条件的数据，还可以通过聚集函数对满足提交条件的数据进行统计、计数等运算。经常使用 5 种常用的集函数：

- MIN()　求(字符、日期、数值列)的最小值；
- MAX()　求(字符、日期、数值列)的最大值；
- COUNT()　计算所选数据的行数；
- SUM()　计算数值列的总和；
- AVG()　计算数值列的平均值。

这些聚集函数一般是从一组值中计算出一个汇总信息，为此需要使用 GROUP BY 子句用来定义或者划分某些字段的值组成为多个组，来控制和影响查询的结果。

【例 6.14】　列出各门课的平均成绩、最高成绩、最低成绩和选课的人数。

SELECT Cno AS 课程号，AVG(Point)AS 平均成绩，MAX(Point)AS 最高成绩，

　　　　　　MIN(Point)AS 最低成绩，COUNT(Sno)AS 选课人数

FROM StudentPoint

GROUP BY Cno；

执行结果如图 6.14 所示。

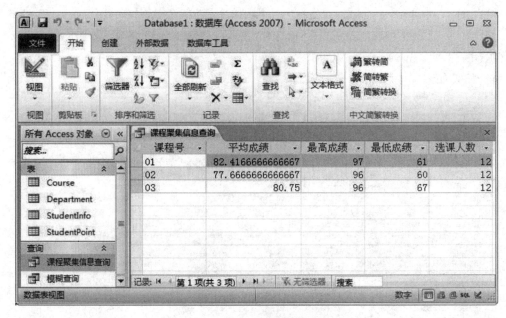

**图 6.14　SQL 的聚集函数查询**

# 6.4　数据库管理系统的高级应用与发展

## 6.4.1　数据库技术的应用及特点

　　数据库最初是在大公司或大机构中用作大规模事务处理的基础。后来随着个人计算机的普及,数据库技术被移植到 PC(Personal Computer,个人计算机)机上,用于单用户个人数据库应用。接着,由于 PC 机在工作组内连成网,数据库技术就移植到工作组级。现在,数据库正被 Internet 和内联网的诸多应用所使用。

　　20 世纪 60 年代中期,数据库技术是用来解决文件处理系统问题的。当时的数据库处理还很脆弱,常常发生应用不能提交的情况。20 世纪 70 年代关系模型的诞生为数据库专家提供了构造和处理数据库的标准方法,推动了关系数据库的发展和应用。1979 年,Ashton-Tate 公司引入了微机产品 dBase Ⅱ,并称之为关系数据库管理系统,从此数据库技术移植到了个人计算机上。20 世纪 80 年代中期到后期,终端用户开始使用局域网技术将独立的计算机连接成网络,终端之间共享数据库,形成了一种新型的多用户数据处理,称为客户机/服务器数据库结构。现在,数据库技术正在被用来同 Internet 技术相结合,以便在机构内联网、部门局域网甚至 WWW 上发布数据库数据。

　　在当今网络盛行的年代里,数据库与 Web 技术的结合正在深刻改变着网络应用的面貌。有了数据库的支持,扩展网页的功能、设计交互式页面、构造功能强大的后台管理系统,以及网站的更新、维护都将变得轻而易举。随着网络应用的深入,Web 数据库技术将日益显示出其重要地位。在这里我们简单介绍一下 Web 数据库开发的相关技术。

1.通用网关接口(CGI)编程

通用网关接口(Common Gateway Interface,CGI)是一种通信标准,它的任务是接受客户端的请求,经过辨认和处理,生成 HTML 文档并重新传回到客户端。这种交流过程的编程就叫作通用网关接口编程。CGI 可以运行在多种平台上,具有强大的功能,可以使用多种语言编程,如 Visual Basic、Visual C++、Tcl、Perl、AppleScript 等,比较常见的是用 Perl 语言编写的CGI 程序。但是 CGI 有其致命的弱点,即速度慢和安全性差等。

2.动态服务器页面(ASP)

动态服务器页面(Active Server Pages,ASP)是微软公司推出的一种用以取代 CGI 的技术,是一种真正的简便易学、功能强大的服务器编程技术。ASP 实际上是微软开发的一套服务器端脚本运行环境,通过 ASP 我们可以建立动态的、交互的、高效的 Web 服务器应用程序。用 ASP 编写的程序都在服务器端执行,程序执行完毕后,再将执行的结果返回给客户端浏览器,这样不仅减轻了客户端浏览器的负担,大大提高了交互速度,而且避免了 ASP 程序源代码的外泄,提高了程序的安全性。

3.Java 服务器页面(JSP)

Java 服务器页面(Java Server Pages,JSP)是 Sun 公司发布的 Web 应用开发技术,一经推出,就受到了人们的广泛关注。JSP 技术为创建高度动态的 Web 应用提供了一个独特的开发环境,它能够适应市场上 85% 的服务器产品。

JSP 使用 Java 语言编写服务器端程序,当客户端向服务器发出请求时,JSP 源程序被编译成 Servlet 并由 Java 虚拟机执行。这种编译操作仅在对 JSP 页面的第一次请求时发生。因此,JSP 程序能够提供更快的交互速度,安全性和跨平台性也很优秀。

目前,ASP 技术与 JSP 技术是市场上并驾齐驱的 2 种 Web 应用开发技术,各自都占有一定的市场份额。

### 6.4.2　数据库管理系统的高级应用与发展

20 世纪 70 年代中期以来,随着计算机技术的不断发展,出现了分布式数据库、面向对象数据库和智能型知识数据库等,通常被称为高级数据库技术。特别是进入 20 世纪 80 年代以后,不断出现的数据库新产品,关系型数据库系统居多,而且随着数据库技术应用的普及,数据库管理系统的功能越来越强。

1.高级数据库系统阶段的背景

进入 20 世纪 80 年代后,数据库技术在不同需求的驱动下得到了很大的发展。其特征是数据库技术与应用领域技术的结合,形成了很多新鲜的技术内容。如工程数据库是数据库技术应用于工程设计的实例。但数量更多、成绩更显著的还是数据库技术与相关技术的有机结合,形成了当前的数据库大家族。例如,数据库技术与客户机/服务器技术、分布式技术、并行技术等相关技术相结合,形成了客户机/服务器结构的数据库技术、分布式数据库技术、并行数据库技术等等。本节我们主要对这 3 种比较常见的数据库技术作概要介绍。

2.客户机/服务器结构的数据库技术

由于计算机网络技术的发展以及地理上分散的用户对数据库的应用需求,关系数据库管理系统的运行环境从单机扩展到网络,从封闭式走向开放式。在客户机/服务器结构中,网络上的每个结点机都是一个通用计算机。某个或某些结点机用来专门执行数据库管理系统的功能,称为"数据库服务器"。其他结点上的计算机运行数据库管理系统的外围应用开发工具,支持用户的应用,称为"客户机"。客户机执行应用程序并对服务器提出服务请求,服务器完成客户机所委托的公共服务,并且把查询结果返回给客户机,即形成通常所说的客户机/服务器结构。

客户机/服务器结构的数据库管理系统就是把原来单机环境下的数据库管理系统功能在客户机/服务器这种新的环境下进行合理的分布,在客户机和服务器之间作适当的配置。一般情况下,一个应用主要包括 4 个逻辑功能:用户接口(User Interface)、表示逻辑(Presentation Logic)、事务逻辑(Transaction Logic)和数据访问(Data Access)。它们的相互关系如图 6.15 所示。

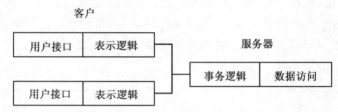

图 6.15　客户机/服务器关系数据库管理系统逻辑功能的划分

客户机/服务器体系结构对硬件和软件进行合理的配置和设计,有力地推动了联机企业信息系统的实现。它可以更好地实现数据服务和应用程序的共享,系统容易扩充、更加灵活,从而简化了公司信息系统的开发。但是随着客户机/服务器结构应用的发展,人们也发现当系统扩大后,其维护工作量和投资都在增加,随着应用和时间的推移,人们将会对其进行重新评价和对其结构作进一步的调整。

3.分布式数据库系统

分布式数据库系统是由一组数据组成,这些数据物理上分布在计算机网络的不同结点(也称场地)上,逻辑上则属于同一个系统。也就是说,分布式数据库系统是物理上分布,逻辑上统一的。分布式数据库系统适当地增加了数据冗余,个别结点的失效不会引起系统的瘫痪,而且多台处理机可并行工作,提高了数据处理的效率。

分布式数据库系统是在集中式数据库系统成熟技术的基础上发展起来的。集中式数据库的许多概念和技术,如数据独立性、数据共享和减少冗余度、并发控制、完整性、安全性和恢复等等在分布式数据库系统中都有了不同的更加丰富的内容。

分布式数据库主要有 2 个特点:

● 网络上每个结点的数据库都具有独立处理数据的能力。多数数据的处理都是在本地完成的,如果不能处理才交给其他结点的处理机或服务器处理。

● 计算机之间用通信网络连接。网络上的每个结点都拥有 2 种应用,即局部应用和全局应用。也就是说,每个结点既可以访问本地的数据库,也可以访问网络上其他结点上的数据库。

4.并行数据库系统

计算机系统性能价格比的不断提高迫切要求硬件和软件结构的改进。同时应用的发展要求更强的主机处理能力,数据库应用的发展对数据库的性能和可用性也提出了更高的要求。并行数据库技术的实现为解决以上问题提供了极大的可能性。

　　并行数据库系统可以作为服务器面向多个客户机进行服务。客户机可以嵌入特定的应用软件,如图形界面、数据库管理系统前端工具以及客户机/服务器接口软件等。因此,并行数据库系统应该支持数据库功能、客户机/服务器接口功能以及某些通用功能。

　　对于客户机/服务器体系结构的并行数据库系统,一般支持以下 3 种功能:

- 会话管理子系统,提供对客户与服务器之间交互能力的支持。
- 请求管理子系统,负责接收有关查询变异和执行的客户请求,处理相应操作并监督事务的执行与提交。
- 数据管理子系统,提供并行执行编译后查询所需的所有底层功能。

　　此外,并行数据库系统必须具有处理并行性、数据划分、数据复制以及分布事务等能力。依赖于不同的并行系统体系结构,一个处理器可以支持上述全部功能或其子集。

# 6.5　大数据概述

　　21 世纪,全球数据信息正以爆炸式的方式增长,并且已经延伸到各个行业的各个领域,甚至成为各个行业重要的生产因素和成长、竞争的关键。由此引入大数据概念,它是 21 世纪新兴的信息词汇。它是无形的,但与我们的衣、食、住、行密切相关。它将线下生活与线上活动紧密地联系在了一起。同时大数据也影响着经济社会发展,特别现代商业的快速运转,与大数据的发展密不可分。

## 6.5.1　大数据定义

　　大数据(Big Data),又称巨量资料,是指所涉及的资料量规模巨大到无法通过目前主流软件工具,在合理时间内达到撷取、管理、处理并整理成为人类所能解读的数据资讯。

　　首先大数据给人最直接的信息是"大"。对于大数据来说,数据量最少要在 PB 级以上的数据才能称为大数据。下面我们通过以下换算来看一下能称得上大数据级别的单位,究竟有多大。

$$1 \text{ Byte} = 8 \text{ Bits}$$
$$1 \text{ kB} = 1\,024 \text{ Bytes}$$
$$1 \text{ MB} = 1\,024 \text{ kB} = 1\,024^2 \text{ Bytes}$$
$$1 \text{ GB} = 1\,024 \text{ MB} = 1\,024^3 \text{ Bytes}$$
$$1 \text{ TB} = 1\,024 \text{ GB} = 1\,024^4 \text{ Bytes}$$
$$1 \text{ PB} = 1\,024 \text{ TB} = 1\,024^5 \text{ Bytes}$$
$$1 \text{ EB} = 1\,024 \text{ PB} = 1\,024^6 \text{ Bytes}$$
$$1 \text{ ZB} = 1\,024 \text{ EB} = 1\,024^7 \text{ Bytes}$$
$$1 \text{ YB} = 1\,024 \text{ ZB} = 1\,024^8 \text{ Bytes}$$
$$1 \text{ BB} = 1\,024 \text{ YB} = 1\,024^9 \text{ Bytes}$$
$$1 \text{ NB} = 1\,024 \text{ BB} = 1\,024^{10} \text{ Bytes}$$
$$1 \text{ DB} = 1\,024 \text{ NB} = 1\,024^{11} \text{ Bytes}$$

以一部高清电影 1 GB 来算,1 个 TB 就是 1 024 GB,也就是说 1 TB 的数据大小就要在 1 000 多部高清电影的容量之上。如果将其换算成字的话,2 Byte 就是 1 个字,1 TB 就是 549 755 813 888 个字。所以通过这一组数据可以知道,大数据究竟是一个含有多少信息的数据了。

如今,互联网革命性地改变了商业的运作模式、政府的管理方法以及人们的生活方式,信息爆炸的积累足以引发新的变革。世界各地都充斥着比以往更多的信息,信息总量的急剧增加就足以引发信息变革,"大数据"这一概念便因此应运而生。

另外,大数据不同于互联网,它正在以巨大的力量改变世界。它具有更强的决策力、洞察发现力、流程优化能力、高增长率和多样化的信息资产。同时在 IT、制造业、零售业、政府管理、科技等领域,大数据都在改变其运行方式。因此,我们正生活在一个充满大数据的新世界。

大数据还有一个重要的标准,那就是在线数据。因为只有在线数据才能使用,才能发挥它的价值。例如银行的数据就不能叫大数据,因为它的数据都是封闭的,外人无法使用这些数据产生价值。所以,当一个数据是封闭的、不公开的时候,无论它的数据量有多大,都不能称之为大数据。

大数据的本质是解决问题,大数据的核心价值在于预测,而企业经营的核心也是基于预测所做出的正确判断。所以,无论是个人还是企业都应该意识到:大数据时代对于各行业来讲,既存在挑战,也存在巨大的机遇。在大数据时代,大数据最新、最主要、最常用的技术就是预测,这也是大数据的价值所在。

### 6.5.2　大数据的结构

大数据就是互联网发展的"产品"。在以云计算为代表的技术创新大幕的衬托下,这些原本很难收集和使用的数据开始被容易地利用了起来。通过各行各业的不断创新,大数据逐步会为人类创造更多的价值。所以,想要系统地认知大数据,就必须全面而细致地分解它。

大数据主要由以下 3 个结构层面组成,如图 6.16 所示。

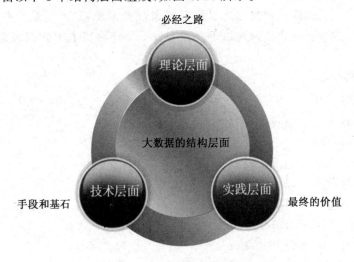

图 6.16　大数据的结构分类

### 1.理论层面

理论是认知事物的必经之路,同时也是被广泛传播的一种重要方式。这里的理论结构主要是对行业数据的整体描绘和定义,解析大数据的价值所在,洞悉大数据的发展趋势。

### 2.技术层面

技术是大数据价值体现的手段和前进的基石。大数据的技术主要通过云计算、分布式处理技术、存储技术和感知技术来完成大数据从采集、处理、存储到形成结果的整个过程。

### 3.实践层面

实践是大数据最终价值的体现。大数据的价值在于能够预知未来的发展,从而构建美好景象及即将实现的蓝图。实践结构通常从 4 个方面描绘,分别为互联网大数据、政府大数据、企业大数据和个人大数据。

## 6.5.3　大数据的特征

大数据的基本特征可以用 4 个 V 来总结(Volume、Variety、Value 和 Velocity),即数据体量大、多样性、价值密度低、处理速度快,如图 6.17 所示。

**图 6.17　大数据的四大特征**

### 1.数据体量大

截至目前,人类生产的所有印刷材料的数据量是 200 PB(1 PB=1 024 TB),而历史上全人类说过的所有的话的数据量大约是 5 EB(1 EB=1 024 PB)。当前,一般的个人计算机硬盘的容量为 TB 量级,而一些大企业的数据量更是接近 EB 量级。

### 2.数据多样性

这种类别的多样性也让数据被分为结构化数据和非结构化数据。以往数据的记录多以文字为主,但是在社会生活的发展过程中,文字已经无法满足人们对数据的解读,从而相继出现了图片、视频、地理位置等信息。这些数据类别在直观表达数据信息的同时,对数据的处理能力提出了更高的要求。

### 3.价值密度低

价值密度的高低与数据总量的大小成反比。意思就是说,在大量的数据中,并不是所有的数据都是有价值的,可能真正有价值的部分还不超过 10%。例如一段长达几个小时的监控视频,其里面最有价值的信息,可能也就几分钟甚至几秒钟的画面。

### 4. 处理速度快

这是大数据与传统数据最显著的特征。在如此海量的数据中,企业或者商家想要在行业内生存,那么利用大数据进行高效的信息处理就显得至关重要了,甚至处理信息的效率就是企业或者商家的生命。

## 6.5.4  大数据的重要性

21 世纪是一个信息化的时代,谁拥有了信息数据,谁就能利用信息数据成为行业的佼佼者。

大数据分析常用的技术是 Hadoop 技术。它是一种分析技术,也称"大数据"技术,可快速收集、传播和分析海量数据。因此,Hadoop 技术是企业运用大数据的基础、核心。目前,该技术已被广泛用于 Google、Yahoo、Facebook 以及 LinkedIn 等网络服务。

IDC(互联网数据中心)通过长期对大数据市场的密切关注,发现大数据对市场的影响正日益提升,已经开始影响数据中心设计、移动应用投资、数据管理等相关领域。为此,IDC 认为,在未来几年中大数据市场的重要性主要体现在如下趋势。

### 1. Hadoop 用户迅速增长

大数据所有的离线数据由 Hadoop 和 Teradata 数据库构成,并且越来越多的企业开始使用 Hadoop 平台处理大量数据。2009 年中国的 Hadoop 服务提供商总共只有 9 家,而 2012 年已经超过了 120 家。

### 2. Hadoop 整合功能加深

仅靠 Hadoop 服务是满足不了企业的大数据问题的。为此,很多传统的数据库管理系统开始整合 Hadoop 服务,以便更好地为企业服务。比如 HP、DELL、IBM 等知名公司,都分别有针对自家需求的 Hadoop 服务。

### 3. 更多 Hadoop 服务走上云端

云端上的 Hadoop 服务让大数据分析和处理更加方便快捷。

### 4. 原始数据的价值

在相关大数据分析处理技术出现之前,IT 公司经理们通常要对公司数据进行筛选以便于用户查询和分析。如今,各种大数据分析工具既能方便用户查询数据,又能避免用户泄露公司机密;同时,对原始数据又能起到很好的保存作用。

### 5. 大数据开发技术的"短板"

阻碍大数据分析技术和使用 Hadoop 的原因之一就是缺乏相应的技术、数据安全以及可行性。幸好,许多开源和专利软件社区都已经在着手解决这些问题。

### 6. Hadoop 成为主流

许多传统企业(银行、电信公司和零售商等)都在开始使用 Hadoop 服务,但很少有人愿意分享所有细节,所以很难找出一个真正的 ROI(投资回报率)案例进行分析。

### 7. 各类大数据分析平台兴起

一说到大数据,很多人第一时间想到的就是 Hadoop。其实还有许多其他不错的大数据分析平台,比如 Platfora、Datahero 等。

### 8. 磁盘终将被淘汰

目前,仍有一半以上的企业还在利用磁盘进行数据存档、备份和恢复,但是随着大数据分析技术日渐成熟,磁盘终将被淘汰。

### 9. 机器学习以及人工智能的兴起

机器学习和人工智能正在崛起,但在银行、金融服务、电信以及制造等传统行业,它们仍是十分稚嫩的新兴技术。

### 10. Hadoop 将继续发展

Hadoop 仍处在初级阶段,在未来还将具备更多功能,比如自由文本搜索功能以及基于 GUI(图形用户界面)的可视化工具。

**本章小结**:现代社会是数据社会,如何管理数据、如何利用数据已经成为每个个体、每个组织所必须具备的能力,本章的目的是使读者具有信息管理和数据处理的能力的基本素养。

现在的数据分为结构化数据和非结构化数据,现在的数据库基本上可以处理结构化的数据,通过 DBMS 发挥出管理数据的巨大作用,为此数据库厂商发展很快,比如全球最大的 Oracle 公司,在现代信息社会中发挥了举足轻重的作用。为此读者必须认识数据库系统,分清楚哪些部分具备哪些功能? 是由哪些人员负责制造生产出来的? 这样在使用数据库系统的时候才能发挥出自己的主观能动性,才能更好地使用数据。

在整个数据库系统中,DBMS 这个系统软件最为重要,它是介于用户与操作系统之间的一组软件,从普通用户角度来看,DBMS 的功能包括数据库描述、操纵、控制和维护;从系统角度来看,DBMS 的功能包括数据库物理存储、数据库查询优化、并发控制、故障恢复、安全控制、完整性控制等。

模型是人们认识事物的一种抽象手段,数据模型是数据库系统的核心概念,它不仅包括了用户如何从现实世界对管理对象的边界、内容的抽象分析,关键是构建了一个模型,可以形式化地描述信息世界。同时也是 DBMS 内部进行数据管理的基础,从实现数据管理的角度来看数据模型又分为树状模型、网状模型、关系模型、对象模型等,其中树状模型和网状模型被淘汰,现在主要是使用关系模型,以及融合了对象模型的关系模型。关系模型是以关系为核心的模型,它有完备的关系代数基础,具有形式化的验证方法,为用户和开发商提供了完备的手段。同时 SQL 可以方便地完成各种功能,不用考虑 DBMS 的细节,大大促进了数据库的发展。本章主要是关系模型、SQL 的各种用法。

现代数据库的发展很快,不仅有分布式数据库、实时数据库、地理信息数据库,同时还有非格式化的 XML 数据,以及大数据的应用,特别是 Web 搜索引擎、云数据存储和应用将大大改变人们对数据的看法,提升人们数据思维能力,为更好的明天提供支持。

## ❓思考题

1. 数据与信息有什么区别与联系？

2. 什么是数据库、数据库系统和数据库管理系统？

3. 计算机数据管理技术发展经历了哪几个阶段？各阶段的特点是什么？

4. 简单说明数据库管理系统包含的功能。

5. 什么是数据模型？并说明为什么将数据模型分成 2 类,各起什么作用。

6. 什么是概念模型？概念模型的表示方法是什么？举例说明。

7. 解释以下术语:

实体、实体型、实体集、属性、键、模式、内模式、外模式、DDL、DML、DBMS。

8. 如果一个储户只能在一个指定的银行办理存储业务,请建立银行—储户与存款单之间的数据模型。

9. 学校有若干个学院,每个学院有若干个班级和教研室。每个教研室有若干名教师,其中教授和副教授各带若干名研究生;每个班级有若干名学生,每个学生可以选修若干门课程,每门课可有若干名学生选修。用 E-R 图画出该学校的概念模型。

10. 目前访问网络数据库服务器的标准接口主要有哪几种方式？

# 第7章　多媒体技术

**本章导读**:本章主要内容为多媒体技术的介绍。其中总体介绍包括概述、特性与关键技术,之后再分别介绍多媒体所包含的音频、视频、图形、图像、动画技术以及主要的文件格式。

## 7.1　多媒体技术概述

### 7.1.1　媒体的分类

媒体(Medium)在计算机领域中有 2 种含义:一种是指用以存储信息的实体,如磁带、磁盘、光盘和半导体存储器等;另一种是指信息的载体,如数字、文字、声音、图形、图像和动画。多媒体计算机技术中的媒体是指后者。

多媒体(Multimedia),它由 media 和 multi 两部分组成。一般理解为多种媒体的综合,或者说理解为直接作用于人感官的文字、图形、图像、动画、声音和视频等各种媒体的统称,即多种信息载体的表现形式和传递方式。

多媒体实际上也可以看作仅仅是结合了 2 种媒体:声音和图像。多媒体和所有现代技术一样,它由硬件和软件组成。多媒体技术的功能在概念上分为控制系统和信息 2 部分,它的发展紧紧依附着数字技术和计算机技术的发展。多媒体代表数字控制与数字媒体的汇合,计算机是数字控制系统,而数字媒体是当今音频和视频最先进的存储和传播形式。当计算机系统的能力达到可以实时处理电视和声音数据流的水平时,多媒体就诞生了。

国际电话电报咨询委员会(CCITT,Consultative Committee on International Telephone and Telegraph,国际电信联盟 ITU 的一个分会)把媒体分为如下 5 类:

1.感觉媒体(Perception Medium)

感觉媒体是指能够直接作用于人的感觉器官,使人产生直接感觉(视、听、嗅、味、触觉)的媒体,如语言、音乐、图像、图形、动画、文本等都是感觉媒体。

2.表示媒体(Representation Medium)

表示媒体是指为了更有效地加工、处理和传输而人为研究和构造出来的一种媒体。它包括上述感觉媒体的各种编码,如语言编码、静止和活动图像编码,以及文本编码等。

3.表现媒体(Presentation Medium)

表现媒体是用于通信中使电信号和感觉媒体之间产生转换用的媒体,主要用于新型输入和输出。表现媒体又分为 2 类：一类是输入表现媒体，如话筒，摄像机、光笔、键盘以及扫描仪等，另一类为输出表现媒体，如扬声器、显示器以及打印机等。

**4. 存储媒体(Storage Medium)**

存储媒体用于存储表示媒体，即存放感觉媒体数字化后的代码的媒体。例如磁盘、光盘、磁带、半导体存储器等。简而言之，是指用于存放某种媒体的载体。

**5. 传输媒体(Transmission Medium)**

传输媒体是指用来将表示媒体从一处传递到另一处的物理传输介质，例如同轴电缆、光纤、双绞线以及电磁波等都是传输媒体。

在上述的各种媒体中，核心是表示媒体。因为计算机处理媒体信息时，首先通过表现媒体的输入设备将感觉媒体换成表示媒体，并存放在存储媒体中。计算机从存储媒体中获取表示媒体信息后进行加工、处理。最后，再利用表现媒体的输出设备将表示媒体还原成感觉媒体。也就是说，计算机内部真正保存、处理的是表示媒体，所以，若没有特别地说明，通常将"媒体"理解为表示媒体，它以不同的编码形式反映不同类型的感觉媒体，而多媒体则是指表示媒体的多样化。

多媒体系统(Multimedia System)是指以计算机技术为基础，能综合处理文字、声音、图形、图像、动画等多种媒体信息的系统。

### 7.1.2　多媒体技术

多媒体技术是指把文字、图形、图像、动画、音频、视频等各种媒体通过计算机进行数字化的采集、获取、加工处理、存储和传播而综合为一体化的技术。

我们常说的"多媒体"通常最终被归结为一种"技术"，不是指多种媒体本身，而主要是指处理和应用它的一整套技术。因此，"多媒体"实际上常被当作"多媒体技术"的同义语。

通常，把多媒体看作是计算机技术与视频、音频和通信等技术融为一体而形成的新技术或新产品。因此，我们认为多媒体技术的定义是：计算机综合处理文本、图形、图像、音频与视频等多种媒体信息，使多种信息建立逻辑连接和人机交互作用，集成为一个系统并且具有交互性。简而言之，多媒体技术是指计算机综合处理声、文、图、像等信息，具有集成性、实时性和交互性的整合技术。

上述关于多媒体技术的定义呈现了 4 个问题：

(1)多媒体技术是计算机技术。

(2)多媒体技术所涉及的对象包括文字、图像、图形、动画、音频、视频等多种信息。

(3)多媒体技术能面向对象进行综合处理，并建立逻辑关系。

(4)多媒体技术建立了人机之间的交互，提供控制功能。

研究多媒体首先要研究媒体。媒体是信息传播的载体，对媒体的研究需要研究媒体的性质与相应的处理方法。对每种媒体的采集、存储、传输和处理，就是多媒体技术的首要工作。

多媒体的另一个技术基础是数据压缩。基于时间的媒体，特别是高质量的视频数据媒体，其数据量非常大，因此在目前流行的计算机产品中，特别是个人计算机系列上开展多媒体应用难以实现。因此，采用相应的压缩技术对媒体进行压缩，是多媒体数据处理的必要基础。数据压缩技术，或者称为数据编码技术，不仅可以有效地减小媒体数据占用的空间，也可以减少传输占用的时间;另一方面,这些编码还可用于复杂的内容处理场合,增强对信息内容的处理能力。

多媒体技术的研究内容比较多,主要包括以下几种:

### 1. 多媒体数据压缩技术

在多媒体计算机系统中要表示、传输和处理声、文、图信息,特别是数字化图像和视频,要占用大量的存储空间,因此高效地压缩和解压缩算法是多媒体系统运行的关键。数据压缩的原则是利用各种算法将数据冗余压缩到最少,以保留尽可能少的有用信息。

### 2. 多媒体数据存储技术

多媒体信息需要大量的存储空间。因此,存储技术是影响多媒体应用发展的重要因素。高效快速的存储设备是多媒体系统的基本部件,光盘系统是目前较好的多媒体数据存储设备,它又分为只读光盘、一次写多次读光盘、可擦写光盘、DVD 等。

### 3. 多媒体系统软件平台

多媒体计算机软件系统平台以操作系统为基础,目前广泛应用的 Windows、Unix、Linux 操作系统都支持对多媒体信息的管理。此外,处理不同类型的媒体及开发不同的应用系统还需要不同的多媒体开发工具,如 Microsoft MDK 给用户提供了对图形、视频、声音等文件进行转换和编辑的工具。为了方便多媒体节目的开发,多媒体计算机系统还包括一些直观、可视化的交互式编著工具,如动画制作软件 Macromedia Director、3D Studio,多媒体节目编著工具 Authorware 等。

### 4. 多媒体数据库与基于内容的检索技术

和传统的数据管理相比,多媒体数据库包含着多种数据类型,数据关系更为复杂,需要一种更为有效的管理系统来对多媒体数据库进行管理。多媒体数据库是数据库技术与多媒体技术结合的产物。多媒体数据库不是对现有的数据进行界面上的包装,而是从多媒体数据与信息本身的特性出发,考虑将其引入到数据库中之后而带来的有关问题。多媒体数据库技术是一个方兴未艾的热门课题,目前对这一课题所展开的研究十分广泛且相当热烈。

基于内容的检索可以利用图像处理、语音信号处理、模式识别、计算机视觉等学科中的一些方法作为部分基础技术。因为基于内容的检索不仅仅是基于内容,而且从应用的关键技术上看,其本质上是一门信息检索技术。它利用认知科学、用户模型、图像处理、模式识别、知识库系统、计算机图形学、数据库管理系统、信息检索等领域的研究成果和方法,研究新的媒体数据的表示和数据模型、有效和可靠的查询处理算法、智能查询接口以及与应用领域无关的系统结构。

### 5. 超文本与 Web 技术

超文本是一种有效的多媒体信息管理技术,它本质上是采用一种非线性的网状结构组织块状信息。Web 技术利用了一种称为超文本(Hypertext)的技术,即它使用了在文件中有着加重色的词句或图形去链接或指向其他文件、图形、声音等。它可以从一个文件中的任何一点指向另一个文件的任何一点,从而可以实现快速的信息浏览。同时超文本技术具有良好的图形用户界面,使得用户能很容易地浏览因特网中的信息。

### 6. 多媒体系统数据模型

多媒体系统数据模型是指导多媒体软件系统(软件平台、多媒体开发工具、编著工具、多媒体数据库等)开发的理论基础,对多媒体系统数据信息管理技术,它本质上是采用一种非线性的网状结模型形式化(或规范化)的研究,是进一步研制新型系统的基础。

**7. 多媒体通信与分布式多媒体系统**

多媒体通信应用与数据通信应用有很大的区别。多媒体通信要求在客户端播放声音和图像时要流畅,声音和图像要同步,因此对通信的时延和带宽要求很高。而数据通信应用则是把可靠性放在第一。

分布式多媒体系统则是把多媒体信息的获取、表示、传输、存储、加工处理融为一体,运行在一个分布式计算机网络环境中,它把多媒体信息的综合性、实时性、交互性和分布式计算机系统资源的分散性,工作并行性和系统透明性融为一体,开拓了多媒体系统的新天地。它突破了计算机、电话、电视等传统产业的界限,向人们提供全新的信息服务。

**8. 虚拟现实**

虚拟现实技术是一种可以创建和体验虚拟世界的计算机仿真系统。它利用计算机生成一种模拟环境,是一种多源信息融合的交互式的三维动态视景和实体行为的系统仿真,使用户沉浸到该环境中。

虚拟现实技术是仿真技术的一个重要方向,是仿真技术与计算机图形学人机接口技术、多媒体技术、传感技术、网络技术等多种技术的集合,是一门富有挑战性的交叉技术前沿学科和研究领域。虚拟现实技术(VR)主要包括模拟环境、感知、自然技能和传感设备等方面。模拟环境是由计算机生成的、实时动态的三维立体逼真图像。感知是指理想的 VR 应该具有一切人所具有的感知。除计算机图形技术所生成的视觉感知外,还有听觉、触觉、力觉、运动等感知,甚至还包括嗅觉和味觉等,也称为多感知。自然技能是指人的头部转动,眼睛、手势或其他人体行为动作,由计算机来处理与参与者的动作相适应的数据,并对用户的输入做出实时响应,分别反馈到用户的五官。传感设备是指三维交互设备。

## 7.1.3　多媒体计算机

首先,计算机综合处理声、文、图信息;其次,多媒体具有集成性和交互性。总之,多媒体计算机具有信息载体多样性、集成性和交互性。

而通常,人们把能处理数据、文字、声音和图像的计算机称为多媒体计算机。实质上计算机只能处理数据,文字是用数据代码表示的,而声音和图像则要根据采样定理,经模数转换成二进制数据后计算机才能识别和处理,处理后的结果数据再由数模转换成声音和图像。

从开发和生产厂商以及应用的角度出发,多媒体计算机可以分成 2 大类:

一类是家电制造厂研制的电视计算机(Teleputer),它是把 CPU 放到家电中,通过编程控制管理电视机、音响;另一类是计算机制造厂商研制的计算机电视(Compuvision),采用微处理器作为 CPU,其他设备还有视频图形适配器(简称 VGA 卡),光盘只读存储器(CD-ROM),音响设备以及扩展的多窗口系统。

在现有计算机系统中,要以数字方式处理多媒体信息,首先要解决的关键技术问题是:音频和视频媒体如何用计算机进行处理? 显然,首先要把音频和视频信号数字化,以数字数据的形式存入到计算机存储器中,然后使用软件对它们进行有效的处理。但是,又引出了问题:数字化后的音频或视频数据量非常大,要进行压缩或者采用大容量的存储器;另一方面,音频和视频信号的输入和输出是实时的,需要非常高的速度。要实现这些最基本的要求,就必须有专用的计算机硬件支持。目前,大多数具有多媒体处理能力的计算机都具有音频和视频扩展板,在扩展板上嵌有专用音频和视频处理芯片。未来的发展是把这些扩展板集成在系统主机板上,使计算机本身就具有处理多媒体信息的能力。

综上所述,要把一台普通的计算机变成多媒体计算机要解决的关键技术是:视频、音频信号获取技术;多媒体数据压缩编码和解码技术;视频、音频数据的实时处理和特技;视频、音频数据的输出技术。

所以,在普通的个人计算机基础上进行软硬件扩充后可升级到多媒体个人计算机,也称为MPC(Multimedia Personal Computer)。多媒体升级套件包括 CD-ROM 驱动器、声卡、视频卡、解压缩卡、MODEM 卡(或外置式 MODEM)以及相配套的应用软件。

多媒体计算机系统是一套复杂的硬件、软件有机结合的综合系统。它把音频、视频等媒体与计算机系统融合起来,并由计算机系统对各种媒体进行数字化处理。与计算机系统类似,多媒体计算机系统由多媒体硬件和多媒体软件构成。

#### 1.多媒体硬件系统

多媒体硬件系统由主机、多媒体外部设备接口卡和多媒体外部设备构成。

多媒体计算机的主机可以是大/中型计算机,也可以是工作站,用得最多的还是微机。

多媒体外部设备接口卡根据获取、编辑音频、视频的需要插接在计算机上。常用的有声卡、视频压缩卡、VGA/TV 转换卡、视频捕捉卡、视频播放卡和光盘接口卡等。

多媒体外部设备十分丰富,按功能分为视频/音频输入设备、视频/音频输出设备、人机交互设备、数据存储设备 4 类。视频/音频输入设备包括摄像机、录像机、影碟机、扫描仪、话筒、录音机、激光唱盘和 MIDI 合成器等;视频/音频输出设备包括显示器、电视机、投影电视、扬声器、立体声耳机等;人机交互设备包括键盘、鼠标、触摸屏和光笔等;数据存储设备包括CD-ROM、磁盘、打印机、可擦写光盘等。

#### 2.多媒体软件系统

多媒体软件系统按功能可分为系统软件和应用软件。

系统软件是多媒体系统的核心,它不仅具有综合使用各种媒体、灵活调度多媒体数据进行媒体的传输和处理的能力,而且要控制各种媒体硬件设备协调地工作。多媒体系统软件主要包括多媒体操作系统、媒体素材制作软件及多媒体函数库、多媒体创作工具与开发环境、多媒体外部设备驱动软件和驱动器接口程序等。

应用软件是在多媒体创作平台上设计开发的面向应用领域的软件系统,通常由应用领域的专家和多媒体开发人员共同协作、配合完成。例如,教育软件、电子图书等。

## 7.2　多媒体特性与关键技术

### 7.2.1　多媒体特性

由于使用计算机进行处理,多媒体已经不是单纯的各个媒体的简单组合。多媒体技术具有以下特性:

### 1. 集成性

多媒体不是各个媒体的简单组合，而是有机组合。多媒体采用了数字信号，可以综合处理文字、声音、图形、动画、图像、视频等多种信息，并将这些不同类型的信息有机地结合在一起。相对于传统的封闭、独立和不完整的信息处理设备，多媒体技术更好地实现了综合利用多种设备（如计算机、照相机、录像机、扫描仪、光盘刻录机、网络等）对各种信息进行表现和集成。

### 2. 多维性

传统的信息传播媒体只能传播文字、声音、图像等一种或两种媒体信息，给人的感官刺激是单一的。而多媒体综合利用了视频处理技术、音频处理技术、图形处理技术、图像处理技术、网络通信技术，扩大了人类处理信息的自由度，多媒体作品带给人的感官刺激是多维的。

### 3. 交互性

人们在与传统的信息传播媒体打交道时，总是处于被动状态。多媒体是以计算机为中心的，它具有很强的交互性。借助于键盘、鼠标、声音、触摸屏等，通过计算机程序人们就可以控制各种媒体的播放。因此，在信息处理和应用过程中，人具有很大的主动性，这样可以增强人对信息的理解力和注意力，延长信息在人脑中的保留时间，并从根本上改变了以往人类所处的被动状态。信息以超媒体结构进行组织，可以方便地实现人机交互。

### 4. 数字化

与传统的信息传播媒体相比，多媒体系统对各种媒体信息的处理、存储过程是全数字化的。数字技术的优越性使多媒体系统可以高质量地实现图像与声音的再现、编辑和特技处理，使真实的图像和声音、三维动画以及特技处理实现完美的结合。

### 5. 智能性

与传统的信息传播媒体相比，多媒体系统提供了易于操作、十分友好的界面，使计算机更直观，更方便，更亲切，更人性化。

### 6. 易扩展性

可方便地与各种外部设备挂接，实现数据交换、监视控制等多种功能。此外，采用数字化信息有效地解决了数据在处理传输过程中的失真问题。

## 7.2.2　关键技术

多媒体的关键技术主要包括信息数字化处理技术、数据压缩和编码技术、高性能大容量存储技术、多媒体网络通信技术、多媒体系统软硬件核心技术、多媒体同步技术、超文本超媒体技术等，其中信息数字化处理技术是基本技术，数据压缩和编码技术是核心技术。其中又以视频和音频数据的压缩与解压缩技术最为重要。

### 1. 多媒体数据压缩技术

视频和音频信号的数据量大，同时要求传输速度高，目前的计算机机还不能完全满足要求，因此，对多媒体数据必须进行实时的压缩与解压缩。

在多媒体应用中常用的压缩方法有统计编码（行程编码，LZW 编码，哈夫曼编码，算术编码）、预测编码（差分脉冲编码，自适应差分脉冲编码）、变换编码（K-L 变换、DCT 变换）、分析-

合成编码(量化编码,小波变换编码,分形图像编码,子带编码)等。对数据压缩方法的研究仍然是热点研究方向,人们还在继续寻找更加有效的压缩算法。

### 2. 多媒体硬件平台技术

硬件平台是实现多媒体技术的物质基础。现在,各种多媒体的外部设备已经成为标准配置,计算机 CPU 也都加入了多媒体与通信的指令体系。多媒体已经在向更复杂的应用体系发展,其硬件平台更加复杂。目前在基于网络的、集成一体化的多媒体设备上还需要做更多的努力。

### 3. 多媒体软件技术

随着硬件的进步,多媒体软件技术也在快速发展。从操作系统、编辑创作软件,到更加复杂的专用软件,特别是在 Internet 发展的大潮之中,多媒体软件更是得到很大的发展。

多媒体操作系统是多媒体操作的基本环境。一个系统是多媒体的,其操作系统必须首先是多媒体的。对连续性媒体来说,多媒体操作系统必须支持时间上的时限要求,支持对系统资源的合理分配,支持对多媒体设备的管理和处理,支持大范围的系统管理,支持应用对系统提出的复杂的信息连接的要求。

多媒体的素材采集和制作技术包括文本、图形、图像、动画等素材的常用软件制作工具平台的开发和使用,音频、视频信号的抓取和播放,音频、视频信号的混合和同步,数字信号的处理,显示器和电视信号的相互转换及相应媒体采集、处理软件的使用。多媒体创作工具或编辑软件是多媒体系统软件的最高层次。多媒体创作工具应当具有操纵多媒体信息,进行全屏幕动态综合处理的能力,支持应用开发人员创作多媒体应用软件。

迄今为止,多媒体的大范围应用还有许多软件技术问题有待解决。因此,必须掌握和了解软件基础知识,如面向对象的设计方法和编程技术,对象的链接与嵌入技术,超媒体链接与导航技术等。

### 4. 多媒体信息管理技术

信息及数据管理是信息系统的核心问题之一。处理大批非规则数据主要有 2 个途径:一是扩展现有的关系型数据库;二是建立面向对象的数据库系统,以存储和检索特定信息。在多媒体信息管理中最基本的是基于内容检索技术,其中对图像和视频的基于内容的检索方法将是主要的内容。

多媒体各个信息单元可能与其他信息单元有联系,而这种联系可确定信息之间的相互关系。因此,各个信息单元将组成一个由节点和各种不同类型的链构成的网,这就是超媒体信息网。超媒体被有的人称为天然的多媒体信息管理方法,它一般也采用面向对象的信息组织与管理形式。在多年理论研究的基础上,超媒体出乎寻常地在 Internet 上找到了属于它的最佳位置,即 Web 技术。它为人们带来在信息管理方面的巨大变革。

### 5. 多媒体界面设计与人机交互技术

多媒体界面设计与人机交互技术主要是指媒体集成技术和智能化技术。目前,多媒体界面一般都能集成文本、声音、图像、图形、动画及视频等多种形式的信息于一个或多个窗口中。因此,多媒体的引入为建立高效的人机交互界面带来希望,但其复杂性也对人机设计提出许多新的研究课程。

6. 多媒体通信与分布应用技术

除简单的多媒体应用外,多媒体系统一般说来都是基于网络的分布应用系统。多媒体通信网络系统将为多媒体的应用系统提供多媒体通信的手段。

但说到当前要用于互联网络的多媒体关键技术,有些专家却认为可以按层次分为媒体处理与编码技术、多媒体系统技术、多媒体信息组织与管理技术、多媒体通信网络技术、多媒体人机接口与虚拟现实技术,以及多媒体应用技术这 6 个方面。而且还应该包括多媒体同步技术、多媒体操作系统技术、多媒体中间件技术、多媒体交换技术、多媒体数据库技术、超媒体技术、基于内容检索技术、多媒体通信中的 QoS 管理技术、多媒体会议系统技术、多媒体视频点播与交互电视技术、虚拟实景空间技术等。

## 7.3 音频处理技术

### 7.3.1 数字音频的基本原理

声音是由物体振动产生的,正在发声的物体叫声源。声音只是压力波通过空气的运动。压力波振动内耳的小骨头,这些振动被转化为微小的电子脑波,它就是我们觉察到的声音。

在多媒体技术中,人们通常将声音媒体分为 3 类。

1. 波形声音

波形声音是最常用的 Windows 多媒体特性。波形声音设备可以通过麦克风捕捉声音,并将其转换为数值,然后把它们储存到内存或者磁盘上的波形文件中,波形文件的扩展名是.WAV。这样,声音就可以播放了。数字化的波形声音是一种使用二进制表示的串行比特流,它遵循一定的标准或者规范编码,其数据是按时间顺序组织的。

2. 语音

语音即语言的声音,是语言符号系统的载体。它由人的发音器官发出,负载着一定的语言意义。语言依靠语音实现它的社会功能。语言是音义结合的符号系统,语言的声音和语言的意义是紧密联系着的,因此,语言虽是一种声音,但又与一般的声音有着本质的区别。语音信息往往可以通过特殊的软件进行提取,所以人们把它作为一种特殊的媒体进行单独研究。

3. 音乐

音乐是一种符号,声音符号,表达人的所思所想,是人们思想的载体之一。音乐从声波上分析它介于噪声和频率不变的纯音之间,或者说音乐是一种符号化了的声音,这种符号就是乐谱,乐谱就是转变为符号媒体形式的声音。

随着计算机技术的发展,特别是海量存储设备和大容量内存在计算机上的实现,对音频媒体进行数字化处理便成为可能。数字化处理的核心是对音频信息的采样,通过对采集到的样本进行加工,达成各种效果,这是音频媒体数字化处理的基本含义。

基本的音频数字化处理包括以下几种:

(1)不同采样率、频率、通道数之间的变换和转换。其中变换只是简单地将其视为另一种格式,而转换通过重采样来进行,其中还可以根据需要采用插值算法以补偿失真。

(2)针对音频数据本身进行的各种变换,如淡入、淡出、音量调节等。

（3）通过数字滤波算法进行的变换，如高通、低通滤波器。

## 7.3.2　音频编码标准

音频信号是多媒体信息的重要组成部分。对数字音频信息的压缩主要是依据音频信息自身的相关性以及人耳对音频信息的听觉冗余度。音频信息在编码技术中通常分成 2 类来处理，分别是语音和音乐，各自采用的技术有差异。

语音编码技术一般有 3 类，分别是波形编码、参数编码以及混合编码。

波形编码是在时域上进行处理，尽量使重建的语音波形保持原始语音信号的形状，它将语音信号作为一般的波形信号来处理，具有适应能力强、话音质量好等优点，缺点是压缩比偏低。此类编码的技术主要有非线性量化技术、时域自适应差分编码和量化技术。非线性量化技术利用语音信号小幅度出现的概率大而大幅度出现的概率小的特点，通过为小信号分配小的量化阶，为大信号分配大的量阶来减少总量化误差。我们最常用的 G.711 标准用的就是这个技术。自适应差分编码是利用过去的语音来预测当前的语音，只对它们的差进行编码，从而大大减少了编码数据的动态范围，节省了码率。自适应量化技术是根据量化数据的动态范围来动态调整量阶，使得量阶与量化数据相匹配。G.726 标准中应用了后两项技术，G.722 标准把语音分成高低两个子带，然后在每个子带中分别应用后两项技术。

参数编码是利用语音信息产生的数学模型，提取语音信号的特征参量，并按照模型参数重构音频信号。它只能收敛到模型约束的最好质量上，使重建语音信号具有尽可能高的可懂性，而重建信号的波形与原始语音信号的波形相比可能会有相当大的差别。这种编码技术的优点是压缩比高，但重建音频信号的质量较差，自然度低，适用于窄带信道的语音通信，如军事通信、航空通信等。美国的军方标准 LPC-10，就是从语音信号中提取出来反射系数、增益、基音周期、清/浊音标志等参数进行编码的。MPEG-4 标准中的 HVXC 声码器用的也是参数编码技术。

混合编码则将上述 2 种编码方法结合起来。采用混合编码的方法，可以在较低的数码率上得到较高的音质。它的基本原理是合成分析法，将综合滤波器引入编码器，与分析器相结合，在编码器中将激励输入综合滤波器，产生与译码器端完全一致的合成语音，然后将合成语音与原始语音相比较（波形编码思想），根据均方误差最小原则，求得最佳的激励信号，然后把激励信号以及分析出来的综合滤波器编码送给解码端。这种得到综合滤波器和最佳激励的过程称为分析（得到语音参数）；用激励和综合滤波器合成语音的过程称为综合；由此我们可以看出混合编码把参数编码和波形编码的优点结合在了一起，使得用较低码率产生较好的音质成为可能。通过设计不同的码本和码本搜索技术，产生了很多编码标准，目前我们通信中用到的大多数语音编码器都采用了混合编码技术。例如在互联网上的 G.723.1 和 G.729 标准，在 GSM 上的 EFR、HR 标准，在 3GPP2 上的 EVRC、QCELP 标准，在 3GPP 上的 AMR-NB/WB 标准等。

音乐编码技术主要有自适应变换编码（频域编码）、心理声学模型和熵编码等技术。

自适应变换编码是利用正交变换，把时域音频信号变换到另一个域，由于去相关的结果，变换域系数的能量集中在一个较小的范围，所以对变换域系数最佳量化后，可以实现码率的压缩。理论上的最佳量化很难达到，通常采用自适应比特分配和自适应量化技术来对频域数据进行量化。在 MPEG layer3 和 AAC 标准及 Dolby AC-3 标准中都使用了改进的余弦变换

(MDCT);在 ITUG.722.1 标准中则用的是重叠调制变换(MLT)。本质上它们都是余弦变换的改进。

心理声学模型其基本思想是对信息量加以压缩,同时使失真尽可能不被觉察出来,利用人耳的掩蔽效应就可以达到此目的,即较弱的声音会被同时存在的较强的声音所掩盖,使得人耳无法听到。在音频压缩编码中利用掩蔽效应,就可以通过给不同频率处的信号分量分配不同的量化比特数的方法来控制量化噪声,使得噪声的能量低于掩蔽阈值,从而使得人耳感觉不到量化过程的存在。在 MPEG layer 2,3 和 AAC 标准及 AC-3 标准中都采用了心理声学模型,在目前的高质量音频标准中,心理声学模型是一个最有效的算法模型。

熵编码是根据信息论的原理,可以找到最佳数据压缩编码的方法,数据压缩的理论极限是信息熵。如果要求编码过程中不丢失信息量,即要求保存信息熵,这种信息保持编码叫熵编码,它是根据信息出现概率的分布特性而进行的,是一种无损数据压缩编码。常用的有霍夫曼编码和算术编码。在 MPEG layer 1,2,3 和 AAC 标准及 ITUG.722.1 标准中都使用了霍夫曼编码;在 MPEG4 BSAC 工具中则使用了效率更高的算术编码。

### 7.3.3　常见音频文件格式

我们常见的音频格式通常分为 MIDI 文件和声音文件 2 大类。其中,MIDI 文件是一种音乐演奏指令的序列,就像乐谱一样,可以利用声音输出设备或与电脑相连的电子乐器进行演奏,由于不包含具体声音数据,所以文件较小。而声音文件则是通过录音设备录制的原始声音,直接记录了真实声音的二进制采样数据,文件较大。

以下是常见的音频文件格式。

#### 1. WAV 格式(. wav)

WAV 格式是微软公司开发的一种声音文件格式,它符合 PIFF Resource Interchange File Format 文件规范,用于保存 WINDOWS 平台的音频信息资源,被 WINDOWS 平台及其应用程序所支持。"＊.wav"格式支持 MSADPCM、CCITT A LAW 等多种压缩算法,支持多种音频位数、采样频率和声道,标准格式的 WAV 文件和 CD 格式一样,也是 44.1 k 的采样频率,速率 88 k/s,16 位量化位数,WAV 格式的声音文件质量和 CD 相差无几,是目前广为流行的声音文件格式,几乎所有的音频编辑软件都能识别 WAV 格式。但其缺点是文件体积较大,所以不适合长时间记录。

#### 2. MIDI 格式(. mid)

MIDI 是 Musical Instrument Digital Interface 的缩写,又称作乐器数字接口,是数字音乐/电子合成乐器的统一国际标准。它定义了计算机音乐程序、数字合成器及其他电子设备交换音乐信号的方式,规定了不同厂家的电子乐器与计算机连接的电缆和硬件及设备间数据传输的协议,可以模拟多种乐器的声音。MIDI 文件就是 MIDI 格式的文件,在 MIDI 文件中存储的是一些指令。把这些指令发送给声卡,由声卡按照指令将声音合成出来。

MIDI 本身并不能发出声音,它是一个协议,只包含用于产生特定声音的指令,而这些指令则包括调用何种 MIDI 设备的声音,声音的强弱及持续的时间等。通过计算机把这些指令交由声卡去合成相应的声音。

相对于保存真实采样数据的声音文件,MIDI 文件显得更加紧凑,其文件的大小要比

WAV 文件小得多,1 min 的 WAV 文件约要占用 10 MB 的硬盘空间,而 1 min 的 MIDI 却仅占用 3.4 kB。

MIDI 文件有几个变通的格式,其中 CMF 文件是随声卡一起使用的音乐文件,与 MIDI 文件非常相似,只是文件头略有差别;另一种 MIDI 文件是 WINDOWS 使用的 RIFF 文件的一种子格式,称为 RMID,扩展名为 rmi。

### 3. CDA 格式(.cda)

大家很熟悉的 CD 就是使用这种音乐格式,扩展名 cda,其取样频率为 44.1 kHz,16 位量化位数,跟 WAV 一样,但 CD 存储采用了音轨的形式,又叫"红皮书"格式,记录的是波形流,是一种近似无损的格式。

### 4. MP3 格式(.mp3)

MPEG 是动态图像专家组的英文缩写。这个专家组始建于 1988 年,专门负责为 CD 建立视频和音频压缩标准。MPEG 音频文件指的是 MPEG 标准中的声音部分,即 MPEG 音频层。MPEG 音频文件根据压缩质量和编码复杂程度的不同可分为 3 层(MPEG AUDIO LAYER 1,2,3),分别与 MP1,MP2 和 MP3 这 3 种声音文件相对应。MPEG 音频编码具有很高的压缩率,MP1 和 MP2 的压缩率分别为 4∶1 和(6~8)∶1,而 MP3 的压缩率则高达(10~12)∶1,也就是说 1 min CD 音质的音乐未经压缩需要 10 MB 存储空间,而经过 MP3 压缩编码后只有 1 MB 左右,同时其音质基本保持不失真。因此,目前互联网上的音乐格式以 MP3 最为常见。

### 5. REALAUDIO 格式(.ra/.rm/.ram)

REALAUDIO 文件是 REALNETWORKS 公司开发的一种新型音频流文件格式,它包含在 REALNETWORK 公司所定制的音频、视频压缩规范 REALMEDIA 中,主要用于在低速率的广域网上实时传输音频信息。网络连接速率不同,客户端所获得的声音质量也不相同:对于 14.4 kbps 的网络连接,可获得调幅(AM)质量的音质;对于 28.8 kbps 的连接,可以达到广播级的声音质量;如果使用 ISDN 或 ADSL 等更快的线路连接,则可获得 CD 音质的声音。

### 6. MP4 格式(.mp4)

MP4 采用的是美国电话电报公司(AT&T)所研发的以"知觉编码"为关键技术的 a2b 音乐压缩技术,由美国网络技术公司(GMO)及 RIAA 联合公布的一种新的音乐格式。MP4 在文件中采用了保护版权的编码技术,只有特定的用户才可以播放,有效地保证了音乐版权的合法性。另外 MP4 的压缩比达到了 15∶1,体积比 MP3 更小,但音质却没有下降。

MP3 和 MP4 之间其实并没有必然的联系。首先 MP3 是一种音频压缩的国际技术标准,而 MP4 却是一个商标的名称;其次,它们采用的音频压缩技术也迥然不同,MP4 压缩比最高可达到 20∶1,且不影响音乐的实际听感。MP4 有如下特点:

(1)每首 MP4 乐曲就是一个扩展名为 .exe 的可执行文件。在 Windows 里直接双击就可以运行播放,十分方便。但 MP4 这个特点也带来了它的先天缺陷:容易感染电脑病毒。

(2)更小的体积,更好的音质。由于采用先进的 a2b 音频压缩技术,使 MP4 文件的大小仅为 MP3 的 3/4 左右,从这个角度来看 MP4 更适合在互联网上传播,而且音质也更佳。

(3)独特的数字水印。MP4 采用了名为"SOLANA"的数字水印技术,可方便地追踪和发现盗版行为。而且,任何针对 MP4 的非法解压行为都可能导致 MP4 原文件的损坏。

(4)支持版权保护。MP4 乐曲还内置了包括与作品版权持有者相关的文字、图像等版权说明。既可说明版权,又表示了对作者和演唱者的尊重。

(5)比较完善的功能。MP4 可独立调节左右声道音量控制,内置波形/分频动态音频显示和音乐管理器可支持多种彩色图像,网站连接及无限制的滚动显示文本。

# 7.4 视频处理技术

## 7.4.1 视频的基本原理

白光通过棱镜后被分解成多种颜色逐渐过渡的色谱,颜色依次为红、橙、黄、绿、青、蓝、紫,这就是可见光谱。其中人眼对红、绿、蓝最为敏感,人的眼睛就像一个三色接收器的体系,大多数的颜色可以通过红、绿、蓝三色按照不同的比例合成产生。同样绝大多数单色光也可以分解成红、绿、蓝 3 种色光。这是色度学的最基本原理,即三基色原理。

根据三基色原理,在视频领域利用红(R)、绿(G)、蓝(B)三色不同比例的混合来表现多彩的世界。首先,通过摄像机的光敏器件像 CCD(电荷耦合器件),将光信号转换成 RGB 三路电信号;其次,在电视机或监视器内部也使用 RGB 信号分别控制 3 支电子枪轰击荧光屏以产生影像。这样,由于摄像机中原始信号和电视机、监视器中的最终信号都是 RGB 信号,因此直接使用 RGB 信号作为视频信号的传输和记录方式会获得极高的信号质量。但这样做会极大地加宽视频带宽从而增加设备成本,因此,在实际应用中常常不这样做,而是按亮度方程 $Y=0.39R+0.5G+0.11B$(PAL 制)将 RGB 信号转换成亮度信号 Y 和两个色差信号 U(B-Y)、V(R-Y),形成 YUV 分量信号。这种信号利用了人眼对亮度细节分辨率高而对色度细节分辨率低的特点,对 U、V 信号带宽压缩。U、V 信号还可以进一步合成一个色度信号 C,进而形成 Y/C 记录方式。由于记录时对 C 信号采取降频处理,因此也称为彩色降频方式。Y 和 C 又可以进一步形成复合视频(Composite),即彩色全电视信号,这种方式便于传输和电视信号的发射。将 RGB 信号转换成 YUV 信号、Y/C 信号直至复合视频信号的过程称为编码,逆过程则为解码。由此可以看出,由于转换步骤的多少,视频输出质量由 YUV 端口到 Y/C 端口到复合视频端口依次降低。因此,在视频捕捉或者输出时选择合适的输入、输出端口便可提高视频质量。另外,还应提供同步信号以保证传送图像稳定再现。

视频影像是由一系列被称为帧的单个静止画面组成的。一般帧率在 24~30 帧/s 时,视频运动非常平滑,而低于 15 帧/s 时就会有停顿感。在 PAL 制中,规定 25 帧/s,每帧水平 625 扫描行(分奇数行、偶数行,即奇、偶两场,因而采用隔行扫描方式)。在每一帧中,电子束由左上角隔行扫至右下角后再跳回至左上角有一个逆程期,约占整个扫描时间的 8%,因此 625 行中有效行只有 576 行,即垂直分辨率 576 点。按现行 4∶3 电视标准,则水平分辨率为 768 点,这就是常见的一种分辨率 768×576。另外,还有一种遵循 CCIR 601 标准的 PAL 制,其分辨率为 720×576。对于 NTSC 制,规定 30 帧/s,525 行/帧,隔行扫描,分奇、偶两场,图像大小 720×486。由于 PAL 制与 NTSC 制处理方式不同,因此互不兼容。

PAL 制与 NTSC 制一般都是模拟信号,视频捕捉卡可完成对它的模数转换。视频捕捉卡先对输入视频信号以 4∶2∶2 格式进行采样,然后进行量化,一般对 YUV(也即对 RGB)各 8 位量化,因而产生 24 位真彩。由于一帧图像数字化后数据量很大,为节省存储空间,还要对其进行压缩处理。压缩处理可分为有损压缩和无损压缩,而前者是以牺牲图像细节为代价的。

压缩可由软、硬件实现,后者可实现实时压缩,而前者往往要在分辨率、颜色深度、帧率等方面做出一些牺牲。选择压缩比时,压缩比越高,图像质量越差。经过上述过程,模拟视频即变成数字视频,而这一过程的逆过程即可实现数字视频的解压缩与回放。另外,利用某些视频捕捉卡的输入、输出设置,能简单地实现 PAL 制与 NTSC 制的转换。

数字视频经解压缩后,可送入显示卡并在计算机的显示器上显示出来。

### 7.4.2　视频压缩标准

数字影像的出现,得益于 2 项技术的发展:光碟存储技术和影像数字压缩技术。例如,NTSC 制式的电视图像以大约 640×480 的分辨率、24 bits/像素、每秒 30 帧的质量传输时,其数据传输率达 28 Mbps,20 s 的未压缩视频图像将占用 560 M 的存储空间,相当于一张CD-ROM 光盘只能储存 20 s 的未压缩电视节目。显然,这样的要求对普通个人用户来讲是难以接受的,在实现上成本也非常高昂。所以,视频图像的压缩编码方法就应运而生了。

1980 年以来,国际标准化组织(ISO)、国际电工委员会(IEC)和国际电信联盟(ITU)下属的国际电报电话咨询委员会(CCITT)陆续完成了各种数据压缩与通信的标准和建议,如面向静止图像压缩的 CCITT T.81 及 ISO 10918(JPEG)标准、在运动图像方面用于视频会议的CCITT H.261(Px64)标准、用于可视电话的 CCITT H.263 标准、用于 VCD 的 ISO 11172(MPEG-1)及用于广播电视和 DVD 的 ISO/IEC 13818(MPEG-2)标准。近来正在讨论适用于低传输速率的 MPEG-4 方案。

MPEG 是 Moving Picture Expert Group(运动图像专家组)的缩写,该专家组成立于 1988年。MPEG-1 和 MPEG-2 是该专家组通过的 2 个标准,适用于不同带宽和数字影像质量的要求。MPEG-2 是由 ISO 和 IEC 于 1994 年 11 月定义并公布的标准,其全称为"运动图像及其伴音的编码"。DVB 是欧洲电信标准 ETS 300421,其根据应用对象的不同又分为 DVB-S、DVB-C 和 DVB-T,分别针对卫星数字广播、有线数字广播及地面数字广播。1993 年下半年,美国"高级电视联盟"和欧洲数字视频广播计划先后决定将 MPEG-2 用于自己的高分辨率电视(HDTV)广播中;日本邮政省数字广播研究组在 1994 年 1 月发表的阶段性研究报告中也建议采用 OFEM 传输方式和 MPEG-2 压缩技术。总的来说,MPEG 优于其他影像压缩方案的地方是:具有很好的兼容性、压缩比最高可达 200:1、数据的损失小。

#### 1. MPEG-1

MPEG-1 制定于 1992 年,可适用于不同带宽的设备,如 CD-ROM、Video-CD、CD-i。它的目的是把 221 Mbps 的 NTSC 图像压缩到 1.2 Mbps,压缩率为 200:1。这是图像压缩的工业认可标准。它可针对 SIF 标准分辨率(对于 NTSC 制为 352×240;对于 PAL 制为 352×288)的图像进行压缩,传输速率为 1.5 Mbps,每秒播放 30 帧,具有 CD 音质,质量级别基本与广播级录像带(VHS)相当。MPEG 的编码速率最高可达 4~5 Mbps,但随着速率的提高,其解码后的图像质量有所降低。

应用 MPEG-1 技术最成功的产品非 VCD 莫属了,VCD 作为价格低廉的影像播放设备,得到广泛的应用和普及。MPEG-1 也被用于数字电话网络上的视频传输,如非对称数字用户线路(ADSL)、视频点播(VOD)以及教育网络等。

#### 2. MPEG-2

MPEG-2 制定于 1994 年,设计目标是高级工业标准的图像质量以及更高的传输率。

MPEG-2 所能提供的传输率在(3～10) MB/s 间,在 NTSC 制式下的分辨率可达 720×486。MPEG-2 能够提供广播级的视像和 CD 级的音质。MPEG-2 的音频编码可提供左右中及 2 个环绕声道,以及一个加重低音声道和多达 7 个伴音声道。MPEG-2 的另一特点是,可提供一个较广范围的可变压缩比,以适应不同的画面质量、存储容量以及带宽的要求。

MPEG-2 技术就是实现 DVD 的标准技术,现在 DVD 播放器在家庭中普及起来。除了作为 DVD 的指定标准外,MPEG-2 还可用于为广播、有线电视网、电缆网络以及卫星直播提供广播级的数字视频。

目前,欧、美、日在视频方面采用 MPEG-2 标准,而在音频方面则采用 AC-3 标准。数字视频广播(Digital Video Broadcasting,DVB)标准中的视频压缩标准也确定采用 MPEG-2,音频压缩标准采用 MPEG-1。这些标准和建议已经或将要给工业界带来巨大的市场,其中以 MPEG-1 作为视音频压缩标准的 VCD 在我国已经形成了庞大的市场。同样,以 MPEG-2 作为视音频压缩标准的数字卫星电视接收机已经在欧美形成了很大市场。显然,在数字化的大趋势下,MPEG 压缩技术的潜在市场价值是非常明显的。

### 3. MPEG-3

由于 MPEG-2 的出色性能表现,已能适用于 HDTV(高清晰度电视),使得原打算为 HDTV 设计的 MPEG-3,还没产生就被抛弃了。

### 4. MPEG-4

MPEG-4 专家组成立于 1993 年。在 1995 年 3 月的 Florence 会议上初步定义了一个音频验证模型,并于 1996 年 1 月在 Munich 会议上定义了第一个视频验证模型(Verification Model),它提供了支持基于内容的视频表达环境。

MPEG-4 比 MPEG-2 的应用更广泛,最终希望建立一种能被多媒体传输、多媒体存储、多媒检索等应用领域普遍采纳的统一的多媒体数据格式。由于所要覆盖的应用范围相当广阔,同时应用本身的要求又非常不同,因此 MPEG-4 不同于过去的 MPEG-2 或 H.26X 系列标准,其压缩方法不再是限定的某种算法,而是可以根据不同的应用进行系统裁剪选取不同的算法。

与 H.263 相比,MPEG-4 的视频编码标准要复杂得多,支持的应用要广泛得多。MPEG-4 视频标准的目标是在多媒体环境中允许视频数据的有效存取、传输和操作。为达到这一广泛应用目标,MPEG-4 提供了一组工具与算法,通过这些工具与算法,从而支持诸如高效压缩、视频对象伸缩性、空域和时域伸缩性以及对误码的恢复能力等功能。因此,MPEG-4 视频标准就是提供上述功能的一个标准化"工具箱"。

MPEG-4 还提供技术规范满足多媒体终端用户,多媒体服务提供者的需要。对于技术人员,MPEG-4 提供关于数字电视、图像动画、Web 页面相应的技术支持。对于网络服务提供者,MPEG-4 提供的信息能被翻译成各种网络所用的信令消息。对于终端用户,MPEG-4 提供较高的交互访问能力。

经过这两年的发展,现在最热门的应用是利用 MPEG-4 的高压缩率和高的图像还原质量来把 DVD 里面的 MPEG-2 视频文件转换为体积更小的视频文件。经过这样处理,图像的视频质量下降不大但体积却可缩小几倍,可以很方便地用 CD-ROM 来保存 DVD 上面的节目。另外,MPEG-4 在家庭摄影录像、网络实时影像播放方面将大有用武之地。

### 5. MPEG-7

MPEG 针对基于内容问题,启动了一个新的工作项目。这个 MPEG 家族的新成员是"多媒体内容描述界面"(Multimedia Content Description Interface)，简称为 MPEG-7。它的目标是扩展现在有限的查询能力，使其包括更多的信息形式，即 MPEG-7 将确立各种类型的多媒体信息标准的描述方法。这种描述与内容密切相关，并支持对用户感兴趣的材料的快速、高效搜索。

其实，MPEG-7 并不是一种压缩编码方法，而是一个多媒体内容描述接口。继 MPEG-4 之后，要解决的矛盾就是对日渐庞大的图像、声音信息的管理和迅速搜索。MPEG-7 就是针对这个矛盾的解决方案。MPEG-7 力求能够快速且有效地搜索出用户所需的不同类型的多媒体影像资料，比如在影像资料中搜索有改革开放镜头的片段。

6．MPEG-21

MPEG-21 标准的正式名称为"多媒体框架"或者"数字视听框架"，它致力于为多媒体传输和使用定义一个标准化的、可互操作的和高度自动化的开放框架，这个框架考虑到了 DRM (Digital Rights Management，数字版权管理)的要求、对象化的多媒体接入以及使用不同的网络和终端进行传输等问题，这种框架还会在一种互操作的模式下为用户提供更丰富的信息。

## 7.4.3　常见视频文件格式

1．AVI 格式

它的英文全称为 Audio Video Interleaved，即音频视频交错格式。所谓"音频视频交错"，就是可以将视频和音频交织在一起进行同步播放。这种视频格式的优点是图像质量好，可以跨多个平台使用；其缺点是体积过于庞大，而且更加糟糕的是压缩标准不统一。最普遍的现象就是高版本 Windows 媒体播放器播放不了采用早期编码编辑的 AVI 格式视频，而低版本 Windows 媒体播放器又播放不了采用最新编码编辑的 AVI 格式视频。所以在进行一些 AVI 格式的视频播放时常会出现由于视频编码问题而造成的视频不能播放或即使能够播放，但存在不能调节播放进度和播放时只有声音没有图像等一些莫名其妙的问题。如果在进行 AVI 格式的视频播放时遇到了这些问题，可以通过下载相应的解码器来解决。

2．nAVI 格式

nAVI 是 newAVI 的缩写，是一个名为 Shadow Realm 的地下组织发展起来的一种新视频格式(与前面所说的 AVI 格式没有太大联系)。它是由 Microsoft ASF 压缩算法修改而来的，但是又与后面介绍的网络影像视频中的 ASF 视频格式有所区别，它以牺牲原有 ASF 视频文件视频"流"特性为代价而通过增加帧率来大幅提高 ASF 视频文件的清晰度。

3．MPEG 格式

它的英文全称为 Moving Picture Expert Group，即运动图像专家组格式。家里常看的 VCD、SVCD、DVD 就是这种格式。MPEG 文件格式是运动图像压缩算法的国际标准，它采用了有损压缩方法减少运动图像中的冗余信息。即 MPEG 的压缩方法依据是相邻两幅画面绝大多数是相同的，把后续图像中和前面图像有冗余的部分去除，从而达到压缩的目的(其最大压缩比可达到 200∶1)。目前 MPEG 格式有 3 个压缩标准分别是 MPEG-1、MPEG-2、和 MPEG-4。另外，MPEG-7 与 MPEG-21 仍处在研发阶段。

4．DivX 格式

这是由 MPEG-4 衍生出的另一种视频编码(压缩)标准，也即我们通常所说的 DVDrip 格式。它采用了 MPEG-4 的压缩算法同时又综合了 MPEG-4 与 MP3 各方面的技术。即使用 DivX 压缩技术对 DVD 盘片的视频图像进行高质量压缩,同时用 MP3 或 AC3 对音频进行压缩,然后再将视频与音频合成并加上相应的外挂字幕文件而形成的视频格式。其画质直逼 DVD 并且体积只有 DVD 的几分之一。这种编码对机器的要求也不高,所以 DivX 视频编码技术可以说是一种对 DVD 造成威胁最大的新生视频压缩格式。

5. MOV 格式

美国 Apple 公司开发的一种视频格式,默认的播放器是苹果的 Quick Time Player。具有较高的压缩比率和较完美的视频清晰度等特点,但是其最大的特点还是跨平台性,即不仅能支持 MacOS,同样也能支持 Windows 系列。

6. DAT 格式

DAT(数字录音带)是一种用于磁带数字录音的专业品质级别的标准媒体和技术。DAT 设备就是一个数字磁带录音器,具有与录像机相似的旋转型磁头。大多数的 DAT 设备都能以 44.1 kHz、CD 音频标准,以及 48 kHz 的采样率来录音。DAT 已经成为录音的专业和半专业环境中的标准存档技术了。专业层面 DAT 的数字输入和输出允许用户从一个 DAT 磁带传输到另一个音频工作站进行精确的剪辑。它紧凑的尺寸和低廉的成本使得 DAT 媒介成为一种绝佳的整理录音并将其制成 CD 品质的方式。

7. RM 格式

Real Networks 公司所制定的音频视频压缩规范称为 RealMedia。用户可以使用 RealPlayer 或 RealOne Player 对符合 RealMedia 技术规范的网络音频/视频资源进行实况转播。并且 RealMedia 可以根据不同的网络传输速率制定出不同的压缩比率,从而实现在低速率的网络上进行影像数据实时传送和播放。这种格式的另一个特点是用户使用 RealPlayer 或 RealOne Player 播放器可以在不下载音频/视频内容的条件下实现在线播放。另外,RM 作为目前主流网络视频格式,它还可以通过其 Real Server 服务器将其他格式的视频转换成 RM 视频并由 Real Server 服务器负责对外发布和播放。RM 和 ASF 格式可以说各有千秋,通常 RM 视频更柔和一些,而 ASF 视频则相对清晰一些。

8. DV-AVI 格式

DV 的英文全称是 Digital Video Format,是由索尼、松下、JVC 等多家厂商联合提出的一种家用数字视频格式。目前非常流行的数码摄像机就是使用这种格式记录视频数据的。它可以通过电脑的 IEEE 1394 端口传输视频数据到电脑,也可以将电脑中编辑好的视频数据回录到数码摄像机中。这种视频格式的文件扩展名一般是. avi,所以也叫 DV-AVI 格式。

# 7.5　图形图像处理技术

## 7.5.1　图形图像基本原理

图形图像技术是一门集图形、图像、动画等信息处理的技术。它可以通过外部设备接收外部的图形和图像等信息,经过计算机加工处理后,以图形或图像等多种形式输出,实现输入和输出方式的多元化,改变了计算机早期只能处理文字、数据的局限。对于计算机来说,图形和图像是两种很不相同的媒体,图形学和图像处理技术在计算机发展初期是两门相对独立的学科。然而,图形与图像在很多场合下又是很难区分的。随着多媒体技术的飞速发展,图形与图像的结合日益紧密。图像软件往往包含图形绘制功能,而图形软件又常常具备图像处理功能。

图形与图像从各自不同的角度来表现物体的特性。图形是对物体形象的几何抽象,反映了物体的几何特性,是客观物体的模型化;而图像则是对物体形象的影像描绘,反映了物体的光影与色彩的特性,是客观物体的视觉再现。

例如一台计算机,用点、线、面等元素画出来就是图形;而用照相机把它拍成照片就是图像。尽管这种区分比较浅显,但是相当直观。对于计算机来说,图形与图像的区分与我们的主观感受较少关联,而主要取决于构成及处理的算法。

图形是面向几何学的。在计算机中,图形(Graphics)与对象(Object)密切相关。图形是以面向对象的形式创建和存储的。图形与屏幕分辨率无关,任意放大不会产生锯齿效应。这是由于图形的显示是一个动态生成过程,在确定尺寸和分辨率之后再经栅格化转换送屏幕显示。

图形与图像可以相互转换。利用渲染技术可以把图形转换成图像,而边缘检测技术则可以从图像中提取几何数据,把图像转换成图形。

图形图像常见术语:

**1.分辨率**

(1)图像分辨率　图像分辨率是指图像文件中保存的图像网格采样点数,显示实际包含的图像信息量,一般用像素(Pixel)表示。分辨率越高,图像就越清晰。

(2)屏幕分辨率　屏幕分辨率用每屏所包含的像素来表示。通常取决于显示器以及显示卡的类型。屏幕分辨率用屏幕横向包含的像素点数乘以纵向包含的像素点,例如有 640×480、800×600、1 024×768 像素等。

(3)扫描分辨率　扫描分辨率用每英寸中所包含的采样点数(Dot per inch)来表示。扫描仪的分辨率分为光学分辨率和输出分辨率。

**2.颜色模型**

常见的模型包括 HSB(表示色相、饱和度、亮度)、RGB(表示红、绿、蓝)、CMYK(表示青、洋红、黄、黑)以及 Lab。

(1)HSB 模型　HSB 模型是基于人类对颜色的感觉,HSB 模型描述颜色的 3 个基本特征:色相、饱和度、亮度。

色相是从物体反射或透过物体传播的颜色。在标准色轮上,色相是按位置度量的。在通常的使用中,色相是由颜色名称标识的,比如红、橙或绿色。

饱和度,有时也称彩度,是指颜色的强度或纯度。饱和度表示色相中灰成分所占的比例,用从 0(灰色)到 100%(完全饱和)的百分比来度量。在标准色轮上,从中心向边缘饱和度是递增的。

亮度是颜色的相对明暗程度,通常用从 0(黑)到 100%(白)的百分比来度量。

(2)RGB 模型　绝大部分的可见光谱可以用红、绿和蓝 (RGB) 三色光按不同比例和强度的混合来表示。在颜色重叠的位置,产生青色、洋红和黄色。因为 RGB 颜色合成产生白色,它们也叫作加色。将所有颜色加在一起产生白色。也就是说,所有光被反射回眼睛。加色用于光照、视频和显示器。

（3）CMYK 模型　CMYK 模型以打印在纸张上油墨的光线吸收特性为基础，当白光照射到半透明油墨上时，部分光谱被吸收，部分被反射回眼睛。理论上，纯青色（C）、洋红（M）和黄色（Y）色素能够合成吸收所有颜色并产生黑色。由于这个原因，这些颜色叫作减色。因为所有打印油墨都会包含一些杂质，这 3 种油墨实际上产生一种土灰色，必须与黑色（K）油墨混合才能产生真正的黑色。（使用 K 而不是 B 是为了避免与蓝色混淆。）将这些油墨混合产生颜色叫作四色印刷。减色（CMY）和加色（RGB）是互补色，每对减色产生一种加色，反之亦然。

（4）Lab 模型　Lab 颜色模型是在 1931 年国际照明委员会（CIE）制定的颜色度量国际标准的基础上建立的。1976 年，这种模型被重新修订并命名为 CIE Lab。Lab 颜色设计为与设备无关；不管使用什么设备（如显示器、打印机、计算机或扫描仪）创建或输出图像，这种颜色模型产生的颜色都保持一致。Lab 颜色由亮度或光亮度分量（L）和两个色度分量组成，这 2 个分量即 a 分量（从绿到红）和 b 分量（从蓝到黄）。

### 7.5.2　常用图像压缩标准

由于以下两个原因，图像必须压缩。

首先，传输数字图像所需的带宽远窄于未压缩图像。例如，NTSC 图像以大约 640 × 480 的分辨率，24 位/像素，每秒 30 帧的质量传输时，其数据率达 28 MB/s 或 221 Mb/s。此外，NTSC 声音信号还要使未压缩图像的比特率再增加一些。然而单速 CD-ROM（1x）驱动器只能以 1.2 Mb/s 的速率传输数据。

第二个原因是以 28 MB/s 的速率，15 s 的未压缩图像将占用 420 MB 的内存空间，这对于大多数只能处理小图像片段的计算机来说都是不可接受的。

如今把图像加入电子信号的关键问题是压缩方式。有 3 种不同的压缩方式，静态主要是 JPEG，动态主要是 MPEG 和 H.26X 系列 2 种。

#### 1. 静态压缩标准 JPEG

JPEG 是由软件开发联合会组织制定的，是一种有损压缩格式。它能够将图像压缩在很小的储存空间，图像中重复或不重要的资料会丢失，因此容易造成图像数据的损伤。尤其是使用过高的压缩比例，将使最终解压缩后恢复的图像质量明显降低。如果追求高品质图像，不宜采用过高压缩比例。但是 JPEG 压缩技术十分先进，它用有损压缩方式去除冗余的图像数据，在获得极高的压缩率的同时能展现十分丰富生动的图像，即可以用最少的磁盘空间得到较好的图像品质。而且 JPEG 是一种很灵活的格式，具有调节图像质量的功能，允许用不同的压缩比例对文件进行压缩，支持多种压缩级别，压缩比率通常在 10∶1 到 40∶1 之间。压缩比越大，品质就越低；相反地，压缩比越小，品质就越好。比如可以把 1.37 Mb 的 BMP 位图文件压缩至 20.3 KB。当然也可以在图像质量和文件尺寸之间找到平衡点。JPEG 格式压缩的主要是高频信息，对色彩的信息保留较好，适合应用于互联网，可减少图像的传输时间，可以支持 24 位真彩色，也普遍应用于需要连续色调的图像。

JPEG 2000 作为 JPEG 的升级版，其压缩率比 JPEG 高 30% 左右，同时支持有损和无损压缩。JPEG 2000 格式有一个极其重要的特征在于它能实现渐进传输，即先传输图像的轮廓，然后逐步传输数据，不断提高图像质量，让图像由朦胧到清晰显示。此外，JPEG 2000 还支持所谓的"感兴趣区域"特性,可以任意指定影像上感兴趣区域的压缩质量,还可以选择指定的部分先解压缩。在有些情况下,图像中只有一小块区域对用户是有用的,对这些区域,采用低压缩比,而感兴趣区域之外采用高压缩比,在保证不丢失重要信息的同时,又能有效地压缩数据量,这就是基于感兴趣区域的编码方案所采取的压缩策略。其优点在于它结合了接收方对压缩的主观需求,实现了交互式压缩。

JPEG 2000 和 JPEG 相比优势明显,从无损压缩到有损压缩可以兼容,而 JPEG 不行。JPEG 的有损压缩和无损压缩是完全不同的 2 种方法。JPEG 2000 既可应用于传统的 JPEG 市场,如扫描仪、数码相机等,又可应用于新兴领域,如网路传输、无线通信等。

2. 动态压缩标准 H.26X 系列

H.26X 系列标准包括了 H.261、H.263、H.26L 和 H.264 等。

H.261 是 1990 年 ITU-T 制定的一个视频编码标准,属于视频编解码器。其设计的目的是能够在带宽为 64 kbps 倍数的综合业务数字网(ISDN)上传输质量可接受的视频信号。编码程序设计的码率是能够在 40 kbps 到 2 Mbps 之间工作,能够对 CIF 和 QCIF 分辨率的视频进行编码,即亮度分辨率分别是 352×288 和 176×144,色度采用 4∶2∶0 采样,分辨率分别是 176×144 和 88×72。在 1994 年的时候,H.261 使用向后兼容的技巧加入了一个能够发送分辨率为 704×576 的静止图像的技术。

H.261 是第一个实用的数字视频编码标准。虽然最初是针对在 ISDN 上实现电信会议应用特别是面对面的可视电话和视频会议而设计的,但实际的编码算法类似于 MPEG 算法,不过不能与 MPEG 算法兼容。H.261 在实时编码时比 MPEG 所占用的 CPU 运算量少得多。H.261 使用帧间预测来消除空域冗余,并使用了运动矢量来进行运动补偿。此算法为了优化带宽占用量,引进了在图像质量与运动幅度之间的平衡折中机制。也就是说,剧烈运动的图像比相对静止的图像质量要差。因此这种方法是属于恒定码流可变质量编码而非恒定质量可变码流编码。

H.263 是由 ITU-T 制定的视频会议用的低码率视频编码标准,属于视频编解码器。H.263 是国际电联 ITU-T 的一个标准草案,是为低码流通信而设计的。但实际上这个标准可用在很宽的码流范围,而非只用于低码流应用,它在许多应用中可以认为被用于取代 H.261。H.263 的编码算法与 H.261 一样,但做了一些改善和改变,以提高性能和纠错能力。

H.26L 和 H.264 是 2002 年开始制定的标准,它具有柔性、高质量的视频传输特性。

H.264 比起其他压缩标准有低码率、高质量的图像、容错性强和网络适应性强等优势。H.264 最大的优势是具有很高的数据压缩比率,在同等图像质量的条件下,H.264 的压缩比是 MPEG-2 的 2 倍以上,是 MPEG-4 的 1.5～2 倍。而且,H.264 在具有高压缩比的同时还拥有高质量流畅的图像。

## 7.5.3　常见图形图像文件格式

图像格式即图像文件存放在存储卡上的格式,通常有 JPEG、TIFF、RAW 等。由于数码相机拍下的图像文件很大,储存容量却有限,因此图像通常都会经过压缩再储存。

总的来说,压缩分为有损压缩和无损压缩。

有损压缩:有损压缩可以减少图像在内存和磁盘中占用的空间,在屏幕上观看图像时,不会发现它对图像的外观产生太大的不利影响。因为人的眼睛对光线比较敏感,光线对景物的作用比颜色的作用更为重要,这就是有损压缩技术的基本依据。

有损压缩的特点是保持颜色的逐渐变化,删除图像中颜色的突然变化。生物学中的大量实验证明,人类大脑会利用与附近最接近的颜色来填补所丢失的颜色。例如,对于蓝色天空背景上的一朵白云,有损压缩的方法就是删除图像中景物边缘的某些颜色部分。当在屏幕上看这幅图时,大脑会利用在景物上看到的颜色填补所丢失的颜色部分。利用有损压缩技术,某些数据被有意地删除了,而被取消的数据也不再恢复。

有损压缩技术可以大大地压缩文件的数据,但是会影响图像质量。如果使用了有损压缩的图像仅在屏幕上显示,可能对图像质量影响不太大,至少对于人类眼睛的识别程度来说区别不大。可是,如果要把一幅经过有损压缩技术处理的图像用高分辨率打印机打印出来,那么图像质量就会有明显的受损痕迹。

无损压缩:无损压缩的基本原理是相同的颜色信息只需保存一次。压缩图像的软件首先会确定图像中哪些区域是相同的,哪些是不同的。包括了重复数据的图像(例如蓝天)就可以被压缩,只有蓝天的起始点和终结点需要被记录下来。但是蓝色可能还会有不同的深浅,天空有时也可能被树木、山峰或其他的对象掩盖,这些就需要另外记录。从本质上看,无损压缩的方法可以删除一些重复数据,大大减少要在磁盘上保存的图像尺寸。但是,无损压缩的方法并不能减少图像的内存占用量,这是因为,当从磁盘上读取图像时,软件又会把丢失的像素用适当的颜色信息填充进来。如果要减少图像占用内存的容量,就必须使用有损压缩方法。

无损压缩方法的优点是能够比较好地保存图像的质量,但是相对来说,这种方法的压缩率比较低。如果需要把图像用高分辨率的打印机打印出来,最好还是使用无损压缩。

几乎所有的图像文件都采用各自简化的格式名作为文件扩展名。从扩展名就可知道这幅图像是按什么格式存储的,应该用什么样的软件去读写等。

### 1. BMP 图像文件格式

BMP 是一种与硬件设备无关的图像文件格式,使用非常广。它采用位映射存储格式,除了图像深度可选以外,不采用其他任何压缩,因此,BMP 文件所占用的空间很大。BMP 文件的图像深度可选 1 位、4 位、8 位及 24 位。BMP 文件存储数据时,图像的扫描方式是按从左到右、从下到上的顺序。

由于 BMP 文件格式是 Windows 环境中交换与图有关的数据的一种标准,因此在 Windows 环境中运行的图形图像软件都支持 BMP 图像格式。

典型的 BMP 图像文件由 4 部分组成:位图文件头数据结构,它包含 BMP 图像文件的类型、显示内容等信息;位图信息数据结构,它包含有 BMP 图像的宽、高、压缩方法,以及定义颜色等信息;调色板信息,真彩色图例外,不需要调色板;实际的图像数据。

### 2. JPEG 文件格式

JPEG 是 Joint Photographic Experts Group(联合图像专家组)的缩写,文件后缀名为“.jpg”或“.jpeg”,是最常用的图像文件格式。JPEG 格式是目前网络上最流行的图像格式,是可以把文件压缩到最小的格式,在 Photoshop 软件中以 JPEG 格式储存时,提供 11 级压缩级别,以 0~10 级表示。其中 0 级压缩比最高,图像品质最差。即使采用细节几乎无损的 10 级质量保存时,压缩比也可达 5∶1。以 BMP 格式保存时得到 4.28 MB 图像文件,在采用 JPEG 格式保存时,其文件仅为 178 KB,压缩比达到 24∶1。经过多次比较,采用第 8 级压缩为存储空间与图像质量兼得的最佳比例。

JPEG 格式的应用非常广泛,特别是在网络和光盘读物上。目前各类浏览器均支持 JPEG 图像格式,因为 JPEG 格式的文件尺寸较小,下载速度快。

### 3. GIF 文件格式

GIF(Graphics Interchange Format)的原义是"图像互换格式",是 CompuServe 公司在 1987 年开发的图像文件格式。GIF 文件的数据,是一种基于 LZW 算法的连续色调的无损压缩格式。其压缩率一般在 50% 左右,它不属于任何应用程序。目前几乎所有相关软件都支持 GIF 图像文件。

GIF 图像文件的数据是经过压缩的,而且是采用了可变长度等压缩算法。所以 GIF 的图像深度从 1 位到 8 位,也即 GIF 最多支持 256 种色彩的图像。GIF 格式的另一个特点是其在一个 GIF 文件中可以存多幅彩色图像,如果把存于一个文件中的多幅图像数据逐幅读出并显示到屏幕上,就可构成一种最简单的动画。

GIF 解码较快,因为采用隔行存放的 GIF 图像,在边解码边显示的时候可分成 4 遍扫描。第一遍扫描虽然只显示了整个图像的 1/8,第二遍扫描后也只显示了 1/4,但这已经把整幅图像的概貌显示出来了。在显示 GIF 图像时,隔行存放的图像会给您感觉到它的显示速度似乎要比其他图像快一些,这是隔行存放的优点。

### 4. PCX 图像文件格式

PCX 这种图像文件的形成是有一个发展过程的。最先的 PCX 雏形是出现在 ZSOFT 公司推出的名叫 PC PAINTBRUSH 的用于绘画的商业软件包中。随着 Windows 的流行、升级,加之其强大的图像处理能力,使 PCX 同 GIF、TIFF、BMP 图像文件格式一起,被越来越多的图形图像软件工具所支持,也越来越得到人们的重视。

PCX 是最早支持彩色图像的一种文件格式,现在最高可以支持 256 种彩色。PCX 图像文件由文件头和实际图像数据构成。文件头由 128 字节组成,描述版本信息和图像显示设备的横向、纵向分辨率,以及调色板等信息;实际图像数据,表示图像数据类型和彩色类型。PCX 图像文件中的数据都是用 PCXREL 技术压缩后的图像数据。

PCX 的图像深度可选为 1、4、8 位。由于这种文件格式出现较早,它不支持真彩色。PCX 文件采用 RLE 行程编码,文件体中存放的是压缩后的图像数据。因此,将采集到的图像数据写成 PCX 文件格式时,要对其进行 RLE 编码。而读取一个 PCX 文件时首先要对其进行 RLE 解码,才能进一步显示和处理。

### 5. TIFF 图像文件格式

TIFF (Tag Image File Format)图像文件是由 Aldus 和 Microsoft 公司为桌上出版系统研制开发的一种较为通用的图像文件格式。TIFF 格式灵活易变,它又定义了 4 类不同的格式:TIFF-B 适用于二值图像;TIFF-G 适用于黑白灰度图像;TIFF-P 适用于带调色板的彩色图像;TIFF-R 适用于 RGB 真彩图像。

TIFF 支持多种编码方法,其中包括 RGB 无压缩、RLE 压缩及 JPEG 压缩等。TIFF 是现存图像文件格式中最复杂的一种,它具有扩展性、方便性、可改性。

TIFF 图像文件由 3 个数据结构组成,分别为文件头、一个或多个称为 IFD 的包含标记指针的目录以及数据本身。TIFF 图像文件中的第一个数据结构称为图像文件头或 IFH。这个结构是一个 TIFF 文件中唯一的、有固定位置的部分；IFD 图像文件目录是一个字节长度可变的信息块，Tag 标记是 TIFF 文件的核心部分，在图像文件目录中定义了要用的所有图像参数，目录中的每一目录条目就包含图像的一个参数。

### 6. TGA 格式

TGA 格式(Tagged Graphics)是由美国 Truevision 公司为其显示卡开发的一种图像文件格式，文件后缀为".tga"，已被国际上的图形、图像工业所接受。TGA 的结构比较简单，属于一种图形、图像数据的通用格式，在多媒体领域有很大影响，是计算机生成图像向电视转换的一种首选格式。

TGA 图像格式最大的特点是可以做出不规则形状的图形、图像文件，一般图形、图像文件都为四方形，若需要有圆形、菱形甚至是镂空的图像文件时，TGA 就大展身手了。TGA 格式支持压缩，使用不失真的压缩算法。

### 7. PNG 图像文件格式

PNG(Portable Network Graphics)的原名称为"可移植性网络图像"，是网上接受的最新图像文件格式。PNG 能够提供长度比 GIF 小 30% 的无损压缩图像文件。它同时提供 24 位和 48 位真彩色图像支持以及其他诸多技术性支持。由于 PNG 非常新，所以目前并不是所有的程序都可以用它来存储图像文件，但 Photoshop 可以处理 PNG 图像文件，也可以用 PNG 图像文件格式存储。

### 8. PSD 文件格式

这是 Photoshop 图像处理软件的专用文件格式，文件扩展名是".psd"。它可以支持图层、通道、蒙板和不同色彩模式的各种图像特征，是一种非压缩的原始文件保存格式。扫描仪不能直接生成该种格式的文件。PSD 文件有时容量会很大，但由于可以保留所有原始信息，在图像处理中对于尚未制作完成的图像，选用 PSD 格式保存是最佳的选择。

### 9. UFO 文件格式

它是著名图像编辑软件 Ulead Photoimpact 的专用图像格式，能够完整地记录所有 Photoimpact 处理过的图像属性。UFO 文件以对象来代替图层记录图像信息。

### 10. EPS 文件格式

EPS 是 Encapsulated PostScript 的缩写，是跨平台的标准格式，扩展名在 PC 平台上是".eps"，在 Macintosh 平台上是".epsf"，主要用于矢量图像和光栅图像的存储。EPS 格式采用 PostScript 语言进行描述，并且可以保存其他一些类型信息，例如多色调曲线、Alpha 通道、分色、剪辑路径、挂网信息和色调曲线等，因此 EPS 格式常用于印刷或打印输出。Photoshop 中的多个 EPS 格式选项可以实现印刷打印的综合控制，在某些情况下甚至优于 TIFF 格式。

### 11. CDR 文件格式

CDR 格式是著名绘图软件 CorelDRAW 的专用图形文件格式。由于 CorelDRAW 是矢量图形绘制软件，所以 CDR 可以记录文件的属性、位置和分页等。但它在兼容度上比较差，所有 CorelDraw 应用程序中均能够使用，但其他图像编辑软件打不开此类文件。

### 12. SVG 格式

SVG 是可缩放的矢量图形格式。它是一种开放标准的矢量图形语言，可任意放大图形显示,边缘异常清晰,文字在 SVG 图像中保留可编辑和可搜寻的状态,没有字体的限制,生成的文件很小,下载很快,十分适合用于设计高分辨率的 Web 图形页面。

## 7.6　计算机动画制作技术

### 7.6.1　计算机动画概述

动画即通过在连续多格的胶片上拍摄一系列单个画面,从而产生动态视觉的技术和艺术。这种视觉是通过将胶片以一定的速率放映体现出来的。计算机动画是指采用图形与图像的处理技术,借助于编程或动画制作软件生成一系列的景物画面,其中当前帧是前一帧的部分修改。计算机动画是采用连续播放静止图像的方法产生物体运动的效果。

计算机动画(Computer Animation)通过计算机模拟二维或三维空间中的场景及形体随时间变化的技术。计算机动画又称模型动画,它利用计算机构造二维或三维形体的模型,并通过对模型、虚拟摄像机、虚拟光源运动的控制描述,由计算机自动产生一系列具有真实感的连续动态图像。一般,计算机动画的设计过程是:设计模型的运动和变形;设计灯光的颜色、强度、位置及运动;设计虚拟摄像机的拍摄,最终生成可播出的连续图像。动画可以产生真实世界不存在的特殊效果。由于动画的这些特点,广泛应用于电影特技、课件中,它常用于表达机械零件的构造、人体各系统器官的解剖和组织结构、化学分子结构等基础理论和各种特殊视觉效果等教学内容。

计算机动画综合了计算机图形学特别是真实感图形生成技术、图像处理技术、运动控制原理、视频显示技术,甚至包括了视觉生理学、生物学等领域的内容,还涉及机器人学、人工智能、物理学和艺术等领域的理论和方法。目前更多地把它作为计算机图形学的综合应用,但由于其自身的特色而逐渐形成一个独立的研究领域。计算机动画属于四维空间问题,而计算机图形学只限于三维空间。计算机动画的研究大大地推动了计算机图形学乃至计算机学科本身的发展。

早在 1963 年至 1967 年期间,Bell 实验室的 Ken. Knowlton 等就着手于用计算机制作动画片。一些美国公司、研究机构和大学也相继开发动画系统,这些早期的动画系统属于二维辅助动画系统,利用计算机实现中间画面制作和自动上色。20 世纪 70 年代开始开发研制三维辅助动画系统,如美国 Ohio 州立大学的 D. Zelter 等完成的可明暗着色的系统。从 70 年代到 80 年代初研制的三维动画系统,采用的运动控制方式一般是关键参数插值法和运动学算法。80 年代后期发展到动力学算法以及反向运动学和反向动力学算法,还有一些更复杂的运动控制算法,从而使链接物的动画技术日渐趋于精确和成熟。目前正在把机器人学和人工智能中的一些最新成就引入计算机动画,提高运动控制的自动化水平。

通常根据运动控制方式将计算机动画分为关键帧动画和算法动画。

1. 关键帧动画

关键帧动画通过一组关键帧或关键参数值而得到中间的动画帧序列,可以是插值关键图像帧本身而获得中间动画帧,或是插值物体模型的关键参数值来获得中间动画帧,分别称之为形状插值和关键位插值。

早期制作动画采用二维插值的关键帧方法。当两幅形状变化很大的二维关键帧时不宜采用参数插值法,解决的办法是对两幅拓扑结构相差很大的画面进行预处理,将它们变换为相同的拓扑结构再进行插值。对于线图形即是变换成相同数目的手段,每段具有相同的变换点,再对这些点进行线性插值或移动点控制插值。

关键参数值插值常采用样条曲线进行拟合,分别实现运动位置和运动速率的样条控制。对运动位置的控制常采用三次样条计算,用累积弦长作为逼近控制点参数,以求得中间帧位置,也可以采用 Bezeir 样条等其他 B 样条方法。对运动速度控制常采用速率/时间曲线函数,也有的用曲率/时间函数方法。两条曲线的有机结合用来控制物体的动画运动。

  2. 算法动画

算法动画是采用算法实现对物体的运动控制或模拟摄像机的运动控制,一般适用于三维情形。算法动画是指按照物理或化学等自然规律对运动控制的方法。针对不同类型物体的运动方式,从简单的质点运动到复杂的涡流、有机分子碰撞等。一般按物体运动的复杂程度分为:质点、刚体、可变软组织、链接物、变化物等类型,也可以按解析式定义物体。

用算法控制运动的过程包括:给定环境描述、环境中的物体造型、运动规律、计算机通过算法生成动画帧。目前针对刚体和链接物已开发了不少较成熟的算法,对软组织和群体运动控制方面也做了不少工作。

模拟摄影机实际上是按照观察系统的变化来控制运动,从运动学的相对性原理来看是等价方式,但也有其独特的控制方式,例如可在二维平面定义摄影机运动,然后增设纵向运动控制。还可以模拟摄影机变焦,其镜头方向由观察坐标系中的视点和观察点确定,镜头绕此轴线旋转,用来模拟上下游动、缩放效果。

对计算机动画的运动控制方法已经作了较深入的研究,技术也日渐成熟。

从 1906 年布莱克顿的《滑稽脸上的幽默相》第一部动画片诞生至今,动画这门视觉艺术已经走过了她一百多年的历史。随着科学技术的迅猛发展,动画的表现手法也越来越丰富。因此,从不同技术手段上将其分为 2 种类型,即二维动画和三维动画。

## 7.6.2　二维动画

二维动画一般指传统的手绘动画,是通过动画师来绘制每一帧画面,最终用摄影机或扫描仪合成传递在屏幕上。二维动画是对手工传统动画的一个改进。例如,在传统动画里,很多重复劳动可以借助计算机来完成。给出关键帧之间的插值规则,计算机就能进行中间帧的计算。使用计算机插线上色,不会有手工制作中的颜料开裂、胶片闪光等问题。发现问题可及时修改,在计算机中可以方便快捷地对图像进行复制、粘贴、翻转、缩放和移位等操作,不需要等到通过胶片拍摄和冲印发现问题才修改。总之,二维动画可以完成通过输入和编辑关键帧,计算和生成中间帧,定义和显示运动路径,交互式给画面上色,产生一些特技效果;实现画面与声音的同步,控制运动系列的记录等功能,而且检查方便、管理简单、制作效率高、周期短。

但是,二维动画只是起辅助作用,是代替不了人的创造性劳动,仅仅是代替了手工动画中重复性强、劳动量大的那一部分工作,计算机是不能根据剧本自动生成关键帧的。目前,在二维动画中,关键帧必须由专业动画设计师手工绘制,或者由动画制作人员利用输入设备来生成。

二维动画在动画发展史上占据着相当大的空间,直至 20 世纪 90 年代三维动画的崛起。就目前的二维动画影片的发展趋势来看,仍然没有里程碑式的突破。迪士尼的衰败就是最好的例子。中国的二维动画就不容乐观了,与先进的动画产业国家相比较还有很大的差距。但是中国的传统动画也曾在 20 世纪五六十年代一度兴盛,有《大闹天宫》、《哪吒闹海》等优秀动画影片,还有中国所特有的一系列水墨动画短片,如《牧笛》、《小蝌蚪找妈妈》等。代表了中国二维动画迄今为止的最高水平,以至于现在仍无法达到和超越。但是,二维动画仍然面临着较大的困境。

二维动画的发展前景仍然一片生机,只要努力寻求新的结合点,与三维技术更好的结合,就一定能够在今后的动画史上大放异彩。目前二维动画比较好的制作软件有 TOONZ、RE-TAS PRO、AXA、USA Animation 和大家熟悉的 Flash 等。

### 7.6.3　三维动画

三维动画又称 3D 动画,是近年来随着计算机软硬件技术的发展而产生的一项新兴技术。三维动画软件在计算机中首先建立一个虚拟的世界,设计师在这个虚拟的三维世界中按照要表现的对象的形状尺寸建立模型以及场景,再根据要求设定模型的运动轨迹、虚拟摄影机的运动和其他动画参数,最后按要求为模型赋上特定的材质,并打上灯光。当这一切完成后就可以让计算机自动运算,生成最后的画面。

三维动画技术模拟真实物体的方式使其成为一个有用的工具。由于其精确性、真实性和无限的可操作性,目前被广泛应用于医学、教育、军事、娱乐等诸多领域。在影视广告制作方面,这项新技术能够给人耳目一新的感觉,因此受到了极大的欢迎。三维动画可以用于广告和电影电视剧的特效制作(如爆炸、烟雾、下雨、光效等)、特技(撞车、变形、虚幻场景或角色等)、广告产品展示、片头飞字等。

根据国内外的实际情况,三维动画主要在以下方面得到较为广泛的应用:

1. 影视广告制作

在国内,电脑三维动画目前广泛应用于影视广告制作行业。不论是科幻影片、电视片头,还是行业广告,都可以看到三维动画的踪影。可能大家对"失落的世界"(图 7.1)等世界巨片中恐龙狂奔的镜头还记忆犹新,如果没有电脑的帮助,使早已从地球上灭绝的恐龙栩栩如生地出现在电影镜头上是几乎不可能的。各个电视台的片头大多可以看到电脑三维动画的踪迹。

2. 建筑效果图制作

这在国内目前是一个相当巨大的工业。例如室内装潢效果图的制作,在进行投资很大的装潢施工之前,为了避免浪费,可以通过三维软件进行模拟并做出多角度的照片级效果图,以观察装潢后的效果(图 7.2)。如果效果不满意,可以改变为其他施工方案,从而节约时间与金钱。制作软件多为 3DS VIZ 或 Lightscape 等软件。不过由于计算机的运算速度等的种种限制,目前一般只提

图 7.1　失落的世界

供电脑渲染的静态图片,相信不久的将来照片式的效果图将会被三维漫游动画录像所替代。

图 7.2　　三维建筑效果图

3. 电脑游戏制作

这在国外比较盛行，有很多著名的电脑游戏中的三维场景与角色就是利用一些三维软件制作而成的。例如即时战略游戏"魔兽争霸"，就是利用著名的三维动画制作软件 3DS Max 来完成人物角色的设计、三维场景的制作。

4. 其他方面

三维动画在其他很多方面同样得到了应用。例如在国防军事方面，用三维动画来模拟火箭的发射（图 7.3），进行飞行模拟训练等非常直观有效，节省资金。在工业制造、医疗卫生、法律（例如事故分析）、娱乐、教育等方面同样得到了一定应用。

图 7.3　　三维动画模拟火箭发射图

**本章总结**：本章为多媒体技术的概要介绍，主要是对一些基础知识的了解，尤其是对各种多媒体文件后缀的识别。主要掌握媒体的分类、多媒体的定义以及音频、视频、图形图像、动画的文件格式。

# ⑦思考题

1. 简述多媒体、多媒体技术的概念。
2. 简述多媒体的特性。
3. 音频编码标准有哪些？
4. 简述音频文件的常见格式。
5. 视频压缩标准有哪些？
6. 简述视频文件的常见格式。
7. 简述图形和图像的区别。
8. 简述图形图像文件的常见格式。
9. 简述二维动画和三维动画的区别。

# 第8章　算法与程序设计基础

**本章导读:** 本章主要介绍算法和程序设计的相关知识,以及程序设计的基本控制结构和面向对象的基本概念。通过本章的学习,使学生了解算法和程序设计在解决实际问题过程中的地位和作用,并能初步理解计算机解题的过程和步骤。

## 8.1 算法

### 8.1.1 算法(Algorithm)的概念

算法一词最早出现在数学中,原意是关于数字的运算法则。20 世纪中期,随着计算机的出现,算法被广泛应用于计算机问题求解中,被认为是计算机的灵魂。使用计算机求解问题,即计算机执行程序,而程序则是根据算法来编写的。在计算机中,所有的问题求解任务经过分析和设计,求解方法都将被设计成相应的算法,算法是问题求解方法及过程的形式化描述。

所谓算法是指解题方案的准确而完整的描述。

对于一个问题,如果可以通过一个计算机程序,在有限的存储空间内运行有限长的时间而得到正确的结果,则称这个问题是算法可解的。但算法不等于程序,也不等于计算方法。当然,程序也可以作为一种描述,但通常还需考虑很多与方法和分析无关的细节问题,这是因为在编写程序时要受到计算机系统环境的限制。通常程序的编制不可能优于算法的设计。

#### 8.1.1.1 算法的基本特征

作为一个算法,一般具有以下几个特征。

1. 可行性(Effectiveness)

针对实际问题设计的算法,人们总是希望得到满意的结果。但算法又总是在某个特定的计算工具上执行的,因此,算法在执行过程中往往要受到计算工具的限制,使执行结果产生偏差。例如,在进行数值计算时,如果某计算工具具有 7 位有效数字(如程序设计语言中的单精度运算),则在计算下列 3 个量的和时,如果采用不同的运算顺序,就会得到不同的结果,即

$$A=10^{12}, B=1, C=-10^{12}$$
$$A+B+C=10^{12}+1+(-10^{12})=0$$
$$A+C+B=10^{12}+(-10^{12})+1=1$$

而在数学上,$A+B+C$ 与 $A+C+B$ 是完全等价的。因此,算法与计算公式是有差别的。在设

计一个算法时,必须要考虑它的可行性,否则是不会得到预想的结果的。

### 2. 确定性(Definiteness)

算法的确定性,是指算法的每一个步骤都必须有明确的定义,不允许有模棱两可的解释,也不允许产生歧义性。这一性质也反映了算法与数学公式的明显差别。在解决实际问题时,可能会出现这样的情况:针对某种特殊问题,数学公式是正确的,但按此数学公式设计的计算过程可能会使计算机系统无所适从。这是因为根据数学公式设计的计算过程只考虑了正常使用的情况,而当出现异常情况时,计算机就无法适应了。

### 3. 有穷性(Finiteness)

算法的有穷性,是指算法必须能在有限的时间内完成,即算法必须能在执行有限个步骤之后终止。数学中的无穷级数,在实际计算时只能取有限项,即计算无穷级数值的过程只能是有穷的。因此一个数的无穷级数表示只是一个计算公式,而根据精度要求确定的计算过程才是有穷的算法。

算法的有穷性还应包括合理的执行时间的含义。因为,如果一个算法需要执行千万年,显然失去了实用价值。

### 4. 输入(Input)

一个算法有零个或多个输入,这些输入取自于某些特定的对象集合。

### 5. 输出(Output)

一个算法有一个或多个输出。这些输出是同输入有着某些特定关系的量。

一个算法是否有效,还取决于为算法所提供的情报是否足够。通常,算法中的各种运算总是施加到各个运算对象上,而这些运算对象又可能具有某种初始状态,这是算法执行的起点或是依据。因此,一个算法的执行结果总是与输入的初始数据有关,不同的输入将会有不同的结果输出。当输入不够或是输入错误时,算法本身也就无法执行或导致执行有错。一般来说,当算法拥有足够的情报时,此算法才是有效的,而当提供的情报不够时,算法可能无效。

综上所述,所谓算法,是一组严谨的定义运算顺序的规则,并且每一个规则都是有效的,且是确定的,此顺序将在有限的次数下终止。

## 8.1.1.2 算法的基本要素

一个算法通常由 2 种基本要素组成:一是对数据对象的运算和操作,二是算法的控制结构。

### 1. 算法中对数据的运算和操作

每个算法实际上是按解题要求从环境能进行的所有操作中选择合适的操作所组成的一组指令序列。因此计算机算法就是计算机能处理的操作所组成的指令序列。

通常,计算机可以执行的基本操作是以指令的形式描述的。一个计算机系统能执行的所有指令集合称为该计算机系统的指令系统。计算机程序就是按解题要求从计算机指令系统中选择合适的指令所组成的指令序列。在一般的计算机系统中,基本的运算和操作有以下 4 种:

(1)算术运算 主要包括加、减、乘、除等运算。

(2)逻辑运算 主要包括"与"、"或"、"非"等运算。

(3)关系运算 主要包括"大于"、"小于"、"等于"、"不等于"等运算。

(4)数据传输　主要包括赋值、输入、输出等操作。

前面提到,计算机程序也可以作为算法的一种描述,但由于在编写计算机程序通常要考虑很多与方法和分析无关的细节问题(如语法规则),因此,在设计算法之初,通常并不直接用计算机程序来描述算法,而是用别的描述工具(如流程图,专门的算法描述语言,甚至用自然语言)来描述算法。但不管用哪种工具来描述算法,算法的设计一般都应从上述 4 种基本操作考虑,按解题要求从这些基本操作中选择合适的操作组成解题的操作序列。算法的主要特征着重于算法的动态执行,它区别于传统的着重于静态描述或按演绎方式求解问题的过程。传统的演绎数学是以公理系统为基础的,问题的求解过程是通过有限次推演来完成的,每次推演都将对问题作进一步的描述,如此不断推演直到直接将解描述出来为止;而计算机算法则是用一些最基本的操作,通过对已知条件一步一步地加工和变换,从而实现解题目标。

**2.算法的控制结构**

一个算法的功能不仅仅取决于所选用的操作,而且还与各操作之间的执行顺序有关。算法中各操作之间的执行顺序称为算法的控制结构。

程序设计语言使用顺序、选择和重复(循环)3 种基本控制结构就可以表达出各种形式结构的程序设计方法。采用结构化程序设计方法编写程序,可使程序结构良好、易读、易理解、易维护,从而可以提高编程工作的效率。

(1)顺序结构　顺序结构是一种简单的程序设计结构,顺序结构自始至终严格按照程序中语句的先后顺序逐条执行,是最基本、最常用的结构形式,如图 8.1(a)所示。

(2)选择结构　又称为分支结构,它包括简单选择和多分支选择结构。如图 8.1(b)所示是简单选择结构。

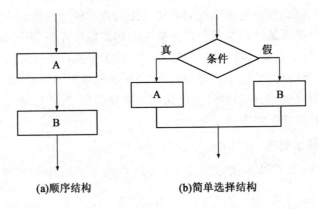

**(a)顺序结构**　　　　　　　　　**(b)简单选择结构**

**图 8.1　顺序与简单选择结构**

(3)重复结构　重复结构又称为循环结构,它根据给定的条件,判断是否需要重复执行某一相同功能的程序段。在程序设计语言中,重复结构对应 2 类循环语句,对先判断后执行的循环体称为当型循环结构,对先执行循环体后判断的称为直到型循环结构。如图 8.2 所示。

算法的控制结构给出了算法的基本框架,它不仅决定了算法中各操作的执行顺序,而且也直接反映了算法的设计是否符合结构化原则。描述算法的工具通常有传统流程图、N-S 结构化流程图、算法描述语言等。一个算法一般都可以用顺序、选择、循环 3 种基本控制结构组合而成。

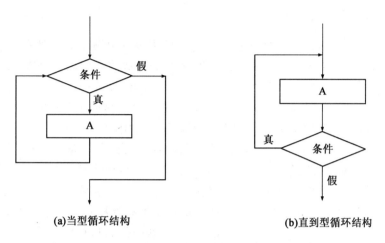

**(a)当型循环结构**　　　　　　　　　　　　**(b)直到型循环结构**

图 8.2　循环结构

【例 8.1】　有黑和蓝两个墨水瓶,但却错把黑墨水装在了蓝墨水瓶子里,而蓝墨水错装在黑墨水瓶子里,要求将其互换。

这是一个非数值运算问题。因为两个瓶子的墨水不能直接交换,所以,解决这一类问题的关键是需要借助第三个墨水瓶。设第三个墨水瓶为白色,其交换步骤如下:

①将黑瓶中的蓝墨水装入白瓶中;

②将蓝瓶中的黑墨水装入黑瓶中;

③将白瓶中的蓝墨水装入蓝瓶中;

④交换结束。

【例 8.2】　计算函数 $f(x)$ 的值。函数 $f(x)$ 为:

$$f(x) = \begin{cases} bx+a & x \leqslant a \\ ax+b & x > a \end{cases} \quad \text{其中,} a \text{、} b \text{ 为常数。}$$

本题是一个数值运算问题。其中 $f(x)$ 代表要计算的函数值,有 2 个不同的表达式,根据 $x$ 的取值决定采用哪一个算式。根据计算机具有逻辑判断的基本功能,用计算机算法描述如下:

①将 $a, b$ 和 $x$ 的值输入到计算机;

②判断 $x$ 是否 $\leqslant a$? 如果条件成立,执行第③步,否则执行第④步;

③按表达式 $bx+a$,计算出结果存放到 $f$ 中,然后执行第⑤步;

④按表达式 $ax+b$,计算出结果存放到 $f$ 中,然后执行第⑤步;

⑤输出 $f$ 的值;

⑥算法结束。

由上述 2 个简单的例子可以看出,一个算法由若干操作步骤构成,并且,任何简单或复杂的算法都是由基本功能操作和控制结构这 2 个要素组成。算法的控制结构决定了算法的执行顺序。

## 8.1.2　算法复杂度

算法的复杂度包括时间复杂度和空间复杂度。

1. 算法的时间复杂度

所谓算法的时间复杂度是指执行算法所需要的计算工作量。算法所执行的基本运算次数与计算机硬件、软件因素无关。算法所执行的基本运算次数与问题的规模有关。对于一个固定的规模,算法所执行的基本运算次数还可能与特定的输入有关。

算法的工作量用算法所执行的基本运算次数来度量。算法所执行的基本运算次数可表示为问题规模的函数,本章用 $f(n)$ 表示算法的工作量,$n$ 为问题的规模。

例如,在 $n \times n$ 矩阵相乘的算法中,整个算法的执行时间与该基本操作(乘法)重复执行的次数 $n^3$ 成正比,也就是时间复杂度为 $n^3$,表示为 $f(n) = O(n^3)$

在有些情况下,算法中的基本操作重复执行的次数还依据问题的输入数据集的不同而不同。例如在选择升序排序的算法中,当要排序的一组数初始序列为自小至大有序时,基本操作的执行次数为 0;当初始序列为自大至小有序时,基本操作的执行次数为 $n(n-1)/2$。对这类算法的分析,可以采用以下 2 种方法来分析。

(1)平均性态(Average Behavior)　所谓平均性态是指在各种特定输入下,用基本运算次数的加权平均值来度量算法的工作量。

设 $x$ 是所有可能输入中的某个特定输入,$p(x)$ 是 $x$ 出现的概率(即输入为 $x$ 的概率),$t(x)$ 是算法在输入为 $x$ 时所执行的基本运算次数,则算法的平均性态定义为

$$A(n) = \sum_{x \in Dn} p(x)t(x)$$

其中 $Dn$ 表示当规模为 $n$ 时,算法执行的所有可能输入的集合。

(2)最坏情况复杂性(Worst-case Complexity)　所谓最坏情况分析,是指在规模为 $n$ 时,算法所执行的基本运算的最大次数。

$$W(n) = \max_{x \in Dn}\{t(x)\}$$

显然,$W(n)$ 比 $A(n)$ 计算容易,$W(n)$ 更有实际意义。

2. 算法的空间复杂度

一个算法的空间复杂度,一般是指执行这个算法所需要的内存空间。

一个算法所占用的存储空间包括算法程序所占用的空间、输入的初始数据所占用的存储空间以及算法执行过程中所需要的额外空间。其中额外空间包括算法程序执行过程中的工作单元以及某种数据结构所需要的附加存储空间(例如,在链式结构中,除了要存储数据本身外,还需要存储链接信息)。如果额外空间量相对于问题规模来说是常数,则称该算法是原地(in place)工作的。在许多实际问题中,为了减少算法所占的存储空间,通常采用压缩存储技术,以便尽量减少不必要的额外空间。

类似于时间复杂度的讨论,一个算法的空间复杂度作为算法所需存储空间的量度,记作:

$$S(n) = O(f(n))$$

其中 $n$ 为问题的规模(或大小),空间复杂度也是问题规模 $n$ 的函数。

## 8.2　算法设计的基本方法

### 8.2.1　列举法

　　列举法的基本思想是根据提出的问题,列举出所有可能的情况,并用问题中给定的条件检验哪些是满足条件的,哪些是不满足条件的。列举法通常用于解决"是否存在"或"有哪些可能"等问题。

　　列举原理是计算机应用领域中十分重要的原理。许多实际问题若采用人工列举是不可思议的,但由于计算机的运算速度快并且擅长重复操作,它可以轻而易举地进行大量列举。因此,列举法虽然笨拙、原始、运算量大,但在许多实际问题中(如查找、搜索等问题)局部使用列举法还是十分有效的。

　　列举法的特点是算法比较简单,但当列举的可能情况较多时,执行列举算法的工作量将会很大。因此,在用列举法设计算法时,使方案优化、尽量减少运算工作量是应该重点注意的问题。

　　列举法是一种比较费时的算法,其利用计算机快速运算的特点,列举的思想可以解决许多问题。例如,我国古代的趣味数学题,"百钱买百鸡"以及第 1 章所述的"鸡兔同笼"等,均可采用列举法进行解决。

　　【例 8.3】　百钱买百鸡。公鸡每只 3 元,母鸡每只 5 元,小鸡 1 元 3 只,100 元钱买 100 只鸡。请求出公鸡、母鸡和小鸡的数目。

　　分析:我们做最极端的假设,公鸡可能是 $0\sim100$,母鸡也可能是 $0\sim100$,小鸡还可能是 $0\sim100$,将这 3 种情况用循环套起来,那就是 1 000 000 种情况。这就是列举法。为了将题目再简化一下,我们还可以对上述题目进行一下优化处理:

　　假设公鸡数为 $x$,母鸡数为 $y$,则小鸡数是 $100-x-y$,也就有了下面的方程式:

$$3\times x+5\times y+(100-x-y)/3=100$$

　　从这个方程式中,我们不难看出大体的情况:公鸡最多有 33 只,最少是没有,即 $x$ 的范围是 $0\sim33$;母鸡最多 20 只,最少 0 只,即母鸡的范围是 $0\sim20$;有了公鸡母鸡,小鸡数自然就是 $100-x-y$ 只。可能的方案一共有 $34\times21$ 种,在这么多的方案中,可能有一种或几种正好符合相等的条件。

　　计算机事实上就是将上述 $34\times21$ 种方案全部过滤一遍,找出符合百钱买百鸡条件的(也即上式),只要符合,这就是我们要的输出结果。

　　相应的伪码:

```
For x=0 To 33
　For y=0 To 20
　　If 3 * x+5 * y+(100-x-y)/3=100
Print x,y,100-x-y
```

这就是列举法,将可能的情况一网打尽;不过在应用过程中,我们最好还是做些优化,不然,要浪费好多没必要浪费的时间。

使用列举法时,要对问题进行详细的分析,将与问题有关的知识条理化、完备化、系统化,从中找出规律。

### 8.2.2 递推法

递推是指从已知的初始条件出发,逐次推出所要求的中间结果和最后结果。其中初始条件或者问题本身已经给定,或者通过对问题的分析与化简而确定。递推本质上也属于归纳法,工程上许多递推关系式实际上是通过对实际问题的分析与归纳而得到的,因此,递推关系式往往是归纳的结果。

递推算法经常用于数值计算,但对于数值型的递推算法必须要注意数值计算的稳定性问题,因为计算机中数值的表示往往是有界的,而数学意义上数值是无界的。

【例8.4】 猴子吃桃子问题。猴子第一天摘下若干个桃子,当即吃了一半,还不过瘾就多吃了一个。第二天早上又将剩下的桃子吃了一半,还是不过瘾又多吃了一个。以后每天都吃前一天剩下的一半再加一个。到第10天刚好剩一个。问猴子第一天摘了多少个桃子?

分析:这是一套非常经典的算法题,这个题目体现了算法思想中的递推思想,递推有2种形式,顺推和逆推,针对递推,只要我们找到递推公式,问题就迎刃而解了。

令 $S_{10}=1$,容易看出 $S_9=2(S_{10}+1)$,简化一下:

$$S_9=2S_{10}+2$$
$$S_8=2S_9+2$$
$$\cdots\cdots$$
$$S_1=2S_2+2$$

实际问题的复杂程度往往与问题的规模有着密切的联系,因此,利用分治法解决这类实际问题非常有效。工程上常用的分治法是减半递推技术。

所谓"减半"是指将问题的规模减半,而问题的性质不变;所谓"递推"是指重复"减半"的过程。

【例8.5】 设方程 $f(x)=0$ 在区间 $[a,b]$ 上有实根,且 $f(a)$ 与 $f(b)$ 异号。利用二分法求其在区间 $[a,b]$ 上的一个实根。

减半递推过程如下:

首先取给定区间的中点 $c=(a+b)/2$;然后判断 $f(c)$ 是否为0,若为0,则 $c$ 就是根,结束;否则根据以下原则将原区间减半:

若 $f(a)\times f(c)<0$,则取原区间的前半部分;

若 $f(b)\times f(c)<0$,则取原区间的后半部分。

最后判定减半后的区间长度是否已经很小;若是很小,则取 $(a+b)/2$ 为根的近似值,否则重复上述减半过程。(很小的概念取决于计算机的精度)

### 8.2.3 排序法

日常生活和工作中许多问题的处理都依赖于数据的有序性,例如考试成绩的高到低、身高低到高的排序等。把无序数据整理成有序数据,这个过程就是排序。排序是计算机程序中经常要用到的基本算法。几十年来,人们设计了很多排序算法,本章主要介绍常用的选择排序。

选择排序是最为简单且易理解的算法,基本方法是在要排序的一组数中,选出最小(或者最大)的一个数与第 1 个位置的数交换;然后在剩下的数当中再找最小(或者最大)的与第 2 个位置的数交换,依此类推,直到第 $n-1$ 个元素(倒数第二个数)和第 $n$ 个元素(最后一个数)比较为止。

操作方法:

第一趟,从 $n$ 个记录中找出关键码最小的记录与第一个记录交换;

第二趟,从第二个记录开始的 $n-1$ 个记录中再选出关键码最小的记录与第二个记录交换;

依此类推……

第 $i$ 趟,则从第 $i$ 个记录开始的 $n-i+1$ 个记录中选出关键码最小的记录与第 $i$ 个记录交换,直到整个序列按关键码有序。

【例 8.6】　已知 8 个数,排序进行的过程如图 8.3 所示。

相应伪码如下。

```
For i=0 To n-2
{
    min←i
    For j=i+1 To n-1
        If a[j]<a[min]
            min←j
    a[i]元素与a[min]元素交换
}
```

| 初始值: | 3 1 5 7 2 4 9 6 |
|---|---|
| 第1趟: | 1 3 5 7 2 4 9 6 |
| 第2趟: | 1 2 5 7 3 4 9 6 |
| 第3趟: | 1 2 3 7 5 4 9 6 |
| 第4趟: | 1 2 3 4 5 7 9 6 |
| 第5趟: | 1 2 3 4 5 7 9 6 |
| 第6趟: | 1 2 3 4 5 6 9 7 |
| 第7趟: | 1 2 3 4 5 6 7 9 |

**图 8.3　选择排序示意图**

## 8.3　计算机程序设计基础

### 8.3.1　程序设计语言的发展

使用自然语言可以进行人与人之间的信息传递和交换,使用计算机语言就可以实现人与计算机之间的对话。为了完成某项特定任务用计算机语言编写的一组指令序列就称之为程序,编写和执行程序是人们利用计算机解决问题的主要方法和手段。

只有使用机器语言编写的程序才能被计算机直接执行,而其他任何语言编写的程序还需要通过中间的翻译过程。程序设计语言有几百种,最常用的不过 10 多种。按照程序设计语言的发展过程,大概分为 3 类。

#### 1.机器语言

机器语言是指能被计算机直接接受、理解并执行的指令集合。这种机器语言是从属于硬件设备的,不同的计算机设备有不同的机器语言。计算机指令系统中的指令是由 0、1 二进制代码按一定规则组成的。机器语言中的每一条语句实际上是一条二进制形式的指令代码,指令格式如图 8.4 所示。

| 操作码 | 操作数 |
|---|---|

**图 8.4　指令代码示意图**

操作码指出应该进行什么样的操作,操作数指出参与操作的数本身或它在内存中的地址。在计算机发展初期,人们就是直接使用机器语言来编写程序,那是一种相当复杂和烦琐的工

作。例如,计算 z=x+y,其中 x=5,y=6 的机器语言如下:

    1010000000000000000000000:将变量 x 中的内容送到寄存器 AL 中。

    0000001000000110000000000100000000:将 AL 中的内容 5 加上变量 y 中的内容 6,结果送到寄存器 AL 中。

    101000010000000100000000:将最终结果送到变量 z 中。

可以看出,使用机器语言编写程序是很不方便的,它要求使用者熟悉计算机的所有细节,程序的质量完全决定于个人的编程水平。特别是随着计算机硬件结构越来越复杂,指令系统也变得越来越庞大,一般的工程技术人员难以掌握,并且如果没有注释,易读性较差。

机器语言的优点是:编程质量高、编写的程序代码不需要翻译,因此所占存储空间小、执行速度快,可以精确地描述算法。但缺点也非常明显:编程工作量大,难学、难记、难修改,只适合专业人员使用;由于不同的机器,其指令系统也不同,因此机器语言随机而异,通用性差。目前,机器语言已经被淘汰。

### 2. 汇编语言

汇编语言就是用比较直观的符号来表示机器指令的操作码、地址码、常量和变量等,也可称之为符号语言。人们为了解决机器语言使用不便的问题,在 20 世纪 50 年代中期,采用能反映机器指令功能和特征的英语单词或其缩写作为指令的助记符,例如用 MOV 表示数据传送,ADD 表示加法,SUB 表示减法等;同时,操作数或操作数地址也用符号来表示,例如立即数 3,AX、BX 表示累加器或寄存器等。上述计算 z=x+y 的汇编语言如下:

```
MOV    AL,x
ADD    AL,y
MOV    z,AL
```

通过对比不难发现,汇编语言程序显然要比机器语言程序直观得多。通常汇编语言的执行语句与机器语言的指令是一对一的关系,即汇编语言的一个执行语句对应一条机器语言指令。因此它具有机器语言的特点。

汇编语言的优点是:易于理解和记忆;能利用机器指令精致地描述算法,编程质量好;所占存储空间小;执行速度较快。

汇编语言是建立在机器语言之上的,由于计算机无法直接识别这种符号语言,因此,汇编语言源程序也和其他高级语言的源程序一样必须由翻译程序翻译成代码程序(即机器语言程序)才能在机器中执行。翻译成的机器语言代码程序称为相应源程序的目标代码。目标代码程序需要经过链接程序将本程序所需要的其他目标代码链接定位形成可执行文件。

用汇编语言书写的程序称为汇编语言源程序,汇编语言源程序是在编辑程序中形成的,而把源程序转换为相应的目标程序(即机器语言程序)的翻译过程称为汇编程序(汇编器)。这个翻译过程称为汇编(宏汇编)。

汇编语言的缺点也很明显。汇编语言仍然是面向机器,使用汇编语言编程需要直接安排存储,规定寄存器和运算器的动作次序,还必须知道计算机对数据约定的表示(定点、浮点、双精度)等。这对大多数人员来说,都不是一件简单的事情。此外,不同类型计算机在指令长度、寻址方式、寄存器数目、指令表示等都不一样,这样使得汇编程序不仅通用性较差,而且可读性也差。

### 3.高级程序设计语言

所谓高级程序设计语言,是由表达各种意义的词和数学公式按照一定的语法规则来编写程序的语言。高级程序设计语言之所以高级,就是因为它使程序员可以完全不用与计算机的硬件打交道,可以不必了解机器的指令系统。这样程序员就可以集中解决问题本身而不必受机器制约,编程效率大大提高;由于与具体机器无关,程序的通用性也大大增强。

高级程序设计语言产生于 20 世纪 50 年代末期,又称算法语言或高级语言。常用的高级语言有 Basic、Visual Basic、C、Visual C++、Java、C# 等数十种,这些语言各有特点,分别适用于不同的应用领域。

高级程序设计语言的优点是:更接近于自然语言,便于理解、记忆和掌握;不需要人工分配内存,计算机自动分配内存;程序与具体计算机无关,通用性好。用高级语言编写的程序直接或稍加修改就可在不同的计算机上运行。

高级程序设计语言的缺点是:不能利用机器指令精致地描述算法,编程质量较低,所占存储空间大,执行速度慢。

高级程序设计语言用英语单词组成的语句编写解题程序,程序中所用的各种运算符号及运算表达式与常用的数学式子类似,接近人们习惯的自然语言和数学语言,因此容易被人们理解和使用。例如,用 Basic 语言来编制 z=x+y 的程序如下:

LET z=x+y

PRINT z

END

用高级程序设计语言编写的程序不能直接在计算机上运行,必须先经过相应的编译程序或解释程序翻译成计算机能识别的机器代码后才能在计算机上执行。

## 8.3.2  语言处理程序

编译程序是将高级程序设计语言的源代码全部翻译成机器代码,再经过链接后交给计算机去执行,如图 8.5 所示。编译程序就像一条信息加工流水线,加工原料是源程序,最终产品是目标程序,每一道工序采用上一道工序的半成品作为输入,经过该道工序加工后再输出作为下一道工序的输入,直至最后得到最终产品——目标程序。

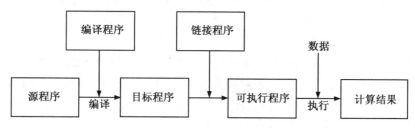

**图 8.5  编译程序的工作过程**

用户利用编译程序实现数据处理任务时,先要经历编译阶段,再经历运行阶段。编译阶段以源程序作为输入,以目标程序作为输出,其主要任务是将源程序翻译成目标程序。运行阶段的任务是运行所编译出的目标程序,实现源程序中指定的数据处理任务,其工作通常包括:输入初始数据,对数据或文件进行数据加工,输出必要信息和加工结果等。

编译方式执行速度快,但每次修改源程序都必须重新编译。一般高级程序设计语言都是采用编译方式。编译程序所包含的功能模块有词法分析程序、语法分析程序、中间代码生成程序、优化程序和目标代码生成程序。编译程序主要功能如表 8.1 所示。

表 8.1　编译程序主要功能

| 顺序 | 程序模块名称 | 主要功能 |
| --- | --- | --- |
| 1 | 词法分析(扫描器) | 扫描以字符串形式输入的源程序,识别出一个一个的单词并将其转换为机内表示形式 |
| 2 | 语法分析(分析器) | 对单词进行分析,按照语法规则分析出一个一个的语法单位,如表达式、语句、程序等 |
| 3 | 中间代码生成 | 将语法单位转换为某种中间代码,如四元式、三元式、逆波兰式等 |
| 4 | 优化程序 | 对中间代码进行优化,使得生成的目标代码在运行速度、存储空间方面具有较高的质量 |
| 5 | 目标代码生成 | 将优化后的中间代码转换为目标程序 |

由于各种高级程序设计语言的语法和结构不同,所以他们的编译程序也不同。每种语言都有自己的编译程序,相互不能代替。

解释程序是将高级程序设计语言的源程序翻译一句,交给计算机去执行一句。然后再将源程序翻译一句,再交给计算机去执行一句,如此循环,直到程序结束,如图 8.6 所示。

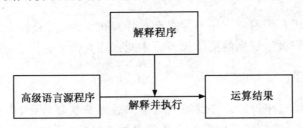

图 8.6　解释程序工作过程

解释方法如同口译方式,解释程序对源程序进行逐句分析,若没有错误,将该语句翻译成一个或多个机器语言指令,然后立即执行这些指令,若当它解释时发现错误,会立即停止,报错并提醒用户更正代码。解释方式不生成目标程序。

解释程序能及时反馈语句的执行结果,随时对程序的错误进行修改,这种工作方式便于人机对话,初学者对这种方式比较适应,但解释方式执行的效率较低。原因如下:每次运行必须要重新解释,而编译方式编译一次,可重复运行多次;若程序较大,且错误发生在程序的后面,则前面运行的是无效的;解释程序只看到一句语句,无法对整个程序优化。

早期的 Basic、Lisp 等语言采用解释方式。Visual Basic 虽然也是解释语言,但其解释采用的方法不同以往的解释程序,VB 解释程序是在程序输入编辑器的时候进行的,它要生成一种称为 P 码的中间代码,并保留在内存,故运行速度有较大提高。

# 8.4　面向对象的程序设计

## 8.4.1　面向对象方法简述

客观世界中任何一个事物都可以被看成是一个对象,对象是现实世界事物或个体的抽象表示,抽象的结果不仅包括事物个体的属性,还包括事物的操作。属性值表示了对象的内部状态。面向对象方法的本质就是主张从客观世界固有的事物出发来构造系统,提倡用人类在现实生活中常用的思维方法来认识、理解和描述客观事物,强调最终建立的系统能够映射问题域,也就是说,系统中的对象以及对象之间的关系能够如实地反映问题域中固有事物及其关系。从计算机的角度来看,面向对象就是运用对象、类、继承、封装、消息、结构与链接等面向对象的概念对问题进行分析、求解的系统开发技术。

面向对象方法有以下几个主要优点:

(1)与人类习惯的思维方法一致;

(2)稳定性好;

(3)可重用性好;

(4)易于开发大型软件产品;

(5)可维护性好。

## 8.4.2　面向对象方法的基本概念

面向对象的程序设计方法中涉及的对象是系统中用来描述客观事物的一个实体,是构成系统的一个基本单位,它由一组表示其静态特征的属性和它执行的一组操作组成。面向对象方法学中的对象是由描述该对象属性的数据以及可以对这些数据施加的所有操作封装在一起构成的统一体。对象可以做的操作表示它的动态行为,在面向对象分析和面向对象设计中,通常把对象的操作称为方法或服务。属性在设计对象时确定,一般只能通过执行对象的操作来改变。对象有一些基本特点:标识唯一性,分类性,多态性,封装性,模块独立性。

1. 对象(Object)

对象是面向对象方法中最基本的概念。对象可以用来表示客观世界中的任何实体,也就是说,应用领域中有意义的、与所要解决的问题有关系的任何事物都可以作为对象。总之,对象是对问题域中某个实体的抽象。

2. 类(Class)和实例(Instance)

类是对具有共同特征的对象的进一步抽象。将属性和操作相似的对象归为类,也就是说,类是具有共同属性、共同方法的对象的集合。所以,类是对象的抽象,他描述了属于该对象类型的所有对象的性质,而一个对象则是其对应类的实例。如杨树、柳树、枫树等是具体的树,抽象之后得到"树"这个类。类具有属性,属性是状态的抽象,如一棵杨树的高度是 10 m,柳树是 8 m,树则抽象出一个属性"高度"。类具有操作,它是对象行为的抽象。

3. 继承(Inheritance)

继承是使用已有的类定义作为基础来建立新类的定义技术。已有的类可当作基类来引用,则新类相应地可当作派生类来引用。面向对象软件技术的许多强有力的功能和突出的优点,都来源于把类组成一个层次结构的系统:一个类的上层可以有父类,下层可以有子类。这种层次结构系统的一个重要性质是继承性,一个类直接继承其父类的描述或特性,子类自动地共享基类中定义的数据和方法。

继承关系模拟了现实世界的一般与特殊的关系。它允许我们在已有的类的特性基础上构造新类。被继承的类我们称之为基类(父类),在基类的基础上新建立的类我们称之为派生类(子类)。派生类的特性比基类的特性更细致。

继承关系可以表述为:派生类是基类。因此可以说:动物是生物。生物比动物具有更一般的特性。

### 4.聚合(Aggregation)

聚合模拟了现实世界的部分与整体的关系。它允许利用现有的类组成新类。比如说汽车,它是由发动机、变速箱、底盘等组成,那么我们就可以利用发动机、变速箱、底盘等类聚合成一个新的类:汽车类。

### 5.消息(Message)

消息是一个实例与另一个实例之间传递的信息,它请求对象执行某一处理或回答某一要求的信息,它统一了数据流和控制流。消息中包含传递者的要求,它告诉接收者需要做哪些处理,但并不指示接收者应该怎样完成这些处理。消息完全由接收者解释,接收者独立决定采用什么方式完成所需的处理,发送者对接收者不起任何控制作用。一个对象能接收不同形式、不同内容的多个消息;相同形式的消息可以送往不同的对象,不同的对象对于形式相同的消息可以有不同的解释,能够做出不同的反映。一个对象可以同时往多个对象传递消息,两个对象也可以同时向某个对象传递消息。

消息是对象之间交互的唯一途径,一个对象要想使用其他对象的服务,必须向该对象发送服务请求消息。而接收服务请求的对象必须对请求做出响应。

例如:当我们向银行系统的账号对象发送取款消息时,账号对象将根据消息中携带的取款金额对客户的账号进行取款操作:验证账号余额,如果账号余额足够,并且操作成功,对象将把执行成功的消息返回给服务请求的发送对象,否则发送交易失败消息。

### 6.多态性(Polymorphism)

多态性是指在一般类中定义的属性或行为,被特殊类继承之后,可以具有不同的数据类型或表现出不同的行为。

多态性机制不仅增加了面向对象软件系统的灵活性,进一步减少了信息冗余,而且显著地提高了软件的可重用性和可扩充性。当扩充系统功能增加新的实体类型时,只需派生出与新实体类相应的新的子类,完全无须修改原有的程序代码,甚至不需要重新编译原有的程序。利用多态性,用户能够发送一般形式的消息,而将所有的实现细节都留给接收消息的对象。

例如,在两个类 Male(男性)和 Female(女性)都有一项属性为 Friend。一个人的朋友必须属于类 Male(男性)、Female(女性)二者其一,这是一个多态性的情况。因为 Friend 指向两个类之一的实例。如果小明的朋友既有男性又有女性,那么类 Male 就不知道属性 Friend 该与哪个类关联。

## 8.5　软件生命周期

软件生命周期(Software Life Cycle),也称为软件生存周期,是软件工程最基础的概念。软件工程的方法、工具和管理都是以软件生命周期为基础的活动。

软件生命周期是借用工程中产品生命周期的概念而得来的。软件生命周期是指一个软件从提出开发要求开始直到该软件报废为止的整个时期。

类似人在生命周期内划分成若干个阶段(如幼年、少年、青年、中年、老年等)一样,软件在其生存期内,也可以划分成若干个阶段,每个阶段有较明显的特征,有相对独立的任务,有其专门的方法和工具。目前,软件生命周期的阶段划分有多种方法。软件规模、种类、开发方式、开发环境与工具、开发使用模型和方法论都影响软件生命周期的阶段划分。但是,软件生命周期阶段的划分应遵循一条基本原则,即:要使各阶段的任务尽可能相对独立,同一阶段各项任务的性质应尽量相同。这样降低每个阶段任务的复杂程度,简化不同阶段之间的联系,有利于软件开发的管理。

软件生命周期一种典型的阶段划分为:软件分析时期、软件设计时期、编码与测试时期以及软件运行与维护时期。

### 8.5.1　软件分析时期

软件分析时期,也可称为软件定义与分析时期。这个时期的根本任务是确定软件项目的目标,软件应具备的功能和性能,构造软件的逻辑模型,并制定验收标准。在此期间,要进行可行性论证,并做出成本估计和经费预算,制定进度安排。

这个时期包括问题定义、可行性研究和需求分析 3 个阶段,可以根据软件系统的大小和类型决定是否细分阶段。

用户提出一个软件开发要求后,系统分析员首先要解决的问题是该软件项目的性质是什么,它是数据处理问题还是实时控制问题,它是科学计算问题还是人工智能问题等。还要明确该项目的目标是什么,该项目的规模如何等。

在清楚问题的性质、目标、规模后,还要确定该问题有没有可行的解决办法。系统分析员要进行压缩和简化的需求分析和设计,也就是在高层次上进行分析和设计,探索这个问题是否值得去解决,是否有可行的解决办法,最后提交可行性研究报告。

经过可行性研究后,确定该问题值得去解决,然后制定项目开发计划。根据开发项目的目标、功能、性能及规模,估计项目需要的资源,即需要的计算机硬件资源,需要的软件开发工具和应用软件包,需要的开发人员数目层次。还要对软件开发费用做出估算,对开发进度做出估计,制定完成开发任务的实施计划。最后,将项目开发计划和可行性研究报告一起提交管理部门审查。

需求分析阶段的任务是准确地确定"软件系统必须做什么",确定软件系统必须具备哪些功能。

用户了解他们所面对的问题,但是通常不能完整、准确地表达出来,也不知道怎样用计算机解决他们的问题。而软件开发人员虽然知道怎样用软件完成人们提出的各种功能要求,但是,对用户的具体业务和需求不是很清楚,这是需求分析阶段的困难所在。

系统分析员要和用户密切配合,充分交流各自的理解,充分理解用户的业务流程,完整、全面地收集、分析用户业务中的信息和处理,从中分析出用户要求的功能和性能,完整、准确地表达出来。这一阶段要给出软件需求说明书。

软件分析时期结束前要经过管理评审和技术评审,方能进入到软件设计时期。

## 8.5.2　软件设计时期

软件设计时期的根本任务是将分析时期得出的逻辑模型设计成具体的计算机软件方案。具体来说,主要包括以下几个方面:

- 设计软件的总体结构;
- 设计软件具体模块的实现算法;
- 软件设计结束之前,也要进行有关评审,评审通过后才能进入编码时期。理想的软件设计结果应该可以交给任何熟悉所要求的语言环境的程序员编码实现。

软件设计时期可以根据具体软件的规模、类型等决定是否细分成概要设计(总体设计)和详细设计 2 个阶段。

### 1. 概要设计

在概要设计阶段,开发人员要把确定的各项功能需求转换成需要的体系结构,在该体系结构中,每个成分都是意义明确的模块,即每个模块都和某些功能需求相对应。因此,概要设计就是设计软件的结构,该结构由哪些模块组成,这些模块的层次结构是怎样的,这些模块的调用关系是怎样的,每个模块的功能是什么。同时还要设计该项目的应用系统的总体数据结构和数据库结构,即应用系统要存储什么数据,这些数据是什么样的结构,它们之间有什么关系等。

这个阶段要考虑集中可能的方案:

- 最低成本方案　系统完成最必要的工作。
- 中等成本方案　不仅能够完成预定的任务,而且还有用户没有制定的功能。
- 高成本方案　系统具有用户希望的所有功能的系统。

系统分析员要使用系统流程图和其他工具描述每种可能的系统。用结构化原理设计合理的系统的层次结构和软件结构。另外,系统分析员要估计每一种方案的成本与效益,在综合权衡的基础上向用户推荐一个好的系统。

### 2. 详细设计

详细设计阶段就是为每个模块完成的功能进行具体描述,要把功能描述转变为精确地、结构化的过程描述。即该模块的控制结构是怎样的,先做什么,后做什么,有什么样的条件判定,有些什么重复处理等,并用相应的表示工具把这些控制结构表示出来。

## 8.5.3　编码与测试时期

编码与测试时期,也可称为软件实现时期。在这个时期里,主要是组织程序员将设计的软件"翻译"成计算机可以正确运行的程序,并且要按照软件分析中提出需求要求和验收标准进行严格的测试和审查。审查通过后才可以交付使用。

这个时期也可以根据具体软件的特点,决定是否划分成一些阶段,如编码、单元测试、集成测试、验收测试等。

#### 1.编码

编码阶段就是把每个模块的控制结构转换成计算机可接受的程序代码,即写成以某特定程序设计语言表示的"源程序清单"。当然,写出的程序应该结构好、清晰易读,并且与设计相一致。

#### 2.测试

测试是保证软件质量的重要手段,其主要方式是在设计测试用例的基础上检验软件的各个组成部分。测试分为模块测试、组装测试和确认测试。

(1)模块测试是查找各模块在功能和结构上存在的问题。

(2)组装测试是将各模块按一定顺序组装起来进行的测试,主要是查找各模块之间接口上存在的问题。

(3)确认测试是按软件需求说明书上的功能逐项进行的,发现不能满足用户需求的问题,决定开发的软件是否合格,能够交付用户使用等。用正式的文档将测试计划方案和实际结果保存下来作为软件配置的组成部分。

### 8.5.4　运行与维护时期

维护是计算机软件不可忽视的重要特征。维护是软件生命周期中最长、工作量最大、费用最高的一项任务。

软件维护是软件生命周期中时间最长的阶段。已交付的软件投入正式使用后,便进入软件维护阶段,它可以持续几年甚至几十年。软件运行过程中可能由于各方面的原因,需要对它进行修改,其原因可能是运行中发现了软件隐含的错误而需要修改,也可能是为了适应变化了的软件工作环境而需要做适当地变更,也可能是因为用户业务变化而需要扩充和增强软件的功能等。

以上划分的 4 个时期的 7 个阶段是在 GB 8567 中规定的。在大部分文献中将生命周期划分为 5 个阶段,即要求定义、设计、编码、测试及维护。其中,要求定义阶段包括可行性研究和项目开发计划、需求分析,设计阶段包括概要设计和详细设计。

软件活动时期划分有如下几个优点:

- 每个软件活动时期的独立性较强,任务明确,且联系简单,容易分工。
- 软件过程清晰、简明。
- 软件规模大小都合适,大型软件可以在软件活动时期内划分阶段进行。
- 适合各种软件工程开发模型和开发方法。
- 适合各类软件工程。

**本章小结**:本章首先介绍了算法的基本概念,接着对算法的复杂度的概念和意义(时间复杂度与空间复杂度)作了简要的阐述,然后介绍了算法设计常用的基本设计策略和计算机程序设计的基础知识,这是本章的重点。最后简单介绍了面向对象程序设计方法的基本概念和软件的生命周期。

## ❓思考题

1. 简述机器语言、汇编语言、高级语言各自的特点。
2. 结构化程序设计的 3 种基本结构是什么？
3. 用伪代码或流程图编写一个算法，实现输入 10 个数，求最小值和最大值，并把结果显示出来。
4. 简述面向对象程序设计中类和对象的基本概念。

# 第9章 实用软件简介

> **本章导读**：计算机在我国已经非常普及，人们的工作也越来越多地依赖于计算机。计算机用户除了可以使用计算机完成日常办公和上网浏览等基本操作以外，还可以通过第三方工具软件更加方便快捷地解决实际问题，提高工作效率。基于 Windows 操作系统的工具软件都非常简单实用，界面也非常友好，用户只需要在计算机上对照软件提供的帮助文件，就可以掌握其常用使用方法。本章以培养应用能力、突出实际操作为目的，选择了目前较实用的工具软件，分类介绍了使用计算机所须掌握常用工具软件的使用方法，在软件的筛选上，尽量使用最为流行的最新版软件。

## 9.1 常用办公软件

办公软件指可以进行文字处理、表格制作、幻灯片制作、图形图像处理、简单数据库的处理等方面工作的软件。常用的办公软件包括微软 Office 系列、金山 WPS 系列等。目前办公软件的应用范围很广，大到社会统计，小到会议记录、数字化办公等，都离不开办公软件的鼎力协助。目前办公软件正朝着操作简单化、功能细化等方向发展。

### 9.1.1 Microsoft Office 办公软件

Office 2010 办公软件是微软公司推出的 Office 系列办公软件的新版本。自 20 世纪 80 年代微软公司推出 Office 办公软件以来，其经历了一系列的升级换代，从 Office 95 到 Office 97，再到 Office 2000，Office XP，Office 2003，Office 2007，直至现在使用的 Office 2010。其全新设计的用户界面、稳定安全的文件格式、显著增强的日程安排与信息管理效率、简化团队协作功能等，使得 Office 受到广大办公人员的追捧，成为众多办公自动化软件中的佼佼者。

Office 办公软件可以作为日常办公和管理的平台，共包括小型企业版、Mobile、家庭和学生版、标准版、专业版和专业增强版 6 个版本，不同版本的 Office 2010 包括不同的组件。常见的组件有 Word 2010、Excel 2010、PowerPoint 2010、Access 2010、Outlook 2010、Publisher 2010、InfoPath Designer 2010、InfoPath Filler 2010、Microsoft OneNote 2010、SharePoint Workspace 等。下面将对常用组件进行简单介绍。

Word 2010 是微软公司的一个文字处理器应用程序，主要用于文档的输入、编辑、排版、打印等工作，作为 Office 套件的核心程序，Word 提供了许多用于创建专业而优雅的文档工具，同时也提供了丰富的功能集供创建复杂的文档使用，帮助用户节省时间，并得到优雅美观的结果。Excel 2010 是微软办公套装软件的一个重要的组成部分，它可以进行各种数据的处理、统计分析和辅助决策操作,用来进行有繁重计算任务的预算、财务、数据汇总等工作,广泛地应用于管理、统计财经、金融等众多领域。PowerPoint 2010 是微软公司的演示文稿软件,主要用于创建包含文字、图片、表格、影片和声音等对象的幻灯片,用户可以在投影仪或者计算机上进行演示,也可以将演示文稿打印出来,制作成胶片,以便应用到更广泛的领域中。利用 Power-Point 不仅可以创建演示文稿,还可以在互联网上召开面对面会议、远程会议或在网上给观众展示演示文稿。我国的 PPT 应用水平逐步提高,应用领域越来越广泛,PPT 正成为人们工作生活的重要组成部分,在工作汇报、企业宣传、产品推介、婚礼庆典、项目竞标、管理咨询、教育培训等领域占着举足轻重的地位。Access 2010 是微软把数据库引擎的图形用户界面和软件开发工具结合在一起的一个数据库管理系统,Access 有强大的数据处理、统计分析能力,并可以用来开发各类中小企业管理软件,比如生产管理、销售管理、库存管理等软件,能够满足那些从事企业管理工作人员的管理需要。Outlook 2010 的功能很多,主要用于收发电子邮件、管理联系人信息、记日记、安排日程、分配任务、订阅新闻和博客等;Publisher 2010 是一个商务发布与营销材料的桌面打印及 Web 发布应用程序,主要功能包括设计、制作和发布新闻稿、小册子、海报、明信片、网站以及电子邮件等。InfoPath 2010 是企业级搜集信息和制作表单的工具,将很多的界面控件集成在该工具中,为企业开发表单搜集系统提供了极大的方便。Info-Path 文件的后缀名是. xml,可见 InfoPath 是基于 XML 技术的。OneNote 2010 是一套用于自由形式的信息获取以及多用户协作工具。OneNote 最常用于笔记本电脑或台式电脑,但这套软件更适合用于支持手写笔操作的平板电脑,在这类设备上可使用触笔、声音或视频创建笔记,比单纯使用键盘更方便。OneNote 笔记本作为容器以及收集自不同来源的信息仓库,非常适合用于整理来自某个课程或研究项目的大量信息。SharePoint Workspace 的功能包括文件共享、讨论版、日历表、问题跟踪等,可以帮助企业用户轻松完成日常工作中诸如文档审批、在线申请等业务流程,同时提供多种接口实现后台业务系统的集成。

　　本书的配套实验指导教材分别对 Word 2010、Excel 2010、PowerPoint 2010 的功能及操作方法做了详细的介绍,并配有详尽的案例详解,本教材不再重复讲述。Office 2010 的安装界面如图 9.1 所示。

**图 9.1　Microsoft Office 办公软件安装界面**

### 9.1.2　WPS 办公软件

　　WPS(Word Processing System,文字处理系统)由我国金山软件股份有限公司自主研发的一款办公软件套装。最初出现于 1988 年,在微软 Windows 系统出现以前,DOS 系统盛行的年代,WPS 曾是中国最流行的文字处理软件,现在 WPS 最新版为 WPS Office 2013。

　　WPS 办公软件是一款老牌的办公软件套装,可以实现办公软件最常用的文字、表格、演示等多种功能。它的内存占用低,运行速度快,体积小巧,并且具有强大插件平台支持,免费提供海量的在线存储空间及文档模板,支持阅读和输出 PDF 文件,同时可以全面兼容微软 Office 97—2010 格式(doc/docx/xls/xlsx/ppt/pptx 等),覆盖 Windows、Linux、Android、IOS 等多个平台,是一款简单易用、稳定性较强的办公软件。如图 9.2 所示。

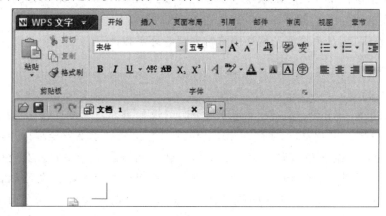

**图 9.2　WPS 办公软件**

## 9.2　系统安全防护工具软件

　　随着计算机网络的普及和迅猛发展,互联网为用户的工作和生活带来无限的方便和快捷。网络在社会生活中全面渗透,使得个人 PC 暴露在充满黑客、计算机病毒和系统漏洞的网络环境中,信息资产的安全性和可用性时刻处于危险的境地。当前,病毒的互联网化趋势已经凸显,各种盗号木马、恶意病毒、浏览器插件、网站和系统漏洞层出不穷,这些隐藏在用户身边的陷阱时时刻刻威胁着计算机的安全。本节围绕计算机系统安全防护与系统优化 2 个方面的内容,介绍几款具有代表性意义的工具软件。

### 9.2.1　常用杀毒软件

#### 1.瑞星

　　瑞星杀毒软件(Rising Anti-Virus,RAV)的监控能力十分强大,但同时占用系统资源较大。瑞星 2010 将全球 1.6 亿瑞星用户的计算机和瑞星"云安全"平台实时联系,组成覆盖互联网的木马、恶意网址监控网络,能够在最短时间内发现、截获、处理海量的最新木马病毒和恶意网址。每一位"瑞星全功能安全软件 2010"的用户,都可以共享上亿瑞星用户的"云安全"

成果。目前,瑞星杀毒软件 V16 是瑞星杀毒软件正式发布的最新版本,2011 年 3 月 18 日宣布永久免费。用户可以直接到瑞星官网或下载网站免费下载瑞星杀毒软件 V16,是安全上网的必备软件。

瑞星杀毒软件 V16 的主要功能特点:

(1)智能云安全　针对互联网上大量出现的恶意病毒、挂马网站和钓鱼网站等,"瑞星智能云安全"系统可自动收集、分析、处理、解决。

(2)智能杀毒　基于瑞星核心虚拟化技术,杀毒速度提升 3 倍,通常情况下,扫描 120 G 数据文件只需 10 min。基于瑞星智能虚拟化引擎,瑞星 2011 版对木马、后门、蠕虫等的查杀率提升至 99%。病毒查杀时的资源占用下降 80%。

(3)瑞星推出国内唯一 Linux 系统杀毒软件　2014 年瑞星针对 Linux 系统下面临的安全威胁,专门开发的瑞星杀毒软件 For Linux 可有效解决木马、病毒和黑客攻击等安全问题,并可以实现统一管理,满足大型复杂网络的日常安全管理工作。

**2.金山毒霸**

金山毒霸(Kingsoft Anti-virus)是中国的反病毒软件,从 1999 年发布最初版本至 2010 年由金山软件开发及发行,之后在 2010 年 11 月金山软件旗下安全部门与可牛合并后由合并的新公司金山网络全权管理。金山毒霸作为金山网络旗下研发的云安全智扫反病毒软件,其融合了启发式搜索、代码分析、虚拟机查毒等经业界证明成熟可靠的反病毒技术,使其在查杀病毒种类、查杀病毒速度、未知病毒防治等多方面达到先进水平,同时金山毒霸具有病毒防火墙实时监控、压缩文件查毒、查杀电子邮件病毒等多项先进的功能。紧随世界反病毒技术的发展,为个人用户和企事业单位提供完善的反病毒解决方案。从 2010 年 11 月 10 日 15 点 30 分起,金山毒霸(个人简体中文版)的杀毒功能和升级服务永久免费。

目前最新版本是金山毒霸 2015,又称金山毒霸 10,具有"更轻、更快、更安全"的特点:

(1)更轻

● 安装动画新颖简洁,安装时间 10 s 以内,安装包仅 15 M。

● 全新扁平化视觉风格,抛弃老式盾牌的设计,采用蓝色系透明水晶气泡球,界面更轻盈。

● 五大主功能(加速、网速、清理、杀毒、手机)集成到加速球小面板,入口轻巧,方便使用。

(2)更快

● 告别传统列表形式,带来全新扫描体验,扫描项目直观又清晰。

● 全面优化云查杀性能,扫描范围更广,扫描速度更快,性能较之前提升 20%。

● 首创加速球传图功能,通过二维码快速打通 PC 和手机。

● 开机速度提升,更少系统资源占用,有效降低平均、峰值 CPU 占用。

(3)更安全

● 主界面与病毒查杀功能合二为一,回归杀毒软件本质,更加专注。

● 全面支持 win10 操作系统。

● 支持清理高危隐私、流氓推广软件、捆绑安装软件,垃圾清理,软件管理等常用功能,方便用户使用。

● 采用全球首创的 KVM 启发引擎,病毒无所遁形。

### 3.百度杀毒软件

百度杀毒是百度公司与计算机反病毒专家卡巴斯基合作出品的全新杀毒软件,集合了百度强大的云端计算、海量数据学习能力与卡巴斯基反病毒引擎专业能力,一改杀毒软件卡机臃肿的形象,竭力为用户提供轻巧不卡机的产品体验。

百度杀毒之前面向泰国市场推出英语版本,2013 年 4 月 18 日,百度杀毒软件中文版正式发布。2013 年 6 月 18 日,百度免费杀毒软件正式版发布,已开放下载,并承诺不骚扰用户。百度杀毒软件最新版本为百度杀毒软件 2013,支持 XP、Vista、Win7、Win8,并且永久免费。百度杀毒为用户提供"主动防御、实时监控、自主查杀"三重防毒服务。

百度杀毒软件 2013 的特点:

(1)永久免费。

(2)体积小、资源占用小:安装文件仅 11 MB,10 M 系统资源占用。

(3)极速响应:采用云计算安全防护,能快速识别未知病毒,并对最新病毒做出最快响应。

(3)支持英文,独立的本地病毒数据库能精确检测本地病毒。

(4)多杀毒引擎:百度杀毒软件拥有三大引擎,百度本地杀毒引擎、云安全引擎和小红伞(Avira)杀毒引擎,百度杀毒软件默认使用百度本地杀毒引擎和云安全引擎进行实时监控,它会智能自动选择不同的引擎进行扫描,精确地检测和清理 99% 的威胁。

(5)完美兼容 10 多款主流安全软件。

### 4.诺顿

诺顿是 Symantec(赛门铁克)公司个人信息安全产品之一,亦是一个广泛被应用的反病毒程序。该项产品发展至今,除了原有的防毒外,还有防间谍等网络安全风险的功能。诺顿反病毒产品包括:诺顿网络安全特警(Norton Internet Security)、诺顿防病毒软件(Norton Antivirus)、诺顿 360 全能特警(Norton 360)等产品。赛门铁克公司另外还有一种专供企业使用的版本被称作 Symantec Endpoint Protection。

### 5.BitDefender

BitDefender,中文译名比特梵德,简称 BD,是罗马尼亚出品的一款老牌杀毒软件,超过 453 万超大病毒库,可实时更新,具有反病毒引擎功能以及互联网过滤技术。BitDefender 可以在家庭或商业上提供全面的网络安全保护。包括:病毒、黑客、间谍软件、垃圾软件、钓鱼邮件、安全备份和保护儿童访问不适当的网站等,该软件综合测评连续 9 年世界排名第一。

BitDefender 的功能特点如下:

(1)虚拟环境中行为启发式分析。

(2)强大高效的病毒扫描引擎。

(3)新病毒的快速响应。

(4)独有的游戏模式。

(5)占用系统资源相对低。

(6)自由定制功能比较强大。

6. 360 杀毒软件

360 杀毒软件是 360 安全中心出品的一款免费的云安全杀毒软件。360 杀毒整合了五大领先查杀引擎,包括国际知名的 BitDefender 病毒查杀引擎、小红伞病毒查杀引擎、360 云查杀引擎、360 主动防御引擎以及 360 第二代 QVM 人工智能引擎,拥有完善的病毒防护体系,且真正做到彻底免费、无需激活码。360 杀毒软件具有查杀率高、资源占用少、升级迅速等优点,一键扫描,快速、全面地诊断系统安全状况和健康程度,并进行精准修复。据艾瑞咨询数据显示,截至目前,360 杀毒月度用户量已突破 3.7 亿,一直稳居安全查杀软件市场份额头名。360 杀毒和 360 安全卫士配合使用,是安全上网的"黄金组合"。

## 9.2.2　常用系统防护工具——360 安全卫士和 360 杀毒

### 9.2.2.1　360 安全卫士

防火墙是协助确保信息安全的设备,依照特定的规则,允许或限制传输数据通过。有效防治病毒及木马入侵的方法就是安装防火墙。360 安全卫士实际上已经超出了一般意义上的防火墙概念,它是一款由奇虎 360 公司推出的功能强、效果好、受用户欢迎的安全杀毒软件。360 安全卫士拥有查杀木马、清理插件、修复漏洞、电脑体检、电脑救援、保护隐私,电脑专家,清理垃圾,清理痕迹多种功能,并独创了"木马防火墙"、"360 密盘"等功能,依靠抢先侦测和云端鉴别,可全面、智能地拦截各类木马,保护用户的账号、隐私等重要信息。360 安全卫士使用极其方便实用,用户口碑极佳。

360 安全卫士的特点及功能为:

● 电脑体检　体检功能可以全面检查电脑的各项状况。体检完成后会提交一份优化电脑的意见,可根据需要对电脑进行优化或者选择一键优化。体检可以快速全面地了解电脑,对电脑做一些必要的维护。如:木马查杀,垃圾清理,漏洞修复等。

● 查杀修复　使用 360 云引擎、360 启发式引擎、小红伞本地引擎、QVM 四引擎杀毒。已与漏洞修复、常规修复合并。

● 电脑清理　清理插件、清理垃圾、清理痕迹并清理注册表。

● 优化加速　加快开机速度。(深度优化:硬盘智能加速 ＋ 整理磁盘碎片)

● 功能大全　提供几十种各式各样的功能。

● 软件管家　安全下载软件、小工具。

● 电脑门诊　解决电脑其他问题。(免费＋收费)

用户可以在网上下载 360 安全卫士,可在线安装,也可离线安装。在安装时会出现安装向导,根据提示进行安装。安装后,每次启动计算机会自动启动 360 安全卫士,在任务栏生成相应的图标。单击任务栏的 360 安全卫士图标或双击桌面上的图标,即可打开 360 安全卫士主界面,如图 9.3 所示。

利用 360 安全卫士来保护计算机的操作比较简单,其界面的功能操作以图标方式显示,只要单击功能图标,即可打开相应的功能界面。

360 安全卫士领航版的功能如下:

**图 9.3　360 安全卫士的主窗口(10.0.0.1004 领航版)**

**1. 对计算机进行体检**

　　360 安全卫士具有"电脑体检"功能,使用它可以全面检查计算机的安全、垃圾和故障等情况,包括系统漏洞、软件漏洞和软件新版本等内容,并能根据检查结果给出评分和评语,指导用户根据这些问题来修复计算机。"电脑体检"是 360 安全卫士中用户使用频率最多的一个功能。使用 360 对计算机进行体检的方法如下:

　　(1)单击任务栏右侧的 ⊕ 图标打开 360 安全卫士窗口,单击 🔍 **立即体检** 按钮,开始检查计算机,并根据检查结果同步显示评分等情况,如图 9.4 所示。

**图 9.4　正在检查计算机**

(2)等待体检完成,360安全卫士会显示最终评分和评语,同时在下方列表框中也将显示检查结果,可以看到哪些项目需要进行修复,可以选择性进行修复,也可以点击"一键修复"按钮修复所有有问题的对象,如图9.5所示。

**图9.5　检查结果**

**2.查杀修复——查杀木马与修复系统漏洞**

360安全卫士领航版将以前的木马查杀与修复聚合成了查杀修复,扫描速度有提高,扫描的项目也有所增加。

(1)什么是木马　木马是一种危害计算机安全的人为编写的程序,是黑客攻击计算机的工具。木马也称木马病毒,可以通过特定的程序来控制目标计算机。一个完整的木马程序包含了2个部分,即服务端(服务器部分)和客户端(控制器部分)。置入目标计算机的是服务端,而黑客正是利用客户端进入运行了服务端的计算机。运行了木马程序的服务端,会产生一个迷惑用户的进程,暗中打开端口,向指定地点发送数据(如网络游戏的密码、实时通信软件密码和用户上网密码等),从而获得用户的隐私数据。

木马的植入通常是利用了操作系统的漏洞,绕过了对方的防御措施(如防火墙)再将病毒植入计算机。中了木马程序的计算机,因为资源被占用,速度会减慢,莫名死机,且用户信息可能会被窃取,导致数据外泄等情况发生。

(2)利用"360安全卫士"查杀木马　360安全卫士提供了多种木马查杀方式,以满足不同用户的不同需求。方法是:在360安全卫士主窗口中单击左下角的"查杀修复"按钮,进入木马查杀界面,如图9.6所示。单击不同的按钮即可按对应的方式查杀木马,各方式的作用分别如下。

快速扫描:仅针对计算机的关键位置进行扫描,如计算机的启动项、易感染区和内存等。此方式查杀速度快,能有效地找到并查杀常见的木马程序。

全盘扫描:针对计算机所有位置进行扫描,此方式查杀速度慢,但能找到并查杀计算机上存在的所有木马程序。

自定义扫描：单击"自定义扫描"按钮后，将打开"360 木马查杀"对话框，在其中可以单击选中位置对应的复选框，然后单击 开始扫描 按钮，对指定的位置进行扫描并查杀木马，如图9.7 所示。

图 9.6　360 安全卫士提供的木马查杀方式

图 9.7　指定扫描的区域

（3）修复系统漏洞　系统漏洞是指操作系统或应用软件在逻辑设计上的缺陷或错误，这种缺陷或错误如果被不法者利用，通过网络置入木马和病毒等方式来攻击或控制整个计算机，就可能造成计算机中的重要资料和信息被窃取，甚至系统被破坏的情况。

使用 360 安全卫士可以非常简便地查找系统漏洞并进行修复，方法是：在 360 安全卫士主窗口中单击左下角的"查杀修复"按钮，进入木马查杀界面，然后单击右下角的"漏洞修复"按钮，此时 360 安全卫士开始扫描系统漏洞，完成后可根据需要单击选中需要修复的漏洞对应的复选框，然后单击 立即修复 按钮即可修复，如图 9.8 所示。

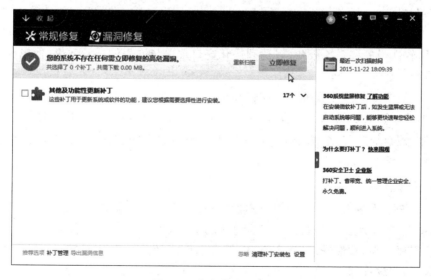

图 9.8　修复选中的漏洞

### 3.计算机清理——清理系统垃圾与痕迹

随着使用次数的不断增多,计算机中残留的无用文件和浏览网页时产生的垃圾文件以及填写的网页搜索内容和注册表单等缓存信息也会逐步积累,从而给系统运行增加负担,此时可使用360安全卫士对计算机进行清理。其方法为:在360安全卫士主窗口中单击左下角的"电脑清理"按钮 ,进入360安全卫士的清理对象界面,单击不同类型的清理对象按钮,使其呈绿色显示,然后单击 按钮即可一键清理对应的内容,如图9.9所示。

**图9.9 清理各种不同的对象**

### 4.优化加速

360优化加速是整理和关闭一些电脑不必要的启动项、垃圾文件,能够优化系统设置、内存配置、应用软件服务和系统服务,以达到优化窗口菜单与列表的视觉效果,使电脑干净整洁、提高系统运行速度。

使用360安全卫士对计算机进行优化加速的方法是:在360安全卫士主窗口中单击左下角的"优化加速"按钮 ,进入360安全卫士的优化加速界面,包括"开机加速"、"系统加速"、"网络加速"、"硬盘加速"几个选项,单击选择不同类型的对象按钮,然后单击 即可,如图9.10所示。

### 5.软件管家

在360安全卫士主窗口中单击右下角的"软件管家"按钮 ,进入360安全卫士的软件管理界面,如图9.11所示。在"软件宝库"选项下,用户可以在其提供的各类软件库中下载安装常用的应用程序。在"软件升级"选项下,能够自动检测计算机中已安装的软件版本并提醒用户进行升级。在"软件卸载"选项下,可以对计算机中已安装的软件进行智能卸载。

图 9.10　360 安全卫士"优化加速"界面

图 9.11　360 安全卫士"软件管家"界面

#### 9.2.2.2　360 杀毒

当病毒或木马进入计算机时,采取的措施就是运用杀毒软件对病毒进行查杀。360 杀毒是 360 安全中心在国内率先推出的免费云安全杀毒软件,并因此赢得了广大网友的支持和追捧,在国内杀毒软件行业也引起轰动。它具有查杀率高、资源占用少、升级迅速等优点,能够快速、全面地诊断系统安全状况和健康程度,并进行精准修复。这里以 360 杀毒软件为例,介绍杀毒软件的使用方法及注意事项。

1.360 杀毒软件的安装

(1)首先打开 360 官方网站,下载最新版本的 360 杀毒安装程序。双击运行下载好的安装包,弹出 360 杀毒安装向导,可以选择安装路径,一般建议按照默认设置即可。该杀毒软件安装包有 2 种,一种是在线安装包,另一种是离线安装包。如果需要断网安装,需要下载离线安装包。同时该杀毒软件官网还会自动识别系统是多少位元的系统,如果需要在其他电脑安装,需要确定对方系统是 32 位操作系统还是 64 位操作系统。

(2)弹出软件安装界面后,先不要点击立即安装。先检查软件的安装路径,如果 C 盘空间紧张,可以选择其他分区。选择好安装路径之后,点击"立即安装"按钮。

(3)软件安装的速度很快,几乎是秒速完成,很快就进入到软件的主界面。此时安装还没有完成,需要点击"一键开启"开启所有的防护,360 为了加快安装的速度,精简的部分文件要重新下载。

(4)等待完成下载。

(5)完成下载之后,可以看到杀毒引擎中,小红伞引擎是灰色的。小红伞是国外著名的杀毒软件,其自主研发的引擎本地查杀能力非常强大。如果 360 不开启这个引擎,将导致本地杀毒能力很差,也就是在断网的情况下杀毒能力大打折扣。所以请不要忘记点击开启该引擎。安装好的 360 杀毒主界面如图 9.12 所示。注意,软件安装过程中可能弹出勋章墙,该勋章墙是推广安全卫士及 360 安全浏览器的窗口,用户可根据需要选择性点击。

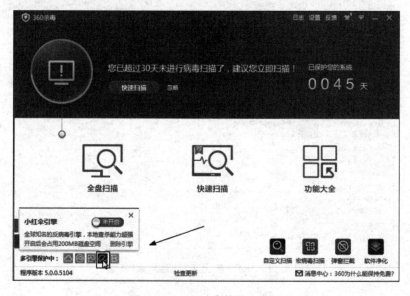

图 9.12　360 杀毒软件主界面

2.病毒查杀

360 杀毒提供了 4 种手动病毒扫描方式:快速扫描、全盘扫描、自定义扫描及 office 宏病毒扫描。如图 9.12 所示。

(1)快速扫描　扫描 Windows 系统目录及 Program Files 目录。

(2)全盘扫描　扫描所有磁盘。

(3)自定义扫描　用户可以指定磁盘中的任意位置进行病毒扫描,完全自主操作,有针对性地进行扫描查杀。

（4）office 宏病毒扫描　对办公族和学生电脑用户来说，最头疼的莫过于 Office 文档感染宏病毒，轻则辛苦编辑的文档全部报废，重则私密文档被病毒窃取。对此，360 杀毒自从 3.1 正式版开始，就推出了 Office 宏病毒扫描查杀功能，可全面处理寄生在 Excel、Word 等文档中的 Office 宏病毒，查杀能力处于行业领先地位。

启动扫描之后，会显示扫描进度窗口。在这个窗口中用户可看到正在扫描的文件、总体进度以及发现问题的文件。如果用户希望 360 杀毒在扫描完电脑后自动关闭计算机，可以选择"扫描完成后自动处理并关机"选项。这样在扫描结束之后，360 杀毒会自动处理病毒并关闭计算机。

3. 升级软件

360 杀毒具有自动升级和手动升级功能，如果开启了自动升级功能，360 杀毒会在有升级可用时自动下载并安装升级文件，自动升级完成后会通过气泡窗口提示。如果想手动进行升级，可以在 360 杀毒主界面底部点击"检查更新"按钮，此时升级程序会连接服务器检查是否有可用更新，如果有就会下载并安装升级文件。

4. 软件功能

（1）实时防护　在文件被访问时对文件进行扫描，及时拦截活动的病毒，对病毒进行免疫，防止系统敏感区域被病毒利用。在发现病毒时会及时通过提示窗口警告用户，迅速处理。

（2）主动防御　包含 1 层隔离防护、5 层入口防护、7 层系统防护加上 8 层浏览器防护，全方位立体化阻止病毒、木马和可疑程序入侵。360 安全中心还会跟踪分析病毒入侵系统的链路，锁定病毒最常利用的目录、文件、注册表位置，阻止病毒利用，免疫流行病毒。已经可实现对动态链接库劫持的免疫，以及对流行木马的免疫，免疫点还会根据流行病毒的发展变化而及时增加。

（3）广告拦截　结合 360 安全浏览器广告拦截，加上 360 杀毒独有的拦截技术，可以精准拦截各类网页广告、弹出式广告、弹窗广告等，为用户营造干净、健康、安全的上网环境。如图 9.13 所示。

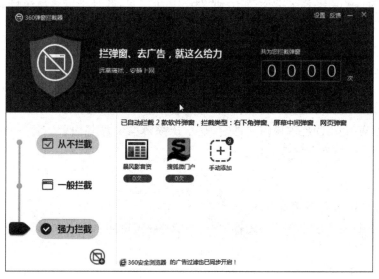

**图 9.13　360 广告拦截功能**

（4）上网加速　通过优化计算机的上网参数、内存占用、CPU 占用、磁盘读写、网络流量，清理 IE 插件等全方位的优化清理工作，快速提升计算机上网卡、上网慢的症结，带来更好的上网体验。

（5）软件净化　在平时安装软件时，会遇到各种各样的捆绑软件，甚至一些软件会在不经意间安装到计算机中，通过新版杀毒内嵌的捆绑软件净化器，可以精准监控，对软件安装包进行扫描，及时报告捆绑的软件并进行拦截，同时用户也可以自定义选择安装。

（6）杀毒搬家　在杀毒软件的使用过程中，随着引擎和病毒库的升级，其安装目录所占磁盘空间会有所增加，可能会导致系统运行效率降低。360 杀毒新版提供了杀毒搬家功能。仅一键操作，就可以将 360 杀毒整体移动到其他的本地磁盘中，为当前磁盘释放空间，提升系统运行效率。

（7）功能大全　以上包括广告拦截、上网加速、软件净化以及杀毒搬家这几个代表性的功能模块，都隶属于 360 杀毒功能大全。从系统安全、优化和急救 3 个方面，360 功能大全提供了多款专业全面的软件工具，用户无须再去浩渺的互联网上寻找软件，就可以帮助用户优化处理各类电脑问题。

（8）皮肤中心　通过杀毒的皮肤中心，用户可以选择多种定制皮肤进行更换，同时 5.0 版杀毒还新增自定义换肤功能，可以自主调节皮肤透明度，定制个性化的杀毒皮肤。

## 9.3　压缩刻录工具软件

### 9.3.1　文件压缩工具——WinRAR

WinRAR 是一款功能强大的压缩包管理器。该软件可用于备份数据，缩减电子邮件附件的大小，解压缩从 Internet 上下载的 RAR、ZIP 及其他类型文件，并且可以新建 RAR、ZIP 等格式的压缩类文件。WinRAR 是流行的压缩工具，界面友好，使用方便，在压缩率和速度方面都有很好的表现。WinRAR 完全支持 RAR 及 ZIP 压缩包，并且可以解压缩 CAB、ARJ、LZH、TAR、GZ、ACE、UUE、BZ2、JAR、ISO、Z、7Z 、RAR5 格式的压缩包。本书介绍的是 WinRAR 5.30 版。

正确安装 WinRAR 5.30 后，双击 WinRAR 图标便进入如图 9.14 所示的操作界面，主要包括标题栏、工具栏、文件列表框和状态栏。文件列表框和资源管理器的用法差不多，用鼠标双击一个文件夹，可以进入这个文件夹。文件列表位于工具栏的下面，它可以显示未压缩的当前文件夹，或者 WinRAR 进入压缩文件时，显示压缩过的文件等内容。每一个文件会显示下列参数：名称、大小、类型和修改时间。

#### 9.3.1.1　压缩

1. 从 WinRAR 图形界面压缩文件

下面以压缩 D 盘上的"常用工具软件"文件夹为例，说明从 WinRAR 图形界面压缩文件（或文件夹）的步骤：

（1）启动 WinRAR。

（2）选择需要压缩的文件或文件夹。如图 9.14 选中文件列表中的"常用工具软件"文

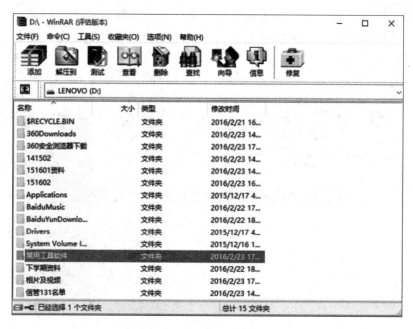

**图 9.14　WinRAR 主界面**

件夹。

　　(3)单击工具栏上的"添加"按钮,打开如图 9.15 所示的"压缩文件名和参数"对话框。

　　(4)在"压缩文件名"编辑框中输入合适的压缩文件名(这里取默认值);在"压缩文件格式"选择区选择压缩文件格式,这里选择"RAR"格式;在"压缩方式"下拉列表中选择压缩级别(选择默认的"标准");根据需要选择其他压缩参数(这里不作选择)。

　　(5)单击"确定"按钮关闭"压缩文件名和参数"对话框。

**图 9.15　压缩文件对话框**

　　(6)这时 WinRAR 开始压缩,文件比较大时可能需要较长的时间。压缩完毕后,WinRAR 窗口将在当前路径自动显示压缩文件名。双击压缩文件名将其展开,可以看到压缩文件里面包含的文件或文件夹(取决于压缩的是文件还是文件夹),如图 9.16 所示。图 9.17 所示是双击图 9.16"常用工具软件"压缩文件夹进一步展开的情况。双击文件列表中的某个文件就可以解压缩打开该文件。

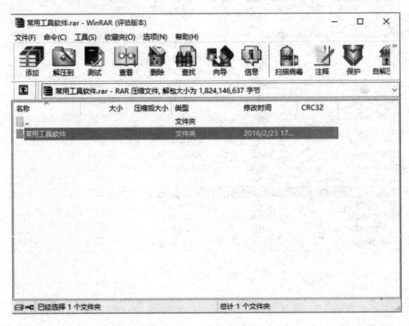

**图 9.16　双击压缩文件**

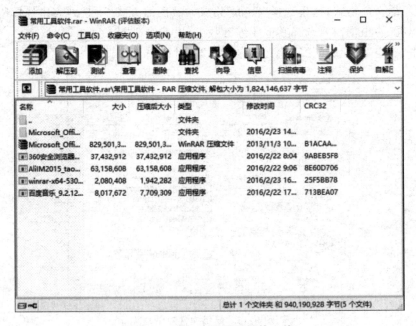

**图 9.17　进一步展开压缩的文件**

此外,还可以使用拖动方式,可以在已经存在的 RAR 压缩文件中添加文件。例如,将 D 盘上的"QQ8.1.exe"添加到压缩文件"常用工具软件.rar"的步骤为:

（1）在 WinRAR 窗口选择压缩文件"常用工具软件.rar"，并双击之，WinRAR 将会读取压缩文件并显示它的内容，如图 9.16 所示。

（2）找到要添加的文件，如从 D 盘找到文件"QQ8.1.exe"。

（3）将文件"QQ8.1.exe"拖到 WinRAR 的文件列表窗口。

（4）此时 WinRAR 会弹出"压缩文件名和参数"对话框，做出必要的选择后关闭对话框，完成压缩。从图 9.18 可以看到文件"QQ8.1.exe"已经添加到压缩文件"常用工具软件.rar"中。

图 9.18　把"QQ8.1.exe"添加到压缩文件中

**2.使用 Windows 界面直接压缩文件**

如果在安装 WinRAR 时，没有关闭"把 WinRAR 集成到资源管理器中"选项，便可以使用 Windows 界面直接压缩文件。

例如，如果需要单独压缩文件"QQ8.1.exe"，方法是：

在资源管理器或"我的电脑"中选择要压缩的文件"QQ8.1.exe"，单击鼠标右键弹出快捷菜单，从中选择"添加到压缩文件"，打开"压缩文件与参数"对话框，此后的步骤与前面的压缩方法相同。

也可以从弹出的快捷菜单中选择"添加到 QQ8.1.rar"，此时不会打开"压缩文件与参数"对话框，而直接采用默认的压缩设置生成压缩文件"QQ8.1.rar"。

在 Windows 界面，还可以使用鼠标左键拖着文件图标并放到已存在的压缩文件图标上，这时文件将会添加到此压缩文件中。

### 9.3.1.2　解压缩

**1.使用 WinRAR 图形界面模式解压文件**

例如，解压前面的压缩文件"常用工具软件.rar"，方法是：

（1）在 WinRAR 图形界面模式中打开要解压的文件，有多种方式：

● 在 Windows 界面的压缩文件名"常用工具软件.rar"上双击鼠标左键或是按下回车键。如果在安装时已经将压缩文件关联到 WinRAR(这是默认的安装选项),压缩文件"常用工具软件.rar"将会在 WinRAR 程序中打开。

● 在 WinRAR 窗口中的压缩文件名"常用工具软件.rar"上双击鼠标左键或按下回车键。

● 拖动压缩文件"常用工具软件.rar"到 WinRAR 图标或窗口。在此之前请先确定在 WinRAR 窗口中没有打开其他的压缩文件。否则,拖入的压缩文件将会添加到当前显示的压缩文件中。

(2)当压缩文件在 WinRAR 中打开时,它的内容会显示出来(图 9.18)。此时可以选择要解压的文件和文件夹,分别进行解压。例如,此例中选择"常用工具软件"文件夹进行解压,而没有选择"QQ8.1.exe"。

(3)在 WinRAR 窗口工具栏上单击"解压到"按钮,打开如图 9.19 所示的"解压路径和选项"对话框,选择目标文件夹 D:\151602,并根据需要进行其他设置后单击"确定"按钮,开始解压。

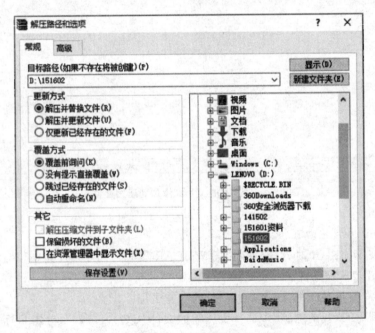

**图 9.19　对"常用工具软件"文件夹进行解压**

2.使用 Windows 界面直接解压文件

如果在安装 WinRAR 时,没有关闭"把 WinRAR 集成到资源管理器中"选项,便可以使用 Windows 界面直接解压文件。在压缩文件图标上单击鼠标右键,从快捷菜单中选择"解压文件"命令,打开"解压路径和选项"对话框,在对话框输入目标文件夹并单击"确定"按钮。

也可以从快捷菜单中选择"解压到文件夹名"命令来解压文件到指定的文件夹,而不需要打开"解压路径和选项"对话框进行选项设置。

WinRAR 的其他功能请阅读软件的相关帮助文件。

### 9.3.2　光盘制作工具——Nero

Nero 是德国公司出品的光碟刻录程序,是全球最为著名的一款刻录软件,被称之为最强的刻录软件。但是一直以来高昂的价格使得无数人一直在使用其破解版而没有购买正版授权。然而,在免费软件的趋势越来越明显的今天,Nero 官方最终发布了其最新的 Nero 9 刻录软件的免费版,这使得需要刻录软件的朋友不必辛苦到处寻找 Nero 的破解版或者注册码了。

Nero 9 支持中文长文件名烧录,也支持 ATAPI(IDE)的光碟烧录机,可烧录资料 CD、音乐 CD、Video CD、Super Video CD、DDCD、DVD 等多种类型的光碟。Nero 操作简单,只需将文件拖曳至编辑窗口中,开启刻录对话框,即可完成刻录。Nero 9 的免费版仅包含常用的 CD 和 DVD 的数据刻录和光盘复制功能,但对于绝大多数的普通用户来说已经能满足需求。如果希望拥有全部的附加功能,就只能购买收费的完整版了。目前,Nero 已发布 10.X 版本,但是该版本会强制安装 ASK 工具条,且软件安装需要微软银光、VC 2008 等环境,安装过程需重启,因此目前建议普通用户选择相对更为稳定、无强制行为的 Nero 9。

Nero 9 新功能方面主要提供了:

(1)更友好的增强型用户界面。

(2)StartSmart 内加入了新的播放、提取、刻录、复制和备份(AutoBackup)功能。

(3)Tape-Scan:支持快速预览和选择 DV、HDV 场景。

(4)AdSpotter:能够在电影里检测并移除广告。

(5)MusicGrabber:可自动识别电影或 MV 里的音乐片段并单独提取保存为 MP3。

(6)MovieWizard:简单易用的电影制作向导,提供了丰富的模板库,并包含生日、假期、婚礼等特殊主题和音轨、特殊效果。

(7)NeroLive:新的组件,支持在电脑上欣赏高质量电视节目。

(8)单独提供蓝光光盘编辑插件,可将高清视频制作成蓝光光盘,并在 PS3 游戏机或播放机里播放。

(9)经过改进的 ShowTime 多媒体播放器,支持自动下载音乐和艺术家信息的 Gracenote 服务。

(10)照片和视频可直接上传至 MyNero、Myspace、YouTube 等网站。

【例 9.1】Nero 最常见的功能就是烧录"可自动安装的 XP/WIN7 系统盘",利用 Nero 9 刻录映像文件/系统盘。

(1)首先须确定电脑已经安装 DVD 刻录机。

(2)准备一张光盘。如果需要刻录 xp 系统盘,则选择一张空的 cd 盘;如果需要刻录 win7 系统盘,则需要选择 dvd 光盘。

(3)准备好要刻录的 iso 镜像文件,确保下载的文件无错误。文件可以是从网上下载或者从其他系统盘中提取的。

(4)安装好 Nero 软件,本书中介绍的是 Nero 9 国际版。

(5)双击桌面上的 Nero StartSmart,启动软件,出现欢迎界面(图 9.20)。

(6)单击界面中"翻录和刻录"菜单,选择第 4 项"刻录数据光盘"功能,进入如图 9.21 所示界面。

(7)选择左侧"映像、项目、复制"一栏,在右侧,选中"光盘映像或保存的项目"一栏,即弹出

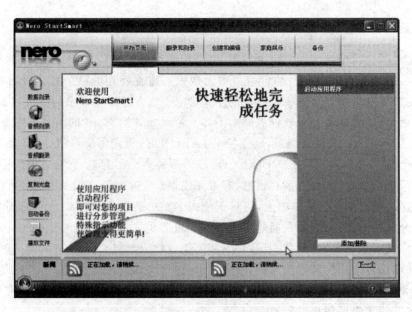

**图 9.20　Nero 欢迎界面**

**图 9.21　刻录数据光盘界面**

添加映像文件的窗口,出现文件选择界面之后,添加你想要刻录的 ISO 文件,点击"打开",出现刻录参数设置界面,如图 9.22 所示。

磁盘型号:CD 一般不超过 700M,DVD 不要超过 4.2GB。

刻录份数:一般选 1 份

检验光盘数据:一般选择"可进一步检验有无刻录错误",但这个增加了刻录时间。

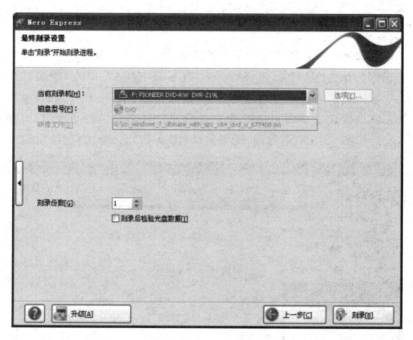

**图 9.22　参数设置界面**

写入速度:展开左侧栏可见,CD 一般选择 12x,DVD 选择 6x,太快容易造成质量问题。

(8)一切就绪后,单击"刻录",出现刻录界面,如若此时没有装入 CD 或 DVD 空盘,将出现如图 9.23 所示的提示。

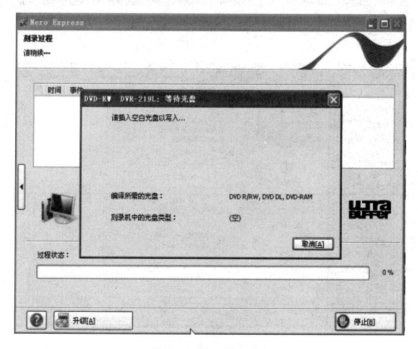

**图 9.23　提示插入空盘**

（9）插入空盘后，软件开始刻录并进行"数据验证"，验证结束后，会提示已经刻录成功，系统盘自动弹出。

此外，在 Nero Burning ROM 中也可以完成光盘刻录。方法是：

在"欢迎界面"时，单击图标 ，选择"Nero Burning ROM"，进入"新编辑"界面（或单击"新建"），如图 9.24 所示。之后进行相应的配置，注意在"刻录"中有"写入速度"，"标签"中可改写"光盘名称"，其他默认选项即可。配置完成后，单击"新建"（图 9.25），选择需要刻录的 ISO 镜像文件，出现如图 9.26 所示界面，配置确认（图 9.27）后，单击"刻录"，刻录开始。

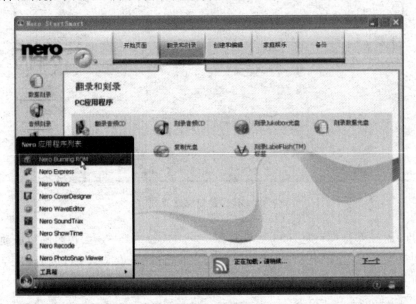

图 9.24 进入 Nero Burning ROM

图 9.25 "新编辑"界面

**图 9.26　选择文件**

**图 9.27　配置确认并开始刻录**

## 9.4　图形图像工具软件

随着数码相机及手机相机的普及,越来越多的用户喜欢将相片传输到电脑中进行存储、欣赏和编辑。在本节中,介绍一些极具特色的图像浏览与编辑工具,让您轻松浏览电脑中的各种图片和数码相片,并对图片或数码相片进行诸如添加特效,修复瑕疵,制作电子贺卡、大头贴和电子相册等处理。

### 9.4.1　图片浏览工具——ACDSee

**1.图像文件格式**

图像文件格式是指在存储介质(如硬盘、光盘、u 盘等)中存储图像文件的方法,每种文件格式都有自身的特点和用途。下面简要介绍几种常用的图像文件格式:

BMP 格式( * .bmp):是 Windows 操作系统中"画图"程序的标准文件格式.此格式与大

多数 Windows 和 OS/2 平台的应用程序兼容。由于该格式采用的是无损压缩,因此,其优点是图像完全不失真,缺点是图像文件占用的磁盘空间较大。

JPEG 格式(*.jpg):采用有损压缩方式去除冗余的图像数据,能在获得极高压缩率的同时展现生动的图像。JPEG 是目前最流行的图像文件格式之一,同时也是大多数数码相片的默认文件格式。

GIF 格式(*.gif):该格式的图像最多可包含 256 种颜色,压缩率高,支持透明背景,支持 2D 动画,特别适合作为网页图像或网页动画。

TIFF 格式(*.tif):是一种应用非常广泛的图像文件格式,几乎所有的扫描仪和图像处理软件都支持它。TIFF 格式采用无损压缩方式来存储图像信息,可支持多种颜色模式,可保存图层和通道信息,并且可以设置透明背景。

PSD 格式(*.psd):是 Photoshop 专用的图像文件格式,可保存图层、通道等信息。其优点是保存的信息量多,便于修改图像,缺点是文件占用的磁盘空间较大。

PNG 格式(*.png):汲取了 GIF 和 JPEG 格式的优点,能将图像文件压缩到极限以利于网络传输,同时还能保持较好的图像质量.并支持透明背景。

2. 用 ACDSee 浏览与处理图片

ACDSee 是使用最为广泛的看图工具软件,大多数电脑爱好者都使用它来浏览图片,它的特点是支持性强,它能打开包括 ICO、PNG、XBM 在内的 20 余种图像格式,并且能够高品质地快速显示,甚至近年在互联网上十分流行的动画图像档案都可以利用 ACDSee 来欣赏。ACD-See 作为最流行的图片浏览软件,从 3.2 经典版本开始一直是影楼等最喜爱的软件。与其他图像观赏器比较,ACDSee 打开图像档案的速度相对较快。

ACDSee 共分为 2 个版本:普通版和专业版,普通版面向一般客户,能够满足一般人的相片和图像查看编辑要求,而专业版则是面向摄影师,在功能上各方面都有很大增强,普通版的简体中文版目前最新为 ACDSee 18,而专业版目前最新简体中文版是 ACDSee Pro 8 版。

【例 9.2】用 ACDSee 浏览图片、裁剪和打印图片。

(1)安装并启动 ACDSee,其主界面如图 9.28 所示,ACDSee 主界面中各元素的功能如下:

图 9.28 ACDSee 中浏览图片

工具栏:利用工具栏中的按钮可快速对所选图片进行编辑。例如,如果需要批量调整图片大小,可以在选中要调整的图片后单击"批量"—"调整图像大小"。

文件夹窗格:用来选择存储图片的文件夹。

缩略图窗格:以缩略图形式显示在文件夹窗格中选择的文件夹内的图片。

预览窗格:在"缩略图"窗格中选择某幅图片后,可以在预览窗格中查看该图片。

(2)双击缩略图窗格中的某张图片,可以在独立窗口中查看该图片,参见图 9.29(A)。通过窗口上方的命令按钮可以对图片进行放大、缩小、旋转、浏览下一幅等操作;通过窗口左侧的按钮可以对图片进行裁剪、增加亮度、曝光处理等操作。例如,要裁剪图片,可单击选中"选择工具"按钮 。

(3)选中"选择工具"按钮 后,在图片中按住鼠标左键拖动,到适当位置后释放左键,创建一个矩形选区(按住鼠标左键拖动选区周围的控制点,可调整选区的大小),如图 9.29(B)所示。

(4)右击矩形选区,在弹出的快捷菜单中选择"裁剪区另存为"。

A

B

**图 9.29 裁剪图片**

（5）打开"图像另存为"对话框，在对话框中设置图片的存放位置、保存名称和保存类型，然后单击"保存"按钮，即可将裁剪区内的图片保存，如图 9.30 所示。

图 9.30　保存裁剪区图片

（6）要打印图片，需先在缩略图窗格中选择要打印的图片，然后选择"文件"—"打印"菜单，在打开的"打印"对话框中设置打印选项，然后单击"打印"按钮即可，如图 9.31 所示。

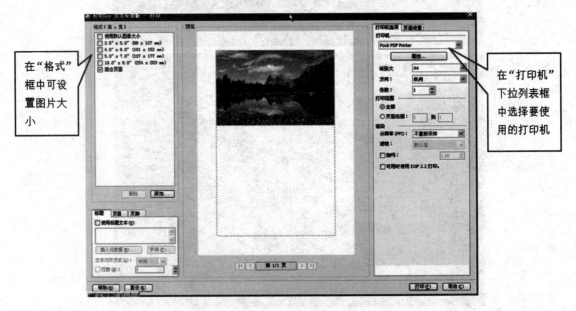

图 9.31　打印图片

## 9.4.2　图片处理工具——光影魔术手

光影魔术手是一个对数码照片图像画质进行改善提升及效果处理的软件,是国内最受欢迎的图像处理软件,它简单、易用,不需要任何专业的图像技术,就可以制作出专业胶片摄影的色彩效果,且其批量处理功能非常强大,是摄影作品后期处理、图片快速美容、数码照片冲印整理时必备的图像处理软件,能够满足绝大部分人照片后期处理的需要。

光影魔术手于 2006 年推出第一个版本,2007 年被《电脑报》、天极、PCHOME 等多家权威媒体及网站评为"最佳图像处理软件",2008 年被迅雷公司收购,此前为一款收费软件,被迅雷收购之后实行完全免费。2013 年推出 4.1.0 beta 版本,采用全新迅雷 BOLT 界面引擎重新开发,在老版光影图像算法的基础上进行改良及优化,带来了更简便易用的图像处理体验。光影魔术手的文件名是 Neo Imaging,可以从网上免费下载和使用。

【例 9.3】利用"光影魔术手"进行基本的图像调整,如自由旋转、缩放、裁剪、模糊、锐化和反色等。

(1)启动光影魔术手进入其操作界面,单击工具栏中的"打开"按钮📷,打开"打开"对话框,在"查找范围"下拉列表框中选择图片所在文件夹,并在打开的列表框中选择所需图片,这里以"风景 7. JPG"图片为例,单击"打开"按钮。

(2)此时光影魔术手主界面中将显示该图片(图 9.32),分别单击 上一张　下一张 按钮,可浏览图片所在文件夹中的其他图片。

(3)如果要调整图像尺寸,可单击工具栏中的"尺寸"按钮📷右侧的下拉按钮▼,在打开的下拉列表框中选择某个预设尺寸选项,这里使用图像的原有像素尺寸 1 024 * 819,如图 9.32 所示。

**图 9.32　"光影魔术手"打开图片素材主界面**

　　(4)如果要裁剪该图片,可单击工具栏中的"裁剪"按钮■,打开"裁剪"面板,此时图像中将出现裁剪控制框,通过拖动鼠标光标调整,或通过设置"裁剪"面板中的参数来调整裁剪区域,如图9.33所示。确认裁剪效果后单击　确定　按钮即可。

**图 9.33　图片裁剪**

　　(5)在工具栏中单击"旋转"按钮■右侧的下拉按钮■,在打开的下拉列表中可选择所需要的旋转方式,这里选择"左右镜像"选项,旋转后的效果如图9.34所示。

**图 9.34　图片旋转**

　　（6）应用"色阶"调整图像。首先在"对比"状态下打开被编辑的图像，如图 9.35 所示。在右侧面板中单击"色阶"选项，展开"色阶"面板。在"通道"下拉列表框中选择需要调整的选项，然后将鼠标指针定位到对话框下方的滑块上，即可调整图像色阶。

　　色阶在这里指的是"颜色"，但不是指颜色的色彩，而是指颜色的亮度。色阶是表示图像亮度强弱的指数标准。如图 9.35 所示，色阶由直方图来表示。图像的色彩丰满度和精细度是由色阶决定的。例如显示屏产业的标准有 256 色、4 096 色、65 536 色等。在图像处理中，调节色阶实质就是通过调节直方图来调节不同像素亮度值的大小，从而来改进图像的直观效果。

　　（7）当完成对某张图片的基本处理后，单击工具栏中的"保存"按钮将当前效果保存到原文件中。如果不更改原图片文件，则可单击"另存"按钮，在打开的"另存为"对话框中选择图片文件的保存位置。

**图 9.35　在对比状态下打开图像并调整右图的色阶**

## 9.5　阅读与翻译工具软件

### 9.5.1　PDF 文件阅读器——Adobe Reader XI

　　Adobe Reader 也被称为 Acrobat Reader，是美国 Adobe 公司开发的一款优秀的 PDF 文件阅读软件。文档的撰写者可以向任何人分发自己制作（通过 Adobe Acrobat 制作）的 PDF 文档而不用担心被恶意篡改。Adobe Reader 是用于打开和使用在 Adobe Acrobat 中创建的 Adobe PDF 的工具。虽然无法在 Reader 中创建 PDF，但是可以使用 Reader 查看、打印和管理 PDF。在 Reader 中打开 PDF 后，可以使用多种工具快速查找信息。

　　PDF（Portable Document Format）文件格式是 Adobe 公司开发的电子文件格式。这种文件格式与操作系统平台无关，也就是说，PDF 文件不管是在 Windows，Unix 还是在苹果公司的 Mac OS 操作系统中都是通用的。这一特点使它成为在 Internet 上进行电子文档发行和数字化信息传播的理想文档格式。越来越多的电子图书、产品说明、公司文告、网络资料、电子邮件开始使用 PDF 格式文件。PDF 格式文件目前已成为数字化信息事实上的一个工业标准。

　　本节以 Adobe Reader XI 2015 为例，介绍其基本使用方法。

　　1. 阅读 PDF 文档

　　由于 PDF 文档应用广泛，不仅能够从 Adobe Reader XI 程序内部打开 PDF 文档，还能够在网页浏览器、电子邮件应用程序和文件系统等多个地方打开 PDF 文档。这里只介绍直接从 Adobe Reader XI 程序内部打开 PDF 文档。

(1)启动 Adobe Reader XI,执行主界面菜单栏的"文件"—"打开"命令。

(2)弹出"打开文件"对话框,选择将要阅读的 PDF 文件,单击"打开"按钮。

(3)PDF 文档就会自动显示在 Adobe Reader XI 的浏览窗格中,如图 9.36 所示。浏览窗格中可以使用鼠标的滚轴进行翻页操作,或者通过单击工具栏中的"缩放"按钮 ⊖⊕ 105% ▾ ,在弹出的下拉列表中选择所需要的缩放比例后,使得 PDF 文档处于合适的浏览尺寸,然后单击空格键进行翻页浏览。

(4)单击 Adobe Reader XI 操作界面左侧导览窗格中的"页面缩略图"按钮 ,在显示的文档列表中再次单击需要阅读的文档缩略图,即可快速打开指定的页面并在浏览区中进行阅读。如图 9.37 所示。

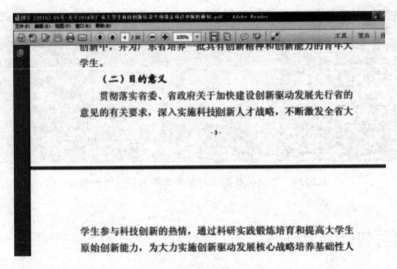

图 9.36　打开的 PDF 文档

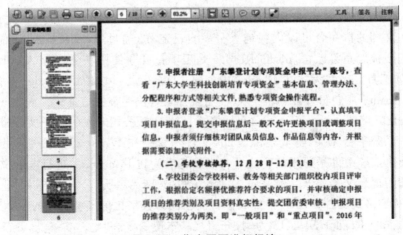

图 9.37　指定页面进行阅读

（5）在 Adobe Reader XI 操作界面工具栏中的"页面数值"文本框中，输入要阅读的文档所在页码，如图 9.38 所示，然后单击回车键可快速跳转至指定页码，并在浏览区中进行阅读。

**图 9.38　Adobe Reader XI 操作界面工具栏**

2.选择和复制文档内容

使用 Adobe Reader XI 阅读 PDF 文档时，可以选择和复制其中的文本及图像，然后将其粘贴到 Word 或记事本等文字处理软件中。下面是 2 种常用文档的选择和复制方法。

（1）选择和复制部分文档：在 Adobe Reader XI 软件中打开要编辑的 PDF 文档后，将鼠标光标移至 Adobe Reader XI 的文档浏览区，当其变为形状时，在需要选择文本的起始点单击并按住鼠标左键不放进行拖拽，直到目标位置后再释放鼠标，此时鼠标光标将变为 形状。然后，选择"编辑"—"复制"菜单命令，或者单击鼠标右键并在弹出的快捷菜单中选择"复制"命令，或者按"Ctrl＋C"组合键，打开文字处理软件，按"Ctrl＋V"组合键，即可将所选文档复制到文字处理软件中，如图 9.39 所示。

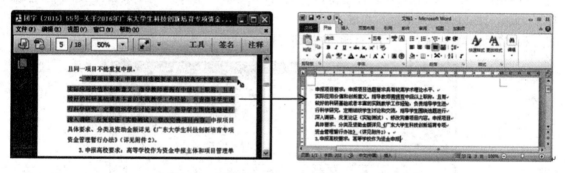

**图 9.39　选择并复制部分文档到 Word 文档中**

（2）选择和复制全部文档：在 Adobe Reader XI 软件中打开要编辑的 PDF 文档后，选择"编辑"—"全部选定"菜单命令或按"Ctrl＋A"组合键，选择全部文档内容，然后，打开文字处理软件，按"Ctrl＋V"组合键，即可将全部文档复制到文字处理软件中。

3.从 PDF 复制图片

可以使用"快照"工具从 PDF 复制图片，实际上"快照"工具就是将 PDF 文档中选定的内容"抓拍"下来，无论选定的内容是文本还是图像，被快照的区域都将被作为图像处理。

（1）启动 Adobe Reader XI 并打开一个 PDF 文档。

（2）选择 Adobe Reader XI 主窗口菜单栏中的"编辑"—"拍快照"命令，此时鼠标变成"-¦-"型。

（3）单击鼠标左键围绕要保存的图像拖画一个矩形，然后释放鼠标按钮，此时弹出"选定的区域已被复制"对话框，单击"确定"按钮，被拍照区域被复制到剪贴板中，如图 9.40 所示。此外，在快照过程中如果想要退出快照环境，单击＜Esc＞键即可。

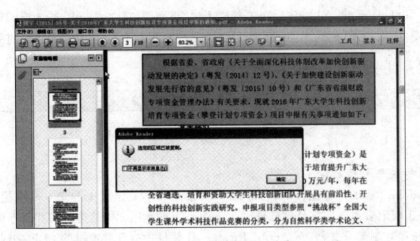

图 9.40　复制图片

（4）所选内容自动复制到剪贴板上，用户可以在其他应用程序中选择"编辑"—"粘贴"命令将复制的图像粘贴到其他文档中即可。

4. 打印 PDF 文档

打开某个 PDF 文档后，在软件主窗口的菜单栏中执行"文件"—"打印"命令，此时弹出如图 9.41 所示的"打印"对话框。在该对话框中，用户可以对打印范围、页面处理等属性进行设置。根据需要设置完成后，单击"打印"按钮即可输出打印。

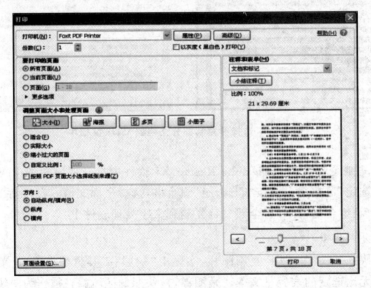

图 9.41　打印文件

5. 阅读数字出版物

Adobe Reader XI 还具有阅读数字出版物的功能。在软件主窗口的菜单栏中执行"帮助"—"数字出版物"命令。这时软件调用浏览器链接到指定网站。在此网站中有各种语言的数字出版物，用户可以边阅读边下载。

### 9.5.2　CAJViewer 全文浏览器

CAJ 全文浏览器是中国期刊网的专用全文格式阅读器,与超星阅读器类似,CAJ 浏览器也是一个电子图书阅读器(也称 CAJ 阅读器,CAJ 全文浏览器),CAJ 浏览器支持中国期刊网的 CAJ、NH、KDH 和 PDF 格式文件阅读。CAJ 全文浏览器可配合网上原文的阅读,也可以阅读下载后的中国期刊网全文,并且它的打印效果与原版的效果一致。CAJ 全文浏览器是期刊网读者必不可少的阅读器。

1. CAJ 格式

CAJ 是中国学术期刊全文数据库(China Academic Journals)的英文缩写,CAJ 同时也是中国学术期刊全文数据库中文件的一种格式,可以使用 CAJ 全文浏览器来阅读。中国学术期刊全文数据库是目前世界上最大的连续动态更新的中国期刊全文数据库。

2. CAJViewer 7.2 浏览文档

从各大网站下载并安装此软件后,双击桌面上的 CAJViewer 7.2 快捷方式启动软件,或者在“开始”菜单程序组中启动该软件,软件界面由菜单栏、工具栏和右侧的任务窗格组成。

(1)执行“文件”—“打开”命令,打开一个文档,开始阅读文件,如图 9.42 所示。CAJViewer 7.2 支持 CAJ、PDF、KDH、NH、CAA、TEB 等文件类型。

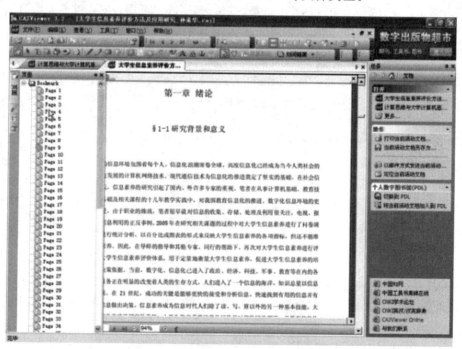

图 9.42　打开文档

(2)一般情况下,文档打开后,界面中间的区域就是主页面,显示的是文档内容,但是如果打开的是 CAA 文件,则可能显示的是空白,此时实际文件正在下载。

(3)执行“工具”—“手形”或者直接单击工具条上的“手状”按钮,将鼠标放到主页面,此时鼠标会变成小手样式。

（4）单击左侧"页面"窗口或者"目录"窗口，可以通过直接选择页面或者目录来浏览文档（图9.43）。

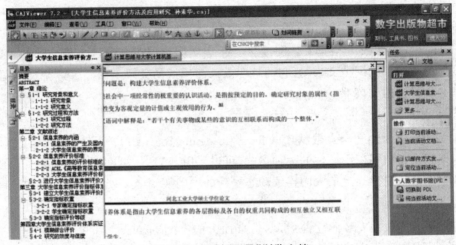

图9.43　通过"目录"浏览文档

（5）通过"查看"菜单中的选项，如实际大小、适合宽度、适合页面、放大、缩小等命令，改变页面布局或者显示比例，或者单击"布局"工具条（图9.44）来改变页面布局或者显示比例。"页面布局"包含"单页"、"连续"、"对开"、"连续对开"菜单项，其中"连续"布局方式是默认选项。

图9.44　"布局"工具栏

（6）通过"查看"—"跳转"菜单（图9.45），可以切换文档页面。

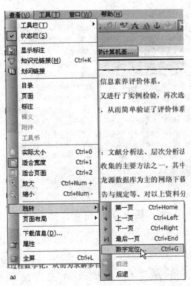

图9.45　"查看"—"跳转"菜单

　　(7)执行菜单栏中的"文件"—"打印预览"可以打开"打印预览"界面。执行菜单"文件"—"打印"命令,弹出"打印"对话框,首先在该界面中对打印参数进行设置,该对话框中的参数和其他常见的系统打印参数设置方法相同。

### 9.5.3　即时翻译工具——有道词典

　　对于经常需要阅读英文文件或是正在学习英语的用户来说,英汉词典是日常工作生活的必备品。有道词典是由网易有道出品的全球首款基于搜索引擎技术的全能免费语言翻译软件,为全年龄段学习人群提供优质顺畅的查词翻译服务。2007 年 9 月,有道词典桌面版上线,2009 年 1 月,有道词典首个手机版本上线,现已实现全平台覆盖,是全国最大最好用的免费互联网词典翻译工具,也是用户覆盖量最大最受用户欢迎的词典软件。截至 2015 年 4 月,网易有道词典(桌面版＋手机版)用户量超过 5 亿,是网易第一大客户端和移动端产品。

　　有道词典通过独创的网络释义功能,轻松囊括互联网上的流行词汇与海量例句,并完整收录《柯林斯高级英汉双解词典》、《21 世纪大英汉词典》等多部权威词典数据,词库大而全,查词快且准。结合丰富的原声视频音频例句,总共覆盖 3 700 万词条和 2 300 万海量例句。有道词典集成中、英、日、韩、法多语种专业词典,切换语言环境,即可快速翻译所需内容,网页版有道翻译还支持中、英、日、韩、法、西、俄 7 种语言互译。新增的图解词典和百科功能,提供了一站式知识查询平台,能够有效帮助用户理解记忆新单词,而单词本功能更是让用户可以随时随地导入词库背单词。

　　1.词典查询

　　词典查询作为有道词典的核心功能,具有智能索引、查词条、查词组、模糊查词和相关词扩展等应用。此外,词典查询还可以通过软件默认设置的通用词典进行查找。下面通过词典查询"computer"的含义,具体操作如下:

　　(1)从网站下载"有道词典"软件并安装后,选择"开始"—"所有程序"—"有道"—"有道词典"—"启动有道词典",打开有道词典主窗口。

　　(2)在"词典"选项卡中的搜索框中输入要查询的单词,这里输入"computer",单击 🔍 或者按回车键。

　　(3)此时将在打开的界面中显示"computer"的详细解释,如图 9.46 所示。

　　(4)在左侧单击"权威词典"选项卡,可在右侧查看权威词典中的单词释义,如图 9.47 所示。

　　(5)在左侧单击"用法"选项卡或"例句"选项卡,可在右侧看到相关的详细释义,如图 9.48 所示。

　　2.屏幕取词与划词释义

　　屏幕取词指使用有道词典对屏幕中的单词进行即时翻译;划词释义指使用有道词典翻译鼠标选中的词组或句子。下面将开启这两项功能并进行使用,具体操作如下:

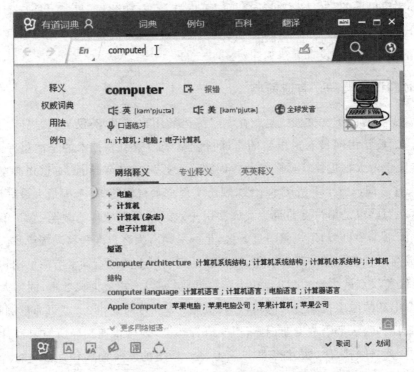

图 9.46    单词详解

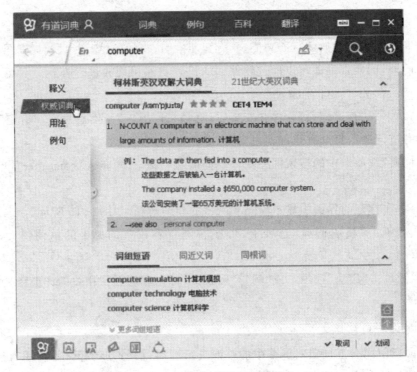

图 9.47    查看权威词典中的释义

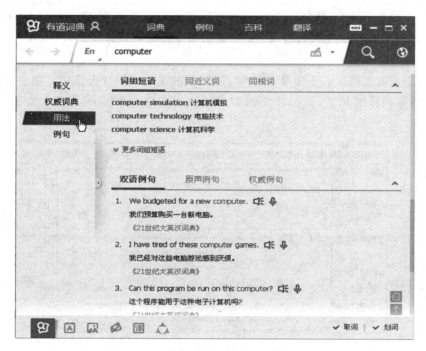

**图 9.48　查看词组及例句的释义**

（1）启动有道词典，在主窗口右下角单击 ✔取词 按钮，该按钮将变成高亮状态显示，如图 9.49 所示。

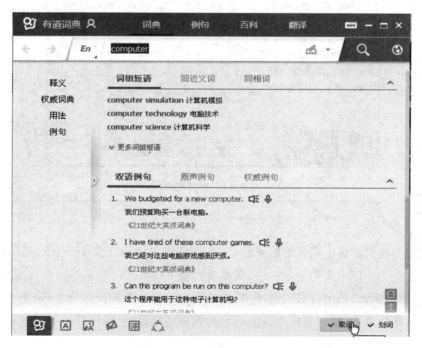

**图 9.49　开启鼠标"取词"功能或者"划词"功能**

（2）打开一篇英文文档，将鼠标光标悬停在需要解释的单词上，如"administrating"，此时将在打开的窗格中显示该单词的释义，若将鼠标光标移动到该窗格中将显示其工具栏，如图9.50所示。

（3）在有道词典主窗口右下角单击 ✓ 划词 按钮，使其变为启用状态显示。在文档中，拖拽鼠标光标选择需要翻译的句子，鼠标停止选取后有道词典将自动显示该句的释义，如图9.51所示。

**图 9.50　屏幕取词**

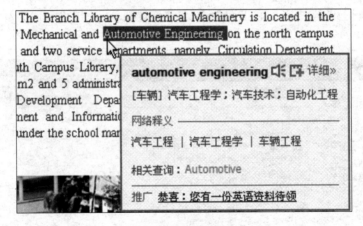

**图 9.51　划词释义**

### 3. 翻译功能

有道词典为用户提供了强大的翻译功能，不仅可以自动翻译文字、句子，还可以进行人工翻译。下面是人工翻译中文句子的方法，具体操作如下。

（1）启动有道词典，单击"翻译"选项卡，在原文框中输入要翻译的文本（中文或者外文）。

（2）在"自动检测"下拉列表框中选择对应的翻译选项，这里选择"汉→英"选项，再单击"自动翻译"按钮，即可在译文框中查看翻译的内容，如图9.52所示。

**图 9.52　输入翻译文字并查看翻译结果**

4. 选项设置

使用有道词典时,可以对词典和热键等选项进行设置,以满足不同的使用需求。下面介绍常用选项的设置方法,具体操作如下:

(1)启动有道词典,在主窗口左下角单击"开始菜单"按钮,在打开的菜单中选择"设置"—"软件设置"菜单命令。

(2)在打开的"软件设置"对话框中单击"基本设置"选项卡(图 9.53),在其中可以对启动项、主窗口和迷你窗口进行设置,这里在"启动"栏中撤销选中"开机时自动启动"复选框,在"主窗口"栏中单击选中"主窗口总在最上面"复选框。

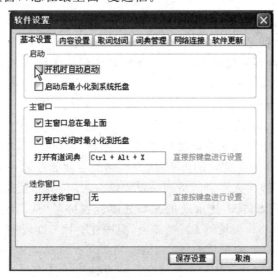

**图 9.53　对"有道词典"软件进行基本设置**

## 9.6　音频视频播放软件

### 9.6.1　常用音频播放工具

#### 9.6.1.1　常见的音频文件格式

音频文件实际上就是音乐、声音和音效等文件的专业称呼,目前使用较多的音频文件格式主要有以下几种。

(1)CD 格式　此格式的音频文件的扩展名为".cda",其声音基本忠于原声,音质近似无损,是对音质有严格要求的用户的首选音频格式。无论 CD 音乐的长短,计算机上显示的".cda"文件都是 44 字节长,这是由于 cda 文件是索引信息,而不是声音信息。因此,不能直接复制".cda"文件到计算机上播放,需要使用 EAC 等音轨获取软件将 CD 格式的文件转换成WAV 格式,才能在计算机上成功播放音频文件。

(2)WAV 格式　WAV 文件是波形文件,此格式的音频文件的扩展名为".wav",是微软公司开发的一种音频储存格式,主要用于保存 Windows 平台下的音频源。WAV 文件储存的是声音波形的二进制数据,由于没有经过压缩,使得 WAV 波形声音文件的体积很大。WAV文件占用的空间大小计算公式是[(采样频率×量化位数×声道数)÷8]×时间(s),单位是字节(Byte)。理论上,采样频率和量化位数越高越好,但是所需的磁盘空间就更大。通用的WAV 格式(即 CD 音质的 WAV)是 44 100 Hz 的采样频率,16 Bit 的量化位数,双声道,这样的 WAV 声音文件储存 1 min 的音乐需要 10 MB 左右,占空间太大了。作为数字音乐文件格式的标准,WAV 格式容量过大,使用起来很不方便,一般不是专业人士(例如专业录音室等需要极高音质的场合)不会选择用 WAV 来储存声音。一般情况下我们把它压缩为 MP3 或WMA 格式。如果把压缩的数据还原回去,数据其实是不一样的。当然,不仔细听的话,人耳是很难分辨的。

(3)MP3 格式　此格式的音频文件扩展名为".mp3",MP3 是利用 MPEG Audio Layer 3的技术,将音乐以 1∶10 甚至 1∶12 的压缩率,压缩成容量较小的文件,MP3 格式能够在音质丢失很小的情况下把文件压缩到更小的程度,非常好地保持了原来的音质。同样长度的音乐文件,用 MP3 格式来储存,一般只有 WAV 格式文件的 1/10。正是因为 MP3 体积小,音质高的特点,使得 MP3 格式几乎成为网上音乐的代名词。每分钟音乐的 MP3 格式只有 1 MB 左右大小,这样每首歌的大小只有 3～4 MB。使用 MP3 播放器对 MP3 文件进行实时的解压缩(解码),这样,高品质的 MP3 音乐就播放出来了。

MP3 格式由于大大压缩了文件的体积,所以相同的空间能存储更多的信息。MP3 音频压缩技术是一种失真压缩,因为人耳只能听到一定频段内的声音,而其他更高或更低频率的声音对人耳是没有用处的,所以 MP3 技术就把这部分声音去掉了,从而使得文件体积大为缩小。虽然听上去 MP3 音乐仍旧具有接近 CD 的音质,但毕竟要比 CD 或 WAV 格式要稍逊一些。

(4)WMA 格式　WMA 的全称是 Windows Media Audio,它是微软公司推出的与 MP3格式齐名的一种新的音频格式。WMA 格式是以减少数据流量但保持音质的方法来达到更高的压缩率目的,其压缩率一般可以达到 1∶18,生成的文件大小只有相应 MP3 文件的一半。WMA 在压缩比和音质方面都超过了 MP3,更是远胜于 RA(Real Audio),即使在较低的采样频率下也能产生较好的音质。一般使用 Windows Media Audio 编码格式的文件以".wma"作为扩展名,一些使用 Windows Media Audio 编码格式编码其所有内容的纯音频 ASF 文件也使用".wma"作为扩展名。现在的绝大多数在线音频试听网站都使用 WMA 格式(通常码率64 kbps)。WMA 解码比起 MP3 较为复杂,因此许多山寨手机及有名的低端品牌手机都不支持 WMA 音频格式,但是随着电子科技发展,绝大多数音乐播放器都支持。

### 9.6.1.2　常用的音频播放器

音乐播放器是一种用于播放各种音乐文件的多媒体播放软件,是涵盖了各种音乐格式的播放工具。目前常用的音频播放工具较多,一些网站提供的在线试听音乐也是音频播放器的一种具体应用形式。接下来介绍几款常用的音频播放器。

#### 1.本地播放器

在常用的音频播放工具中,本地播放器作为最"古老"的产品始终占据着一席之地。下面是 3 款有代表性的常用本地播放器。

(1)Windows Media Player(WMP)　WMP 是微软公司出品的一款免费的播放器,是 Windows 系统自带的音频播放器,是 Microsoft Windows 的一个组件,通常简称"WMP"。支持通过插件增强功能。

WMP 的优点:Windows 系统自带,无须安装。比较易用,而且 Windows Media Player 11 界面变得相当漂亮,让人看一眼就喜欢。Windows Media Player 11 版还可以与可移动磁盘同步,为用户提供了更为方便的功能。

WMP 的缺点:在同类功能的播放器中,Windows Media Player 的系统资源占用多,打开速度慢。声音音质有待提高,对各种格式支持不够全面,avi 解码器等需要单独下载。

(2)暴风 Winamp　Winamp 是数字媒体播放的先驱,由 Nullsoft 公司在 1997 年开发,创始人 Justin Frankel,该软件支持 MP3、MP2、MOD、S3M、MTM、ULT、XM、IT、669、CD-Audio、Line-In 等格式,至今已经从 1.0 版本升级到 5.57 版本。Winamp 已有 15 年历史,一度曾是人气颇高的音乐播放器。在 1997 年,两名大学生发布了 Winamp 媒体播放器,随后其人气伴随着 MP3 文件共享的发展趋势而迅速攀升。但是,随着在线音乐流播放服务等新的竞争对手浮出水面,Winamp 所面临的竞争压力与日俱增。2013 年 11 月 21 日,Nullsoft 公司宣布,将于 2013 年 12 月 20 日正式关闭这款拥有 15 年历史的产品。

#### 2.网络播放器

作为网络信息时代快速发展的产物,网络播放器迅速打开市场并牢牢吸引了广大年轻人的喜爱。

(1)酷狗音乐　酷狗(KuGou)是国内最大也是最专业的 P2P 音乐共享软件。酷狗主要提供在线文件交互传输服务和互联网通信,采用了 P2P 的先进构架设计开发,为用户设计高传输效果的文件下载功能,通过它能实现 P2P 数据分享功能,还有支持用户聊天、播放器等完备的网络娱乐服务,好友间也可以实现任何文件的传输交流,通过 KuGou,用户可以方便、快捷、安全地实现音乐查找,即时通信,文件传输,文件共享等网络应用。

(2)酷我音乐盒　酷我音乐盒是一款融歌曲和 MV 搜索、在线播放、同步歌词为一体的音乐聚合播放器。酷我音乐是中国数字音乐的交互服务品牌,是互联网领域的数字音乐服务平台,同时也是一款内容全、聆听快和界面炫的音乐聚合播放器,是国内的多种音乐资源聚合的播放软件。它为用户提供实时更新的海量曲库、一点即播的速度、完美的音画质量和一流的MV、K歌服务,是最贴合中国用户使用习惯、功能最全面、应用最强大的正版化网络音乐平台。

(3)百度音乐 "百度音乐"音频播放工具是目前国内很受欢迎的音乐播放软件,它集播放、音效、转换、歌词、MV功能、歌单推荐、皮肤更换、智能音效匹配和智能音效增强等个性化音乐体验功能于一身。百度公司在 2006 年 7 月收购千千静听,曾经风靡一时的音乐播放软件"千千静听"已成为过去,"千千静听"已经于 2013 年 7 月正式更名为"百度音乐",原千千静听网站也已自动跳转至百度音乐界面,客户端同样正式更名为"百度音乐"。

(4)QQ音乐 QQ音乐是腾讯公司推出的网络音乐平台,是中国互联网领域领先的正版数字音乐服务平台,同时也是一款免费的音乐播放器,向广大用户提供方便流畅的在线音乐和丰富多彩的音乐社区服务,海量乐库在线试听、卡拉 OK 歌词模式、最流行新歌在线首发、手机铃声下载、超好用音乐管理,绿钻用户还可享受高品质音乐试听、正版音乐下载、免费空间背景音乐设置、MV 观看等功能。

### 9.6.1.3 百度音乐

#### 1.播放本地音乐

本地音乐是指计算机中保存的各种音频文件,使用百度音乐播放本地音乐的方法是:在桌面上双击安装到计算机上的百度音乐快捷启动图标,启动百度音乐并打开其窗口,单击上方的"我的音乐"图标,在当前界面中单击右上方的 + 导入歌曲 按钮,此时将打开下拉列表,单击"导入本地歌曲"可添加指定的歌曲到"百度音乐"的当前播放列表中。单击"导入本地文件夹"可以添加文件夹中的所有音频文件到"百度音乐"的当前播放列表中。如图 9.54 所示。

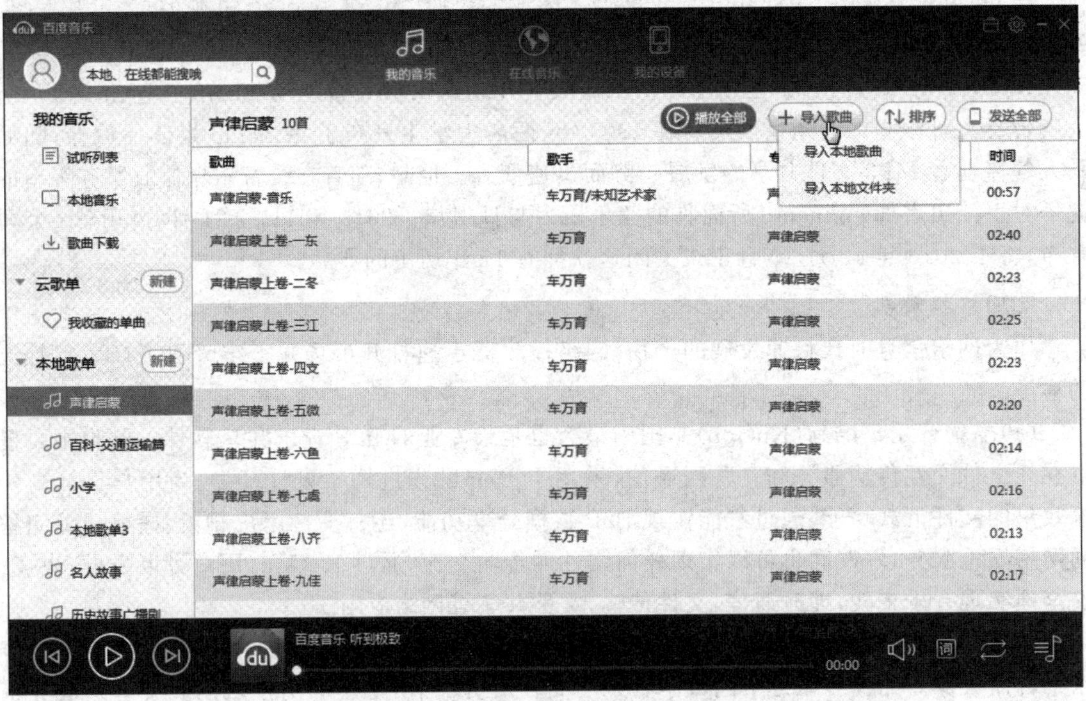

图 9.54　百度音乐"我的音乐"操作窗口

2.播放网络音乐

与播放本地音乐相比,使用率更高的是播放网络音乐,只要计算机能正常上网,则可使用百度音乐播放网络中的任意音乐。具体操作如下:

在百度音乐窗口中单击"在线音乐"图标 ,此时显示的界面即是百度音乐启动默认显示后的界面,上方的导航条中将网络音乐按不同标准进行了分类,包括"榜单"、"歌单"、"电台"、"歌手"、和"分类"等项目。比如单击"分类"超链接,继续根据需要单击"分类"项目下的子分类内容,如单击"风格"下的"唯美"超链接,单击 按钮即可播放其中的全部歌曲。如图9.55 所示。

在百度音乐窗口左上方的 文本框中输入音乐名称,单击右侧的"搜索"按钮,可快速查找并播放想听的音乐。

**图 9.55　百度音乐"在线音乐"操作窗口**

3.自定义播放列表

自定义播放列表可以按自己喜好,将爱听的本地音乐或网络音乐添加到创建的列表中,从而方便播放这些音乐。

创建和管理播放列表需要在百度音乐的"我的音乐"界面中进行,在百度音乐窗口上方单击"我的音乐"图标 ,在左侧"本地歌单"栏中单击 新建 按钮,此时将新建"本地歌单 1"播放列表,且名称呈可编辑状态,输入需要的列表名称,如"历史故事广播剧",按回车键即可。如图9.56 所示。

将本地音乐添加到播放列表的方法:创建播放列表后,选择该播放列表,单击右侧的 +导入歌曲 按钮,即可在打开的对话框中选择需要的音乐并添加到所选播放列表中。

将网络音乐添加到播放列表的方法：利用"在线音乐"界面找到需要的网络音乐,将鼠标指针定位到需添加的音乐选项上,单击"更多"按钮 ⦿,在打开的下拉列表中选择"添加到"命令,在打开的下拉列表中选择所需要的播放选项即可。

图 9.56 添加本地音乐到播放列表

### 9.6.2 常用视频播放工具

1. 常见的视频文件格式

目前,视频是电脑中多媒体系统的重要一环。视频文件是互联网多媒体重要内容之一,主要指那些包含了实时的音频、视频信息的多媒体文件,其多媒体信息通常来源于视频输入设备。视频文件是通过将一系列静态影像以电信号的形式加以捕捉、记录、处理、储存、传送和重现的文件。简而言之,视频文件就是具备动态画面的文件,与之对应的就是图片、照片等静态画面的文件。目前视频文件格式多种多样,下面是最常见的几种视频文件格式。

(1)AVI 格式　此格式的视频文件扩展名为".avi",AVI 英文全称为 Audio Video Interleaved,是 Microsoft 公司推出的音频视频交错格式,是将语音和影像同步组合在一起的文件格式。它对视频文件采用了一种有损压缩方式,但压缩比较高,因此尽管画面质量不是太好,但其应用范围仍然非常广泛。AVI 支持 256 色和 RLE 压缩。AVI 信息主要应用在多媒体光盘上,用来保存电视、电影等各种影像信息。

(2)WMV 格式　此格式的视频文件扩展名为".wmv",WMV(Windows Media Video)是微软推出的一种流媒体格式。在同等视频质量下,WMV 格式的文件可以边下载边播放,因此很适合在网上播放和传输。

（3）MPEG 格式 MPEG（Moving Picture Experts Group），是一个国际标准组织（ISO）认可的媒体封装形式，受到大部分机器的支持。MPEG 标准主要有以下 5 个：MPEG-1、MPEG-2、MPEG-4、MPEG-7 及 MPEG-21 等。其中，MPEG-1 被广泛应用在 VCD 的制作和一些视频片段下载的网络应用上面；MPEG-2 则应用在 DVD 的制作和 HDTV（高清晰电视广播）等一些高要求视频编辑；MPEG-4 则是目前最流行的 MP4 格式，它可以在其中嵌入任何形式的数据，具有高质量、低容量的优点。MPEG 的一个简化版本 3GP 广泛应用于准 3G 手机上。MPEG 格式的视频文件扩展名为：dat（用于 DVD）、vob、mpg/mpeg、3gp/3g2（用于手机）等。

（4）RMVB 格式 此格式的视频文件扩展名为".rmvb"，此格式实际上是 Real Networks 公司制定的 RM 视频格式的升级版本，即 RMVB 的前身为 RM 格式。RMVB 视频不仅质量高、文件小，还具有内置字幕和无须外挂插件支持等独特优点，是目前使用率较高的视频格式之一。

（5）FLV 格式 此格式的视频文件扩展名为".flv"，FLV 的全称为 Flash Video，FLV 流媒体格式是一种新的视频格式，由于它形成的文件极小、加载速度极快，使得网络观看视频文件成为可能，它的出现有效地解决了视频文件导入 Flash 后，使导出的 SWF 文件体积庞大，不能在网络上很好地使用等缺点。除了 FLV 视频格式本身占有率低、体积小等特点适合网络发展外，丰富、多样的资源也是 FLV 视频格式统一在线播放视频格式的一个重要因素。现各视频网站大多使用的是 FLV 格式。

（6）3GP 格式 此格式的视频文件扩展名为".3gp"，此视频格式主要是为了配合 3G 网络的高传输速度而开发的，是目前手机中最为常见的一种视频格式。

2.常用的视频播放器

（1）暴风影音 暴风影音是北京暴风科技有限公司推出的一款视频播放器，该播放器兼容大多数的视频和音频格式。暴风影音播放的文件清晰，当有文件不可播时，右上角的"播"起到了切换视频解码器和音频解码器的功能，会切换视频的最佳 3 种解码方式，同时，暴风影音也是国人最喜爱的播放器之一，因为它的播放能力是最强的。该播放器连续获得《电脑报》、《电脑迷》、《电脑爱好者》等权威 IT 专业媒体评选的消费者最喜爱的互联网软件荣誉以及编辑推荐的优秀互联网软件荣誉。暴风影音作为领先的在线播放器，拥有强大的技术实力，凭借万能播放、在线高清等优势成为在线视频领域的黑马。

暴风影音安装完毕并运行时，出现如图 9.57 所示的主界面。

（2）QQ 影音 QQ 影音是由腾讯公司推出的一款支持任何格式影片和音乐文件的本地播放器，其主界面如图 9.58 所示。QQ 影音首创轻量级多播放内核技术，深入挖掘和发挥新一代显卡的硬件加速能力，软件追求更小、更快、更流畅，让用户在没有任何插件和广告的专属空间里，拥有五星级的视听享受。

图 9.57 "暴风影音"播放主界面

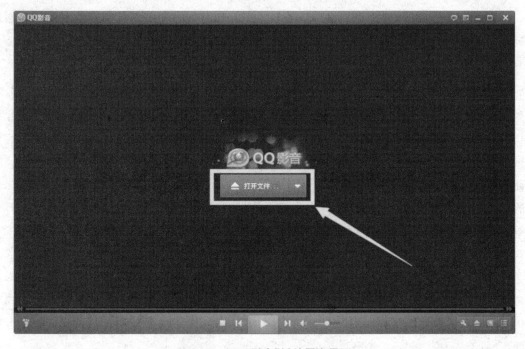

图 9.58 "QQ 影音"播放器主界面

3. 在线影视播放工具软件

目前常用的视频播放工具较多,一些网站提供的在线视频点播也是视频播放器的一种具体应用形式。

(1)PPS 影音播放　PPS(全称 PPStream)是全球第一家集 P2P 直播点播于一身的网络电视软件,能够在线收看电影、电视剧、体育直播、游戏竞技、动漫、综艺、新闻、财经资讯等。PPS 网络电视完全免费,无须注册,下载即可使用;PPS 是一套完整的基于 P2P 技术的流媒体大规模应用解决方案,包括流媒体编码、发布、广播、播放和超大规模用户直播。能够为宽带用户提供稳定和流畅的视频直播节目。与传统的流媒体相比,PPStream 采用了 P2P-Streaming 技术,具有用户越多播放越稳定,支持数万人同时在线的大规模访问等特点。PPS 客户端可以应用于网页、桌面程序等各种环境。

PPS 是目前全球最大的 P2P 视频服务运营商,一直在为上海文广、新浪网、TOM、CCTV、新传体育、凤凰网、21CN 等媒体和门户提供 P2P 视频服务技术解决方案。运行 PPS,其界面如图 9.59 所示。

**图 9.59　PPS 主界面**

(2)迅雷看看播放器　迅雷看看播放器,即原迅雷影音。该软件更好地整合了迅雷网页看看的特性,支持本地播放与在线视频点播,不断完善的用户交互和在线产品体验,让用户的工作与生活充满乐趣。迅雷影音是迅雷公司旗下的一款媒体播放器,在推出到 3.0 版后正式更名为"迅雷看看播放器",而后在其中加入了迅雷的热门网上在线影院系统"迅雷看看",将迅雷看看由一个网页插件转变为软件实体,可谓是相当的出色。目前,迅雷看看播放器重新更名为迅雷影音。

迅雷看看既可以在线观看迅雷的在线视频资源,又可以支持本地资源的播放,并且在视频格式上基本上支持所有格式的视频文件的播放。这样就方便了用户,不需要再安装好几个播放器了。迅雷看看播放器包含了由迅雷看看提供的电影、电视剧、动漫、综艺、大片等丰富的影视资源,约有上百万小时的视频内容,而且正在持续更新,是一个庞大的资源库。

运行迅雷影音,其主界面如图 9.60 所示。

图 9.60 "迅雷影音"主界面

(3)PPTV 网络电视(PPLive) PPTV 网络电视,别名 PPLive,是由上海聚力传媒技术有限公司开发运营的在线视频软件,它是全球领先的、规模最大、拥有巨大影响力的视频媒体,向广大用户提供包括在线直播/点播、高清影视、视频搜索等网络视频尖端技术及应用。PPTV全面聚合和精编影视、体育、娱乐、资讯等各种热点视频内容,并以视频直播和专业制作为特色,基于互联网视频云平台 PPCLOUD 通过包括 PC 网页端和客户端,手机和 PAD 移动终端,以及与牌照方合作的互联网电视和机顶盒等多终端向用户提供新鲜、及时、高清和互动的网络电视媒体服务。

**本章小结:**本章的教学内容是循序渐进地帮助学生掌握计算机中各种常用工具软件的相关知识和使用方法,具体包括"Microsoft Office"和"WPS"常用办公软件、常用杀毒软件介绍及"360 安全卫士和 360 杀毒"系统安全防护工具软件、WinRAR 文件压缩工具、"Nero"光盘制作工具、"ACDSee"图片浏览工具、"光影魔术手"图片处理工具、"Adobe Reader XI"PDF 文件阅读器、CAJViewer 全文浏览器、"有道词典"即时翻译工具、常用音频播放工具及视频播放工具等。

## 思考题

1. 使用 360 安全卫士清理恶评插件。

2. 使用 WinRAR 快速压缩/解压缩文件。

3. 使用 Nero StartSmart 翻录音频光盘。

4. 使用 Nero Burning ROM 刻录数据光盘。

5. 使用 ACDSee 从照相机上获取图像,将其按照时间顺序批量重命名,并将照片批量旋转为同一个方向。

6. 使用光影魔术手处理上题中的照片,将人像调整为"素淡人像"特效,将景物调整为"浓郁色彩"特效,并为这些照片批量添加边框效果。

7. 下载 Adobe Reader XI 软件并安装,使用 Adobe Reader XI 阅读一篇 PDF 格式的文档,并将该文档中的任意一张图片复制粘贴到 Word 文档中。

8. 使用 CAJViewer 全文浏览器浏览文档。

9. 练习使用有道词典翻译一篇英文散文。

10. 使用百度音乐将 CD 音轨转换为 MP3。

11. 从网络上下载一部高清影片和对应的字幕文件,使用暴风影音播放影片,并手动添加字幕。

# 参 考 文 献

1. 中国高等院校计算机基础教育改革课题研究组. 中国高等院校计算机基础教育课程体系 2014. 北京:清华大学出版社,2014.

2. 李凤霞. 大学计算机. 北京:高等教育出版社,2014.

3. 张莉. 大学计算机教程. 北京:清华大学出版社,2015.

4. 陈国良. 计算机思维导论. 北京:高等教育出版社,2012.

5. 龚沛曾. 大学计算机基础. 6 版. 北京:高等教育出版社,2013.

6. 冯博琴. 大学计算机基础. 北京:清华大学出版社,2012.

7. 战德臣,聂兰顺,等. 大学计算机. 北京:高等教育出版社,2014.

8. 张红,吴家培. 大学计算机基础. 北京:中国水利水电出版社,2009.

9. 石玉强,闫大顺. 数据库原理及应用. 北京:中国水利水电出版社,2009.

10. 林福宗. 多媒体技术基础. 3 版. 北京:清华大学出版社,2009.

11. 费翔林,骆斌. 操作系统教程. 5 版. 北京:高等教育出版社,2015.

12. 谢希仁. 计算机网络. 6 版. 北京:电子工业出版社,2013.

13. 杨巨龙. 大数据技术全解:基础、设计、开发与实践. 北京:电子工业出版社,2014.